L'énigme de la vie

André Prost

L'ENIGME DE LA VIE

Un défi pour la raison

Préface de Jean-Yves Masson

L'Harmattan

5-7, rue de l'École-Polytechnique ; 75005 Paris
http://www.editions-harmattan.fr
ISBN : 978-2-14-027167-0
EAN : 9782140271670

PRÉFACE

Le lecteur se demandera sans doute en ouvrant ce livre pour quelle raison un spécialiste de littérature, même quelque peu versé dans la philosophie, préface un ouvrage scientifique consacré à la question de l'origine de la vie et de son évolution.

Outre le fait qu'une préface est par définition une lecture qu'on peut éluder quand on commence un livre, et que ces quelques lignes ne gêneront donc pas le lecteur s'il décide de les sauter, j'ai surmonté les scrupules liés à mon peu de compétence et répondu à l'amicale demande d'André Prost parce que j'ai eu l'honneur de faire partie des premiers lecteurs de son manuscrit, et qu'il m'a tout de suite passionné. Je puis au moins apporter le témoignage qu'il est accessible au lecteur de bonne volonté et qu'il n'est pas nécessaire, pour le comprendre, d'être docteur en biologie.

La question qui s'y trouve posée est de celles que la science moderne pense avoir résolues une fois pour toutes en décrétant que la vie telle qu'elle est apparue sur notre planète est le simple résultat d'une série de hasards. Quiconque est conduit par sa foi religieuse à croire le contraire - à savoir qu'une providence, une volonté transcendante a voulu que la vie apparaisse sur la Terre en vertu d'un plan déterminé - peut bien continuer d'adhérer à cette croyance, mais doit aujourd'hui se contenter d'en faire un pur article de foi totalement dépourvu de tout fondement scientifique, et dont absolument rien ne pourrait constituer même un commencement de preuve. L'essence de la foi, certes, est de se passer de preuves. Et la science moderne est athée ou du moins agnostique en ceci qu'elle "se passe" de "l'hypothèse de Dieu", pour reprendre la célèbre réponse de Laplace à Napoléon[1]. La vie, selon la vulgate scientifique actuelle, aurait pu ne pas être ; rien n'a motivé son apparition ; elle n'est qu'un coup de dés qui n'obéit à aucun plan prédéfini. Nous serions donc les enfants du pur hasard et notre présence dans l'univers relèverait d'un arbitraire absolu. C'est le cas de citer le mot célèbre de Renan : "La vérité est peut-être triste." Mais est-ce bien la vérité ?

1. Comme l'Empereur lui faisait remarquer que Dieu n'apparaissait nulle part dans sa Mécanique céleste, Laplace répondit : "Sire, je n'ai pas eu besoin de cette hypothèse".

André Prost ne le pense pas, et estime nécessaire de remettre en question cette doxa.

Agrégé de sciences naturelles, il a enseigné la biologie pendant toute sa carrière. Il n'est donc pas un chercheur patenté, et c'est certainement ce qui, aux yeux des autorités scientifiques reconnues, risque de rendre sa démarche suspecte. Mais l'« inconvénient » et quasiment l'objection de principe que représente aux yeux de l'institution académique cette position d'enseignant (pourtant la plus noble qui soit) se retourne à mon sens ici en un double avantage : non seulement parce qu'André Prost a enseigné la biologie à des générations d'élèves et que son exposé, comme le lecteur s'en apercevra rapidement, est d'une impeccable clarté ; mais surtout parce qu'il a de la biologie une connaissance extrêmement large dans une époque où les chercheurs scientifiques sont tous de plus en plus spécialisés. Cet effet d'ultra-spécialisation est la caractéristique de notre époque, et on la retrouve dans tous les domaines de la recherche — y compris dans le champ des sciences humaines qui est le mien. Aux chercheurs, même les plus compétents, prendre une vue d'ensemble est donc de plus en plus difficile. Parvenir à ce point de vue surplombant, à la fois éclairé et informé, que Pascal considérait comme la compétence même de l'honnête homme, est devenu presque impossible, et d'ailleurs on ne le juge guère nécessaire dans les milieux savants. C'est pourtant ce point de vue d'observateur de l'ensemble des connaissances relatives à la vie qu'André Prost a voulu adopter dans ces pages, en s'appuyant sur une documentation très précise. Ce point de vue lui permet de relier entre eux des faits que l'on n'avait pas, avant lui, su rapprocher pour penser à nouveaux frais la question de l'origine de la vie.

Ce qui ressort de la démonstration d'André Prost — car c'en est une — c'est que l'affirmation de la suprématie du hasard dans l'avènement de la vie n'est qu'une forme de facilité, une manière d'éluder des questions fondamentales, et qu'elle ne résiste pas à sa confrontation avec l'ensemble de nos connaissances. Ce n'est qu'une fuite devant l'énigme que constitue la vie, une doctrine qui ne tient que du fait de l'éparpillement des informations interdisant le point de vue synthétique qui est la visée propre de ce livre. Cette mise entre parenthèses de la question téléologique, qui au début fut sans doute de bonne méthode, sert peut-être les progrès concrets de la recherche scientifique qui n'a pas le temps de s'attarder sur le pourquoi et ne s'intéresse qu'au comment ; mais elle n'est pas satisfaisante pour l'esprit qui cherche à comprendre et non pas seulement à expliquer. C'est là ce que pensait déjà Bergson, et l'on peut dire que le livre d'André Prost reprend le débat là où il en est resté depuis L'Évolution créatrice, livre qu'on peut dire à la fois canonique, parce qu'il est essentiel dans la pensée de l'un des plus grands philosophes du vingtième siècle, et négligé parce qu'il est couramment considéré comme « dépassé ».

C'est pourquoi il était si important qu'un professeur ayant une large connaissance de tous les acquis de la recherche réalisés depuis l'époque de

Bergson (rappelons que son livre date de 1907) reprenne l'examen de son hypothèse. Le résultat de l'enquête est que cette hypothèse mérite d'être revalorisée. On peut bien dire en ce sens qu'André Prost est néo-bergsonien puisqu'il nous réapprend à penser qu'il n'y a pas d'un côté la matière avec ses lois, et de l'autre l'esprit auquel on serait libre de croire ou de ne pas croire sans que cela affecte la connaissance, mais que l'intelligibilité même des phénomènes liés au vivant exige de poser en leur centre l'action de l'esprit comme essence même de la vie. Si l'on y renonce, on doit se résoudre à l'inintelligibilité de la vie - point de vue "défaitiste" (si l'on me permet cette expression imagée) qui est à peu près le seul que les adversaires de Bergson eurent à opposer à ses raisonnements. Bergson démontrait que l'hypothèse finaliste et l'hypothèse mécaniste s'équivalaient et que leur dépassement relevait donc d'une intuition (terme-clé de sa pensée) nourrie de la convergence d'un ensemble de faits. La thèse d'André Prost revient à poser que cet ensemble de données qu'il est aujourd'hui possible de compléter, de préciser, d'enrichir, par rapport à l'état des connaissances à l'époque de Bergson, permettent de parvenir à une connaissance bien plus précise de la généalogie du phénomène "vie" et de son évolution, de ses balbutiements jusqu'à l'apparition de l'être humain. Dès lors, cette histoire ne peut plus se passer de "l'hypothèse" dont Laplace faisait l'économie sous peine d'être inintelligible.

L'enjeu de cette démarche est absolument considérable, et si l'on peut penser qu'elle mettra un peu de temps à être comprise, ou qu'elle suscitera peut-être dans un premier temps les haussements d'épaules des spécialistes dans leurs laboratoires, elle ne saurait, j'en suis certain, passer durablement inaperçue. Qui ne voit qu'aujourd'hui la rationalité occidentale est un serpent qui se mord la queue ? Je me trompe : beaucoup ne le voient pas encore, et pourtant ils souffrent des conséquences de cette impasse sans en comprendre la source. À sa source grecque, cette rationalité n'était pourtant nullement réductible à quelque "matérialisme" que ce soit ni à une approche purement mécaniste des phénomènes. Elle ne l'était pas davantage dans la pensée hégélienne, à l'apogée de son développement. Une approche du phénomène vivant régie par la rationalité la plus rigoureuse n'est donc, aujourd'hui pas plus qu'hier, aucunement liée nécessairement à l'hypothèse matérialiste. Les questions qui se sont posées hier à la philosophie n'ont pas été rendues caduques par le progrès des sciences ; nous sourions avec un petit air de supériorité des recherches de Descartes sur la glande pinéale - celle par laquelle, selon lui, le corps et l'âme communiquaient l'un avec l'autre ; mais si, dans les neurones et les synapses découverts par l'étude moderne du cerveau, il y a sans doute beaucoup plus d'exactitude, de précision, et une richesse descriptive mille fois supérieure due à des moyens d'investigation bien plus efficaces, qu'on se dise bien qu'il n'y a pas un atome de pensée de plus que chez Descartes ! La question de l'âme, dont certains scientifiques imprudemment appuyés sur ces données croient pouvoir nier l'existence, demeure parfaitement intacte. Et André Prost nous aide à la repenser en d'autres termes plus scientifiques puisqu'il montre que l'organisme vivant ne se laisse réduire à la somme mécanique de ses composantes que si on le considère comme un résultat, mais non si l'on se pose la question de son avènement. Car l'organicité du vivant, de l'individu, reste inintelligible si on la considère en dehors de la question de l'être : une question que la science se refuse à poser mais à laquelle la philosophie, elle, ne saurait renoncer.

Le livre d'André Prost est donc, à mon sens, extrêmement utile, et vient à son heure. Il concerne, en fait, un domaine hautement philosophique, et culmine dans une méditation sur les grandes tendances de la vie de l'esprit (spécialisation et innovation constituant ici ce que Goethe, chez qui on rencontre des réflexions très proches, eût sans doute défini comme une « polarité » fondamentale[2]). Le lecteur philosophe n'aura pas de peine à relier ces considérations aux thèses de l'idéalisme hégélien pour qui le premier sens du mot « vie » appartient à l'esprit, la vie biologique n'étant que la manifestation matérielle de celui-ci. Ce qui relevait chez Hegel de la phénoménologie de l'esprit et de la spéculation métaphysique, pleinement légitime dans son ordre, est ici amené de façon bien plus prudente, modeste, méticuleuse, en s'appuyant sur une progression rationnelle nourrie d'informations scientifiques de première main.

Aussi a-t-on également affaire avec le livre d'André Prost, pourquoi ne pas le dire, à une magnifique initiation à la biologie. Chaque lecteur, à partir de cet ouvrage, pourra tracer son propre chemin de pensée dans un domaine que l'honnête homme d'aujourd'hui (car il existe encore) ne devrait pas pouvoir ignorer.

Nul ne saurait, au moment de la parution d'un livre, en prédire la destinée ; mais il est raisonnable de penser que son sérieux et sa nouveauté vaudront à celui-ci, avec le temps, de nombreux lecteurs.

Jean-Yves Masson
Professeur de littérature comparée
Sorbonne Université

2. La notion de polarité est centrale dans la pensée de Goethe, qui ne fut pas seulement un poète mais aussi un scientifique. Il s'agit pour lui de décrire les phénomènes aussi bien naturels que psychologiques comme situés entre deux « pôles » extrêmes (clarté et obscurité, par exemple, subjectivité et objectivité, intuition et rationalité, etc.) entre lesquels ils se répartissent comme le long d'une échelle, l'éloignement d'avec l'un des deux pôles étant d'autant plus grand que la proxmité avec l'autre est grande).

L'ÉNIGME DE LA VIE

Science sans conscience
n'est que ruine de l'âme.
Rabelais

PRÉAMBULE

La biologie moderne affirme que l'évolution de la vie sur terre – c'est-à-dire la formation des espèces, y compris celle de l'espèce humaine – a été un processus entièrement régi par le hasard et la nécessité : hasard des accidents de naissance provoqués par des lésions survenues fortuitement dans le matériel génétique ; nécessité pour les êtres vivants de subsister dans la compétition impitoyable à laquelle ils se livrent pour survivre.

Cette conception de la vie est d'un pessimisme terrifiant. L'homme, perdu entre deux inanités, celle d'un passé révolu sans rémission et celle d'un avenir sans surprise ni espérance, ne serait qu'un accident et sa conscience qu'une simple production de la mécanique cérébrale, destinée à périr avec lui.

Soucieuse de rester fidèle à la méthode expérimentale, la biologie moderne n'a pas pris en considération un autre courant de pensée inauguré par J.-B. Lamarck au début du XIXe siècle et remarquablement précisé et développé un siècle plus tard par Henri Bergson, avant d'être repris par Maurice Pradines et Pierre Teilhard de Chardin.

Ce courant de pensée développe une conception spiritualiste du phénomène vivant plus optimiste et plus conforme à l'image que l'homme se fait spontanément de sa place et de son destin dans ce monde.

Entre ces deux conceptions de la vie, le fossé paraît infranchissable. En effet, au premier abord il ne semble raisonnablement pas possible de mettre en doute les conclusions d'une science qui fonde ses prévisions sur le calcul le plus rigoureux et n'affirme rien qui ne soit vérifiable expérimentalement en tout lieu et à tout instant.

Cependant il subsiste une question qu'il est licite de se poser : le champ d'application de la méthode expérimentale recouvre-t-il tout le champ du réel ?

Autrement dit, la biologie n'a-t-elle pas été bridée par la méthode qu'elle s'est donnée, au point de ne voir qu'une partie du phénomène vivant ?

Pour tenter de répondre à cette question, il faut d'abord s'interroger sur les origines de cette méthode dans l'histoire de la pensée scientifique avant de se demander s'il n'existe pas pour la raison humaine une autre façon de traiter les données sensibles, qui serait capable de révéler une image plus juste du réel et partant, d'éclairer d'un jour nouveau le phénomène vivant.

Ainsi, nous serions fondés à espérer réconcilier un jour ces deux conceptions de la vie apparemment opposées en tous points.

PREMIÈRE PARTIE

COMMENT ABORDER L'ÉTUDE DU VIVANT ?

CHAPITRE I

LA BIOLOGIE EST-ELLE UNE SCIENCE EXPÉRIMENTALE COMME LES AUTRES ?

On a peut-être trop vite inclus la Biologie dans la catégorie des sciences expérimentales. Certes, jusqu'à la fin du XVIIIe siècle, on s'était montré trop timoré : l'étude des êtres vivants n'était que descriptions et catalogues. C'était l'époque de l'Histoire Naturelle. Mais de là à considérer que la science du vivant relevait de la même méthode que celle qui traite de la matière inerte, c'était sans doute aller trop loin et verser dans l'excès contraire.

Ce mouvement a commencé avec J.-B. Lamarck : dès le début du XIXe siècle, ce naturaliste a senti le besoin de créer une vraie science des êtres vivants, fondée non pas sur leurs différences mais sur leurs ressemblances, et qu'il appelait déjà Biologie. Aussi, lorsque Claude Bernard montra dans son Introduction à l'étude de la médecine expérimentale (1865) comment la méthode expérimentale, déjà pratiquée de manière intuitive sur la matière inerte par les physiciens et les chimistes, pouvait rationnellement s'appliquer à l'étude de la matière vivante, celle des êtres organisés, on se crut autorisé à penser qu'on tenait enfin la recette qui nous livrerait tous les secrets de la vie. Rien en effet de plus judicieux que ce franc dialogue entre l'homme et la nature : le fait suggère l'idée ; l'idée est validée par l'expérience. Voilà l'imagination, cette folle du logis, bridée par la réalité, au départ et à l'arrivée : aucun risque d'errance ! Ajoutez à cela le principe du déterminisme, selon lequel les mêmes causes produisent nécessairement, partout et toujours, les mêmes effets : il n'en fallait pas plus pour aller, d'un pas assuré, du fait à la loi. Opération que les logiciens appellent induction, et sans laquelle à partir de données sensibles, aucune connaissance générale - donc aucune science - ne pourrait se constituer.

Mais dans quelle mesure cette extrapolation au vivant d'une méthode conçue pour l'inerte peut-elle être soutenue ?

Certes, les succès, dans ses applications pratiques, de la science physiologique, qui était la spécialité de Claude Bernard, sont le meilleur gage de l'adéquation, en ce domaine, de la méthode expérimentale à son objet. On ne peut pas dire, toutefois, que cette méthode nous ait permis de comprendre la vie dans sa globalité. Car il ne suffit pas de connaître le fonctionnement du mécanisme de la vie, qui fait l'objet de la physiologie, pour saisir la vie dans tout son dynamisme. Contrairement aux mécanismes montés par l'homme, ceux de la nature se sont faits eux-mêmes, dans les espèces, et se font encore, sous nos yeux, dans les embryons. Il suffit de désassembler les éléments d'une machine fabriquée par l'homme pour comprendre comment elle a été fabriquée. Il n'en est pas de même pour la machine vivante parce qu'on ne peut dire, à son sujet, où finit la genèse et où commence le fonctionnement, tant ils sont intriqués. Un organisme commence à fonctionner avant même d'avoir achevé sa genèse, et ne cessera de se régénérer, jusqu'à sa mort. C'est de manière globale qu'il faut considérer le dynamisme de la vie. Certes, il est utile d'en bien connaître les mécanismes si l'on veut se donner les moyens d'agir sur eux, mais si l'on cherche à comprendre la vie, il faut s'interdire de séparer fonctionnement et genèse.

Or, pour expliquer cette genèse, les biologistes modernes s'en remettent à la thèse de Darwin, qui, contrairement à celle de Lamarck, élimine toute finalité en faisant de la genèse et du fonctionnement des mécanismes vivants deux phénomènes indépendants, le premier voué au hasard, le second à la nécessité.

Rappelons qu'on parle de hasard lorsqu'on découvre, à l'origine d'un phénomène, non pas une cause, mais le concours de deux ou plusieurs causes, et qu'on tient à marquer qu'il n'y a rien d'intentionnel dans une telle conjonction. C'est en somme une façon de rester dans le domaine de la mécanique, donc de la matière - là où on pourrait être tenté d'empiéter sur celui de la psychologie - donc de l'esprit.

Cela révèle un caractère essentiel de la science qui s'est donné la matière - inerte ou organisée - pour objet : ne considérer un fait comme définitivement éclairci que lorsqu'elle lui a trouvé une explication mécaniste.

La naissance de la science.

Pour comprendre cette exigence, il faut remonter à la source de cette entreprise de la raison qu'est la science en général. Elle est née dès le VIe siècle avant J.-C., dans cette Grèce qui a su montrer pour la pensée rationnelle une dilection sans pareille. Cette disposition d'esprit, nouvelle pour l'époque, s'opposait à la pensée mythique et magique jusqu'alors prévalente et dont les hommes, depuis toujours, attendaient illusoirement qu'elle leur donnât le pouvoir de conjurer les dangers du monde et d'en percer les mystères.

Pour la première fois, des hommes avaient compris qu'à côté des relations coutumières entre les choses qui se faisaient dans la nature, et qu'ils ne maîtrisaient pas, il en était d'autres bien plus assurées : les relations nécessaires entre les choses qu'ils faisaient eux-mêmes. S'ils voulaient atteindre, par-delà l'inconstance des apparences, la permanence de la connaissance, il fallait trouver le moyen de mettre dans leurs idées les mêmes connexions nécessaires que celles qu'ils avaient décelées dans leurs activités techniques.

Ainsi naquit la logique qui devait donner ses règles à la pensée rationnelle. De la résistance des corps solides, on tira le principe d'identité. Le rapport de contenant à contenu suggéra le principe d'implication et d'exclusion. Le geste efficace fut à l'origine du principe de causalité efficiente. L'usage d'une telle logique, fondée sur la solidité, est la condition du raisonnement valide : celui dont on peut être certain que la conclusion n'est pas moins assurée que les prémisses. Ainsi, la raison, après avoir donné aux hommes l'infaillibilité dans l'action, leur apporta la certitude dans la prévision, la rigueur dans la pensée et le discours.

L'intelligence discursive - c'est-à-dire du raisonnement explicite - dérive donc directement de cette intelligence technicienne qui a dégagé la lignée humaine de l'état d'animalité.

C'est dans la sphère abstraite que la raison s'est d'abord investie : les premiers penseurs grecs étaient philosophes et mathématiciens.

Il faut dire que la raison était là dans son domaine d'élection. On ne peut, en effet, tirer d'une prémisse une conséquence avec certitude que si précisément cette conséquence y est totalement impliquée. Une prémisse aura donc toujours un niveau de généralité plus élevé que celui de la conséquence qu'on en pourra tirer. Cette opération, appelée déduction, peut prendre la forme d'un raisonnement rigoureux qu'Aristote a appelé syllogisme. Elle ne crée pas de connaissances nouvelles. Elle ne fait que dégager celles qui étaient implicitement contenues dans les prémisses. Le degré de certitude des conclusions est donc le même que celui des prémisses dont elles sont issues.

Ces prémisses sont nécessairement des idées générales. Elles peuvent être construites à partir de concepts a priori - indépendants de l'expérience - comme en philosophie, ou a posteriori - issus de l'expérience - comme en mathématiques. On sait, en effet, que nombres et figures sont des abstractions que l'homme a tirées de la multiplicité et de la forme des objets que lui livrent ses sens.

La naissance des sciences expérimentales.

L'application de la raison humaine au champ du concret s'est révélée plus difficile.

Tandis que la philosophie et les mathématiques continuaient à se développer sous l'impulsion que leur avaient donnée les Grecs, la physique d'Aristote tournait court. Sa méthode était encore trop pénétrée d'anthropomorphisme pour aboutir : la science moderne ne pouvait se développer que dans l'objectivité la plus totale. Il fallait donc trouver le moyen de saisir le fait naturel sans recourir à la qualité et d'en proposer une explication qui se passât de la cause finale.

Ce n'est qu'au début du XVIIe siècle - soit deux mille ans plus tard - et grâce aux travaux quasi simultanés de Kepler, Galilée et Descartes, que la science moderne a commencé d'exister. Tous trois avaient compris - les deux premiers sur des cas concrets, le troisième d'une manière théorique - qu'il fallait faire entrer les phénomènes naturels dans le réseau serré des relations mathématiques pour en tirer les lois qui les régissent. Or, nous l'avons dit, le raisonnement mathématique, purement déductif, ne peut traiter que des données générales, relatives aux figures et aux nombres.

Passer du fait concret au concept abstrait, c'est-à-dire du particulier au général, est une opération risquée : une conclusion qui n'est pas entièrement impliquée dans sa prémisse ne peut être au mieux que probable. Alors que la déduction donne d'une prémisse certaine une conclusion qui ne l'est pas moins, l'opération inverse - ou induction - ne permet jamais d'accéder au même degré de sécurité. L'induction doit donc se fonder sur un grand nombre d'observations minutieuses et de mesures précises. Il reste ensuite à décomposer le donné sensible en éléments assez simples et stables pour le faire entrer dans le symbolisme mathématique.

Telle est la méthode analytique de Descartes. Sa caractéristique, en effet, est cette opération d'analyse qui lui donne le pouvoir de s'étendre à tous les phénomènes, aussi complexes soient-ils, dès lors qu'on en pousse la décomposition assez loin pour les réduire en faits déjà connus.

Cependant, cette reconstitution imaginative du phénomène ne peut manquer de l'appauvrir, dans la mesure où elle le schématise, et même de le déformer, si elle n'est pas guidée par une aptitude à faire intuitivement le départ entre l'essentiel et l'accessoire. En conséquence, les conclusions auxquelles elle donnera accès ne pourront être érigées en lois générales qu'à la condition d'avoir trouvé leur confirmation dans la réalité.

Et, cependant, il est rare que cette confirmation soit toujours entière. Le plus souvent, elle n'est qu'approximative. De telles déconvenues sont généralement le prélude à l'invention d'une nouvelle hypothèse plus largement compréhensive, incorporant l'ancienne au titre de simple cas particulier.

Ainsi en est-il pour la découverte de la forme elliptique de l'orbite planétaire. De Copernic à Galilée, le sentiment général était que la trajectoire des planètes autour du soleil était circulaire. Kepler eut l'idée de comparer les positions des planètes calculées selon cette hypothèse aux observations, nombreuses et précises, de son maître Tycho Brahé. Des écarts constatés, il conclut que seule l'ellipse - le cercle est une ellipse à excentricité nulle - pouvait représenter de façon juste l'orbite planétaire en général. Il en tira sa fameuse loi des aires, qui lie la vitesse du mouvement des planètes à leur distance au soleil.

Telle est donc la démarche scientifique typique, qu'on appelle méthode expérimentale. On commence par prendre du phénomène la connaissance la plus exacte possible, on le décompose en faits simples, déjà connus, puis on tente d'en faire une représentation mathématique dont on teste la validité en comparant les conséquences concrètes impliquées par ce modèle aux faits correspondants tels qu'on les observe.

Si le schéma imaginé est confirmé, et compte tenu qu'une représentation mathématique est universelle - c'est-à-dire vraie partout et toujours - on peut en tirer une loi générale sur laquelle on pourra désormais s'appuyer pour prévoir le développement de ce phénomène dans l'espace et son déroulement dans le temps.

Ainsi apparaît l'enjeu de cette entreprise humaine : apprivoiser une nature capricieuse, déroutante, souvent menaçante, voire terrifiante. Le dialogue instauré avec la nature sera donc le moyen de mettre enfin de la raison dans les choses, et, en les prévoyant à coup sûr, de substituer à une riposte improvisée une parade réfléchie.

Que la science se soit, dans ses commencements, d'abord exercée sur des problèmes d'astronomie ou d'optique n'est pas étonnant : ce sont des formes de réalité faciles à géométriser. Elle devait maintenant élargir son champ d'application à tous les phénomènes naturels. Pour ôter aux choses leur caractère étrange et inquiétant, il fallait trouver le moyen de voir, dans leur genèse, la même infaillibilité que celle à laquelle les hommes parviennent lorsqu'ils font les choses eux-mêmes, à mains nues ou armées d'un outil, c'est-à-dire mécaniquement.

Dans ce dessein, la science érigea en principe universel ce qu'Aristote avait appelé cause efficiente et fit du déterminisme une règle absolue : tout phénomène doit s'expliquer par ses antécédents immédiats, et les mêmes causes produisent nécessairement - donc partout et toujours - les mêmes effets.

Forte de ce principe, la science pouvait désormais pénétrer la cause des choses et rendre compte de ce que le temps y pouvait faire naître de nouveauté.

Cependant, le temps terrestre n'est pas le temps sidéral. Le temps de Kepler est un éternel retour et l'on est en droit de le représenter symboliquement par la courbe fermée d'une ellipse. Un fait d'expérience se déroule dans un temps fini. Il fallait trouver le moyen d'en représenter la chronologie de manière précise.

C'est Galilée qui résolut cette difficulté. Il divisa le cours du temps en autant de moments égaux qu'il était nécessaire, et il en représenta symboliquement la succession par celle des nombres entiers. C'est ainsi qu'il découvrit la loi de la chute libre : une augmentation de la vitesse dans l'exacte proportion du temps écoulé.

Ainsi le temps devenait accessible à la mesure, tout comme l'était l'espace. La science moderne avait trouvé sa voie. Désormais, elle s'emploiera à diviser toujours plus finement espace et temps, bien au-delà des limites de la perception humaine. De la diversité sensible des choses elle ne retient qu'agrégats de molécules, d'atomes, de particules élémentaires ; les couleurs et les sons deviennent pour elle longueurs d'ondes et fréquences. Partout, elle efface la qualité, trop entachée de subjectivité pour y substituer la quantité que, seule, elle peut faire entrer objectivement dans ses calculs.

On sait combien cette méthode a été féconde. Les sciences expérimentales ont fait au XIXe et au XXe siècles des progrès considérables, dont les applications pratiques ont changé la vie des hommes.

Le cas particulier de la biologie.

La biologie, qui fait partie des sciences expérimentales, a, elle aussi, fait des pas de géant, au point qu'elle est désormais capable d'explorer et d'élucider les mécanismes de la vie à l'échelle de la molécule, et de rejoindre ainsi la science chimique.

Quant à la question de savoir comment ces merveilleuses mécaniques ont pu elles-mêmes se construire au cours de la longue histoire de la vie, les biologistes modernes en sont restés à l'hypothèse de Darwin vieille de 150 ans, qui en fait le résultat d'une série d'heureuses coïncidences, sans même s'apercevoir que, plus nos connaissances progressaient, plus se révélaient à nos yeux l'extraordinaire complexité de la mécanique vivante et le judicieux agencement de ses rouages, et plus cette explication devenait improbable.

Certes, quatre milliards d'années se sont écoulées entre l'apparition de la bactérie et celle de l'homme. Sur une telle durée, nombreux ont été les événements fortuits qui ont opportunément ajouté leur pierre à l'édifice. Cela est particulièrement vrai au bas de l'échelle vivante, chez les bactéries.

Cependant, plus l'édifice s'élève, plus se complique son architecture et plus étroites et nombreuses se font les connexions entre ses parties : dès lors il devient difficile d'en changer une pierre sans provoquer l'écroulement de l'édifice entier.

La montée progressive en complexité des constructions vivantes n'a donc pu se faire que par une succession, non pas d'ajouts ponctuels, mais de remaniements globaux, c'est-à-dire de modifications coordonnées à la fois dans l'espace et dans le temps. Or, des modifications coordonnées ne peuvent être fortuites. Telle est, pour la thèse darwinienne, la difficulté radicale, déjà fort bien vue par Bergson, il y a plus d'un siècle.

Nous comprenons dès lors pourquoi les biologistes modernes sont restés attachés à une thèse aussi grossièrement inadéquate. C'est qu'en se donnant la méthode expérimentale, ils se donnaient aussi sur la vie une perspective qui ne leur permettait d'en voir que l'aspect mécanique. D'où leur souci permanent de mettre entre genèse et fonction la même relation univoque qu'entre la cause déterminante et son effet. En conséquence, l'émergence de nouveauté ne peut être selon eux que fortuite, et l'évolution des espèces que pure contingence. Dans le droit fil de cette logique mécaniste, l'apparition de l'homme sur cette planète n'est qu'un accident et la conscience, une production des mécanismes cérébraux, vouée à disparaître avec eux.

Ainsi, ne se fier qu'aux seules lois de la mécanique pour expliquer la vie revient à vouer celle-ci soit à la nécessité lorsqu'on y parvient, soit au hasard lorsqu'on échoue : l'interprétation mécaniste de la vie conduit inéluctablement à la thèse darwinienne.

Il n'est pas sûr qu'un tel désenchantement ait eu le meilleur effet sur le devenir de l'homme. Les progrès de sa science et ceux de son égoïsme sont toujours malheureusement allés de pair. L'histoire de notre terrible XXe siècle est exemplaire à cet égard. Jamais l'homme ne s'y est à la fois plus admirablement illustré dans ses découvertes ni plus cyniquement avili dans ses crimes. Il n'est pas question, cependant, de stigmatiser la science au prétexte qu'elle ait pu laisser l'humanité désemparée pour l'avoir coupée de toute transcendance. Ce serait tomber soi-même dans l'erreur qu'on dénonce : subordonner à l'utile une valeur cardinale : le Vrai.

Comment le principe du déterminisme limite le champ d'application de la science.

Mais est-il bien sûr que le vrai de la science épuise le vrai du réel, comme l'a si joliment dit Alain Finkielkraut ? Les explications de la science sont-elles suffisantes pour comprendre le monde ? On n'explique que des faits ; et les faits, c'est du déjà fait. Pour comprendre le monde, c'est dans son devenir qu'il faut le saisir. Entre expliquer et comprendre, il y a tout juste la distance qui sépare l'existence de l'essence.

Les implications du principe du déterminisme.

En quoi le réel peut-il déborder le champ couvert par la science ?

Pour tenter de répondre à cette question, il faut d'abord préciser quelles sont les limites que le principe du déterminisme impose à ce champ.

Dégageons donc les implications de ce principe, qui fonde, nous l'avons vu, toutes les sciences expérimentales y compris la Biologie.

Affi rmer que les mêmes causes produisent, partout et toujours, les mêmes effets suppose trois conditions :

D'abord : Que la cause détermine entièrement son effet. Si ce n'était pas le cas, il y aurait dans l'effet quelques éléments qui échapperaient à la cause et qui seraient donc susceptibles de varier.

Ensuite : Que cette détermination soit entière en tous lieux : l'espace est donc homogène.

Enfin : Que cette détermination soit entière à tous les instants : le temps est donc lui aussi homogène.

La première affirmation, qui est la condition de l'action efficace, fonde le raisonnement scientifique, car elle permet de mettre entre la cause et l'effet la même relation de nécessité, exigée par la raison, qu'entre un principe et sa conséquence.

La seconde affirmation correspond à une évidence : l'espace est perçu comme ce qui sépare les objets tangibles. En conséquence, il est conçu comme le vide par opposition au plein. Il est donc tout naturellement tenu pour homogène puisqu'il est vide.

La conséquence en est que l'espace ne peut transmettre l'action de la cause à l'effet. Celle-ci doit donc nécessairement agir par contact. Lorsque ce n'est pas le cas, on admet l'existence d'un "champ" de forces pour rétablir ce contact. Mais alors, on sort du domaine de la mécanique classique. On sait que les recherches menées sur la nature réelle du champ électromagnétique ont conduit, dans la première moitié du XXe siècle, à jeter les bases d'une autre mécanique qui ne se fonde plus sur la notion de solidité : la mécanique ondulatoire, restée, malheureusement, lettre morte pour les biologistes.

La troisième affirmation peut aussi se dire : tous les instants du temps sont équivalents. Ce qui comporte deux implications, l'une touchant au passé, l'autre à l'avenir.

- Tout effet trouve sa cause entière dans l'instant qui l'a immédiatement précédé. Autrement dit, le passé est complètement révolu, donc inefficace. Cela est conforme à l'image que nous nous faisons quotidiennement du temps : au spectacle du mouvement des astres dans le ciel, à celui de l'eau sous un pont ou tout simplement à celui du vieillissement inéluctable auquel est soumis tout corps vivant.

- Ce qui se produit dans l'instant présent détermine entièrement ce qui arrivera dans l'instant suivant. En conséquence, si l'on connaissait dans ses moindres détails l'état présent du monde, on pourrait en connaître non seulement l'état suivant, mais, de proche en proche, tous les développements futurs : l'avenir serait sans surprise, puisque nulle nouveauté ne pourrait y éclore. Telle est la conception laplacienne de l'Univers[3].

On voit que le principe du déterminisme est conforme à toutes les données de l'expérience que nous pouvons objectivement acquérir à notre échelle. Ce n'est pas un hasard. Cette conformité était nécessaire pour faire entrer la science dans le cadre de notre intelligence, formée elle aussi, à la même école.

L'espace vide et homogène est celui dans lequel nous comptons et traçons nos figures géométriques. C'est aussi celui dans lequel nous manipulons nos concepts et les mots qui les recouvrent, dès lors qu'on aspire à la clarté et à la distinction exigées par l'intelligence discursive. Quant au temps homogène, c'est celui de l'action efficace. Cette efficacité, il était inéluctable que l'intelligence technicienne la ravît au temps pour la donner aux hommes : ne retenir du passé que ce qui peut éclairer l'avenir, c'est-à-dire ce qui, précisément, échappe à l'œuvre du temps, est au principe même de l'intelligence humaine.

Les limites du principe du déterminisme sont donc liées à celles de notre sensibilité : on a maintenant compris pourquoi la validité du principe du déterminisme n'a jamais été remise en cause par la physique classique.

Elle l'a été, cependant, lorsqu'au début du XXe siècle, la physique a cherché à élargir son champ d'application au-delà des limites de notre sensibilité, pour accéder à un plus haut degré d'universalité.

---

3. Du nom de Pierre-Simon de Laplace (1749-1827), astronome et physicien français.

La physique relativiste a remis en cause l'homogénéité de l'espace et du temps en les liant respectivement aux masses et à la vitesse, et la physique quantique a ruiné la notion même de déterminisme à l'échelle de la particule élémentaire, en montrant que celle-ci n'était précisément localisée ni dans l'espace, ni dans le temps. Le domaine de validité du principe du déterminisme, on le voit, ne s'étend guère au-delà des limites qui bornent le champ de notre expérience. Né de notre activité technicienne, il reste adapté aux ordres de grandeurs qui sont les nôtres. L'infiniment grand, l'infiniment petit, l'infiniment rapide, l'infiniment lent lui échappent.

Étrangement, cette limitation, bien acceptée dans les sciences de l'inerte, en raison des calculs rigoureux qui la valident, est ignorée des sciences de la vie. Nul biologiste n'a jamais songé à mettre en cause l'universalité du principe du déterminisme, en dépit d'une évidence : l'éventail des temps de la vie - qui va du temps atomique (celui de la biochimie) au temps sidéral (celui de l'évolution des espèces) - est infiniment plus large que celui des temps perceptibles.

Tel est le miracle de l'organisation vivante. En emboîtant successivement des structures de plus en plus complexes : atomes, molécules, cellules, êtres pluricellulaires, cerveau humain, elle réussit à faire tenir dans un instant de ma conscience des milliards de milliards de vibrations atomiques.

CHAPITRE II

CONTRACTION DU TEMPS ET ÉMERGENCE DE NOUVEAUTÉ

S'en tenir au temps homogène postulé par le principe du déterminisme conduit à ne pas voir la contraction du temps qui se produit au sein des constructions de la vie ni la relation qu'elle peut avoir avec l'émergence de nouveauté.

Cause efficiente et cause déclenchante.

Revenons à la première implication du principe du déterminisme, selon lequel la cause doit déterminer entièrement son effet. Si ce principe régissait toutes les formes de causalité, rien de neuf ne pourrait advenir dans la marche du monde.

En réalité, pour qu'un fait soit infailliblement lié à son antécédent, il n'est pas nécessaire qu'il y trouve toute sa raison. Certaines causes ne déterminent que partiellement leur effet ; elles ne font que le déclencher. Il suffit pour cela qu'elles actionnent un mécanisme monté d'avance.

Un exemple nous permettra de mieux comprendre le sens de cette remarque et d'en mettre en lumière les implications.

J'exerce une pression du doigt sur un petit morceau de métal posé sur une table. Le morceau de métal se déplace dans la direction où j'exerce la pression, à une vitesse proportionnelle à cette pression. Ici, l'effet est entièrement déterminé par sa cause, en qualité et en quantité. Cela n'est pas étonnant, parce qu'il n'y a rien de plus dans l'effet qui n'était déjà dans la cause. Le mouvement du doigt s'est transmis, par contact, au morceau de métal. Entre la cause et l'effet, il y a contiguïté dans l'espace et dans le temps. C'est précisément la caractéristique de toute action mécanique : la science est là chez elle. Dans ce cas, l'effet n'ajoute rien à sa cause, puisqu'il y est potentiellement contenu.

J'exerce maintenant la même pression du doigt sur la détente d'un fusil de chasse. Le mouvement que j'imprime à la détente libère un ressort qui propulse le chien sur l'amorce, laquelle déclenche l'explosion de la poudre et l'expulsion à grande vitesse des billes de plomb par le canon de l'arme. Ici entre la cause et l'effet, il y a une disproportion flagrante, en qualité et en quantité. Certes, on peut expliquer parfaitement cette disproportion en analysant ce qui s'est passé dans l'arme : une cascade d'événements déclenchés mécaniquement les uns par les autres, avec chaque fois une libération d'énergie accumulée sous forme potentielle dans un ressort comprimé ou dans un mélange explosif.

Cette analyse, cependant, est incomplète. Elle laisse de côté le travail de l'artisan qui a fabriqué le fusil, et sans lequel une cause aussi légère ne saurait avoir un effet si puissant. Car analyser, c'est démonter, donc défaire ce travail et ce travail a nécessairement pris la forme d'une série d'opérations mécaniques qui se sont succédé dans le temps et dont l'agencement exprime l'intention de l'artisan, donc une finalité.

Ainsi, il y a dans la nature deux sortes de causes :

La première est la cause efficiente d'Aristote. Elle détermine entièrement son effet. Elle se réduit toujours à une transmission de mouvement qui se fait dans la contiguïté d'espace et de temps par le choc ou la poussée. C'est la cause mécanique par excellence. Elle concerne la matière inerte.

La seconde, qui participe, dans une certaine mesure, de la cause finale d'Aristote, et qu'on peut appeler avec Bergson, cause de déclenchement, ne fait que déterminer l'instant de son effet. Elle n'en contrôle ni la quantité, ni la qualité, qui sont fonction d'un mécanisme monté à l'avance. On ne peut plus dire, dans ce cas que cause et effet soient en contiguïté dans le temps parce qu'entre eux se condense et s'intercale un passé ressuscité : celui de la fabrication du mécanisme. Et cette contraction du temps, entre genèse et fonction, signe le travail d'une intentionnalité, seule capable d'aligner dans le temps une série d'opérations coordonnées. L'effet peut alors dépasser largement la cause, en quantité s'il capte l'énergie potentielle accumulée dans le dispositif, en qualité si celui-ci l'enrichit de propriétés dont cette cause est dépourvue.

Telle est l'une des formes de causalité qui caractérise la matière vivante, toujours hautement organisée.

Mais la méthode expérimentale est adaptée à l'inerte. Alors le biologiste s'applique à démonter les mécanismes complexes qu'il découvre en une série de mécanismes assez simples pour y voir apparaître la contiguïté entre la cause et l'effet.

De là, l'impression que tout se fait mécaniquement dans la matière vivante. En un sens, cela est vrai, si l'on s'en tient à ce qui s'y passe dans l'instant. Mais ce qui est licite pour la matière inerte ne l'est plus pour la matière vivante. Dans une structure fabriquée, l'hétérogénéité est totale entre la forme, imposée par la main de l'homme et la matière qui a reçu cette forme passivement. Figer cette structure et la démonter permet de restituer intégralement le travail de son auteur et l'intention qui l'a guidé. Démontez un fusil : vous comprendrez aussitôt comment et dans quel but chacune de ses parties a été façonnée.

Tout au contraire, une structure naturelle s'est montée elle-même. Elle exprime le dynamisme propre à la matière dont elle est faite. Ici genèse et fonction sont un seul et même mouvement. On peut voir, par exemple, un cœur embryonnaire, à peine ébauché, battre déjà, et des organes adultes et fonctionnels ne cesser de se régénérer jusqu'à leur mort.

S'en tenir au fonctionnement de la mécanique vivante revient à figer au présent le mouvement vital et à se priver des moyens d'en voir les racines qui le relient, sans solution de continuité, au dynamisme le plus intime de la matière.

Cette intégration, cependant, la science ne la fait pas. Elle ne le peut pas parce qu'il est vital pour elle de rester fidèle au principe du déterminisme. Il en va de sa crédibilité, fondée sur l'universalité de ses lois et de l'infaillibilité de leurs applications. Et, nous l'avons vu, la cause déterminante est par excellence la cause mécanique.

Alors la science s'efforce de tout expliquer mécaniquement. Il faut reconnaître qu'elle y parvient fort bien pour la plupart des phénomènes naturels les plus visibles, ceux qui n'ont pu manquer de piquer la curiosité des premiers hommes et susciter leurs premiers questionnements. Fuite des nuages éclatants dans le ciel bleu, bruissement des vertes frondaisons dans la brise estivale, reflets d'argent et murmures de l'eau vive, mais aussi rugissements de la tempête, épanchements rougeoyants des roches en fusion, grondements terrifiants des tremblements de terre : toutes ces manifestations, qu'elles proviennent d'une nature apaisée ou déchaînée, ont trouvé dans la science une explication convaincante : du mouvement transmis par contact.

La pesanteur agit-elle à distance ? Qu'à cela ne tienne : on interpose, entre la cause et l'effet, un "champ", qu'on qualifie de gravitationnel, pour rétablir le contact. Quant à la nature de ce champ, elle reste mystérieuse. Admettre que les choses pourraient continuer d'exister au-delà de leurs limites tangibles serait transgresser le dogme !

Les limites de l'explication mécaniste.

À vouloir tout faire entrer dans le cadre rigide de l'explication mécaniste, ne court-on pas le risque de ne voir qu'une partie de la réalité ?

Examinons de plus près la nature physique de ce phénomène qui est à la source et de l'action mécanique et de la méthode expérimentale : le contact entre deux corps solides. Ma main vient heurter un corps solide. Une partie du mouvement de ma main se transmet à l'objet, selon les lois de la mécanique. Quelle est la nature réelle de ce contact ?

J'inclinerais à croire que ce contact se fait au lieu précis où cesse l'existence de ma main et où commence celle de l'objet. Autrement dit, je mets une frontière tranchée entre le vide de l'espace et le plein de l'objet ou de ma main.

Que dit la science moderne ? Elle nous apprend que tout corps, vivant ou non, est fait d'atomes constitués d'un noyau globalement positif noyé dans un nuage d'électrons négatifs. En conséquence, un bloc de matière, quelles qu'en soient la taille et la nature, présente à sa surface une "peau" d'électrons formée par l'interpénétration des nuages électroniques appartenant aux atomes les plus externes. On dit qu'il y a contact entre deux corps lorsque la force répulsive qui s'exerce entre les électrons de leurs surfaces respectives devient assez puissante pour s'opposer à la force qui tend à les rapprocher davantage. Ces forces répulsives deviennent très puissantes à courte distance. À la répulsion électrique coulombienne[4], en effet, vient s'ajouter celle qui résulte du principe d'exclusion de Pauli (deux électrons ne peuvent entrer en interaction s'ils sont dans le même état quantique[5]). Le calcul a montré que la force qui repousse deux molécules est inversement proportionnelle à la puissance onzième de la distance qui les sépare.

En somme, le contact matériel n'est pas ce qu'on croit : on pense qu'il s'établit à l'instant précis où disparaît le vide qui sépare deux pleins. En fait, la science nous enseigne qu'il n'en est rien : que le plein est pénétré de vide et que le vide est plein de champs de forces. Les mouvements mécaniques, qui lancent dans l'espace les corps solides, les liquides et même les molécules gazeuses ne pénètrent pas au cœur de la matière, puisqu'ils se transmettent par des forces répulsives qui affectent indifféremment tous les corps matériels, quelles qu'en soient la taille et la nature chimique.

Aux températures ordinaires, celles de la surface de notre planète, les mouvements mécaniques ne sont pas suffisamment puissants pour forcer la barrière répulsive qui enveloppe chaque grain de matière. En conséquence, ils n'affectent pas les liens internes qui en assurent la cohésion et qui trouvent leur source dans la course cyclique des électrons autour de leur noyau.

Et lorsqu'ils y parviennent, aux températures et/ou aux pressions élevées, ils se comportent "comme un éléphant dans un magasin de porcelaine" : immanquablement, ils ne provoquent que des altérations irréversibles.

Tel est le sens du second principe de la thermodynamique, le principe de Carnot, qui n'offre comme perspective, au terme de cette agitation mécanique, que destructions, usure, vieillissement et mort. Ainsi donc, ériger le mécanisme en principe universel d'explication, comme le veut la science, revient à vouer tout le dynamisme du monde à un seul mode d'action : celui de la répulsion.

L'action de la répulsion est purement négative : elle ne fait que rejeter au loin, selon une trajectoire rectiligne dont elle ne fixe ni la direction, ni la destination. C'est elle qui ouvre l'espace sur l'infini - cet espace vide et homogène dans lequel s'étend la matière.

Son moyen d'action est le choc : un événement aléatoire ponctuel dans

4. On appelle ainsi la répulsion qui s'exerce entre des particules de même polarité électrique.

5. L'état quantique d'un électron est défini par quatre nombres. Les trois premiers déterminent son orbitale, le quatrième son spin.

l'espace et le temps. Tout se joue "ici et maintenant". Pas de retour possible. Le passé est définitivement révolu. Tout ce qui advient est de l'ordre de l'accident. Tous les instants s'équivalent.

L'effet, dans son immédiateté, ne peut déborder sa cause, ni dans l'espace, ni dans le temps. Il y est donc potentiellement contenu, entièrement prédéterminé et prévisible à coup sûr.

La nécessité est son lot.

Nous voilà chez nous, dans cet espace et ce temps homogènes, tels que nous les livre objectivement le sens tactile, et dont nous avons fait le cadre de notre logique des corps solides. Sur ce champ vierge nous avons édifié, par la déduction et l'induction, nos mathématiques et les sciences qui s'y adossent.

Comment ne pas voir que cette logique, adaptée aux mouvements destructeurs régis par la répulsion, une logique de mort, donc, est inapte à nous faire comprendre la vie, dont toute l'histoire montre qu'elle n'a été qu'un long processus constructeur ?

Les deux sortes de mouvements naturels.

En fait, il y a, dans la nature, deux sortes de mouvements, qu'il convient de bien distinguer : les mouvements extrinsèques et les mouvements intrinsèques.

1) <u>Les mouvements extrinsèques</u> :

Ce sont les mouvements mécaniques. La matière est soumise à deux actions antagonistes qui régissent toute la mécanique : la chaleur et l'attraction universelle. La première tend à disperser les molécules en les projetant dans tous les sens (agitation thermique). La seconde tend, au contraire à les rapprocher. Ces actions s'exercent indifféremment sur toutes sortes de molécules. Poussées aux extrêmes, elles peuvent même les détruire. L'excès de chaleur les dégrade en plasma : un mélange indistinct de noyaux atomiques et d'électrons, terme ultime de la dissociation des molécules et de leurs constituants, les atomes. L'excès de densité, tel qu'il se produit au cœur des étoiles hypermassives et froides, rapproche les électrons des noyaux atomiques jusqu'à les pousser à fusionner avec les protons pour les transformer en neutrons : les étoiles naines à neutrons représentent la première étape de l'effondrement gravitationnel conduisant à l'anéantissement de la matière dans un "trou noir".

À la surface de notre planète, là où température et pression restent dans les valeurs moyennes, ces deux actions concourent à produire, dans la matière inerte, ces mouvements que nous qualifions de mécaniques et qui s'arrêtent, rappelons-le, à la barrière répulsive derrière laquelle se retranchent tous les grains de matière.

Ces considérations nous permettent de dégager les caractères généraux des mouvements mécaniques :

- La matière les subit passivement, puisqu'ils peuvent aller jusqu'à la détruire. On dira qu'ils lui sont extrinsèques.

- En conséquence, ils agissent indifféremment sur toutes les sortes de molécules et d'atomes : ils ne sont pas discriminants. Dès lors, on comprend pourquoi le contact nous paraît à la source de tous les phénomènes visibles à notre échelle et à celle du principe universel de leur explication.

2) Les mouvements intrinsèques :

Il existe, cependant, dans la nature, une autre sorte de mouvements.

Les êtres animés habitent un corps fait de la même matière que les corps inertes. Pour accéder à leurs sources de vie, ils doivent affronter la résistance que leur opposent d'autres corps - inertes ou non - et donc agir mécaniquement sur eux.

Ils possèdent pour cela des organes adaptés : dents, griffes, organes de préhension et de locomotion. Quant aux animaux volants ou nageurs, ils ont développé l'art de s'appuyer, par des mouvements appropriés de leurs ailes ou de leurs nageoires, sur ce qu'un fluide peut offrir de résistance à toute mouvance.

Ces organes sont actionnés par des muscles, qui engendrent du mouvement en changeant de forme.

Au microscope, on y découvre une étonnante structure pseudo-cristalline faite de faisceaux de filaments équidistants et parallèles entourés d'accumulations de glycogène. On comprend alors le sens de cet agencement : il consiste à amplifier, en les mettant bout à bout, de minuscules mouvements moléculaires et, grâce à la réserve énergétique que représente le glycogène, à en multiplier la puissance, pour les hausser à l'échelle de l'organisme entier. Le chapitre suivant développe et illustre ce mécanisme.

Et tout cela en réponse à l'infime impulsion apportée par un nerf moteur.

L'analogie avec notre exemple de l'arme à feu est évidente. Avec la différence, toutefois, que cette admirable mécanique s'est montée spontanément, au sein des espèces, en quelques centaines de millions d'années.

Il y a donc, au cœur de la matière, des mouvements qui lui appartiennent en propre et qui peuvent composer avec les secrètes affinités qu'elle recèle pour lui donner forme, monter les mécanismes de la vie et les mettre en action.

L'affinité est tout le contraire de la répulsion. C'est une attraction sélective entre deux éléments qui présentent une complémentarité.

Le mouvement que l'affinité engendre est parfaitement déterminé puisqu'elle en fixe à la fois la direction et le terme, comme on peut le voir quand, dans sa solution saturée, le chlorure de sodium précipite en cristaux parfaitement cubiques. L'affinité construit tandis que la répulsion détruit. Les mouvements intrinsèques agissent de manière sélective sur les différentes sortes d'atomes et de molécules. Ils sont discriminants et, partant, compatibles avec l'ordre structurant, tandis que les mouvements extrinsèques, qui ne discriminent pas, vouent tout ce qu'ils touchent à la désagrégation et au désordre.

Descente au cœur de la mécanique musculaire

Un muscle est fait de nombreuses fibres toutes orientées dans la direction où il se contracte.

Chaque fibre, qui peut atteindre 12 cm de longueur pour un diamètre de 100 µm, est une cellule géante plurinucléée. Elle contient de nombreuses mitochondries, une réserve de glucose sous forme de glycogène ainsi qu'une variété d'hémoglobine - la myoglobine - susceptible de stocker de l'oxygène. Elle est donc capable de régénérer rapidement l'ATP[6] à partir des produits de sa dégradation (ADP + P).

La majeure partie de la fibre est occupée, sur toute la longueur de celle-ci, par un dense faisceau de fibrilles - appelées myofibrilles - formées d'une alternance de disques sombres et de disques clairs. Et comme les disques de chaque sorte sont parfaitement alignés d'une fibrille à l'autre, la fibre musculaire apparaît, à faible grossissement, comme striée dans le sens transversal, avec une grande régularité, d'où son nom de fibre musculaire striée (fig. 1).

Le microscope électronique révèle que les myofibrilles sont elles-mêmes formées de filaments longitudinaux : les myofilaments. Dans les disques sombres, ces myofilaments sont épais (0,01 µm de diamètre). Ils sont faits d'une protéine appelée myosine. Les myofilaments des disques clairs, plus fins (0,005 µm) sont faits d'actine (fig. 2)

Une coupe transversale d'une myofibrille pratiquée dans la partie du disque sombre où actine et myosine sont intriquées montre que ces myofilaments forment un réseau hexagonal quasi cristallin qui les maintient à équidistance (fig. 3).

On comprend alors que la contraction des myofibrilles se fait par glissement des myofilaments d'actine par rapport aux myofilaments de myosine (fig. 4).

À plus fort grossissement, le myofilament de myosine apparaît hérissé de "têtes" pédonculées (fig. 6).

Quant au myofilament d'actine, il porte à intervalles réguliers une petite protéine (la troponine) elle-même pédonculée (fig. 7)

Il importe que tous les sarcomères se contractent simultanément à chaque potentiel d'action apporté par la fibre nerveuse motrice.

Pour ce faire, la membrane de la fibre musculaire forme des expansions qui traversent toute la fibre en s'arrimant aux stries "z" des myofibrilles. (Voilà pourquoi les disques clairs - et partant les disques sombres - sont si parfaitement alignés). C'est à ce système de membranes transversales (appelé système "T") qu'échoit la tâche de répartir quasi instantanément le potentiel d'action à tous les sarcomères de la fibre (fig. 5).

De proche en proche ce signal électrique se propage aux membranes du

6. ATP : Adénosine Tri-Phosphate. Voir notre appendice, p. 237 (et la note).

réticulum endoplasmique, lequel forme des vésicules tapissant les sarcomères.

Or, ces membranes ont la propriété de pomper l'ion calcium (Ca^{2+}) pour le séquestrer dans les vésicules qu'elles délimitent.

En outre, ces mêmes membranes portent de nombreux canaux Ca^{2+} électriques. Dès qu'ils sont atteints par le potentiel d'action, ces canaux s'ouvrent : l'ion calcium, libéré, envahit massivement les myofibrilles et provoque leur contraction.

L'ion calcium a le pouvoir de démasquer le site de fixation des têtes de myosine sur l'actine. Aussitôt les têtes de myosine se fixent sur l'actine : les voilà entraînées dans une série d'actions cycliques ayant pour effet de faire glisser les filaments d'actine par rapport à la myosine et partant de raccourcir les myofibrilles. (fig. 8)

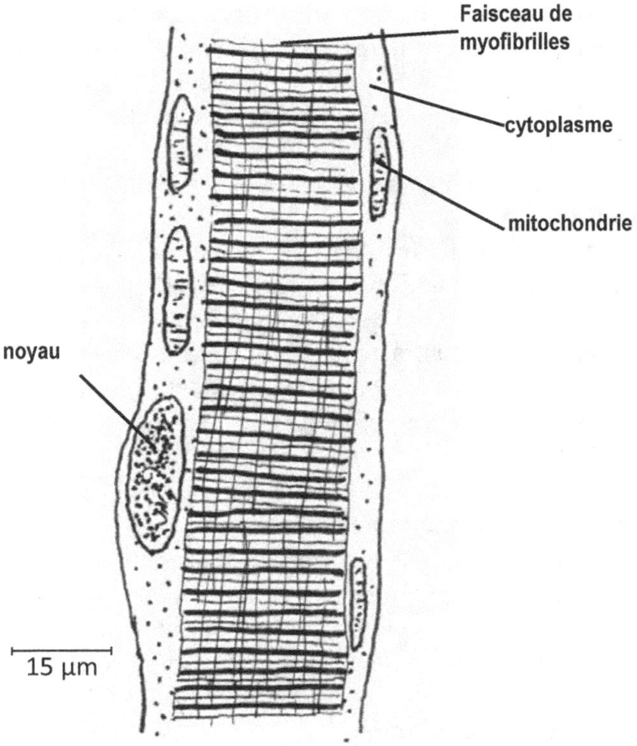

Fig. 1 : une fibre musculaire dite striée laisse voir au microscope optique une alternance régulière de stries sombres et claires.

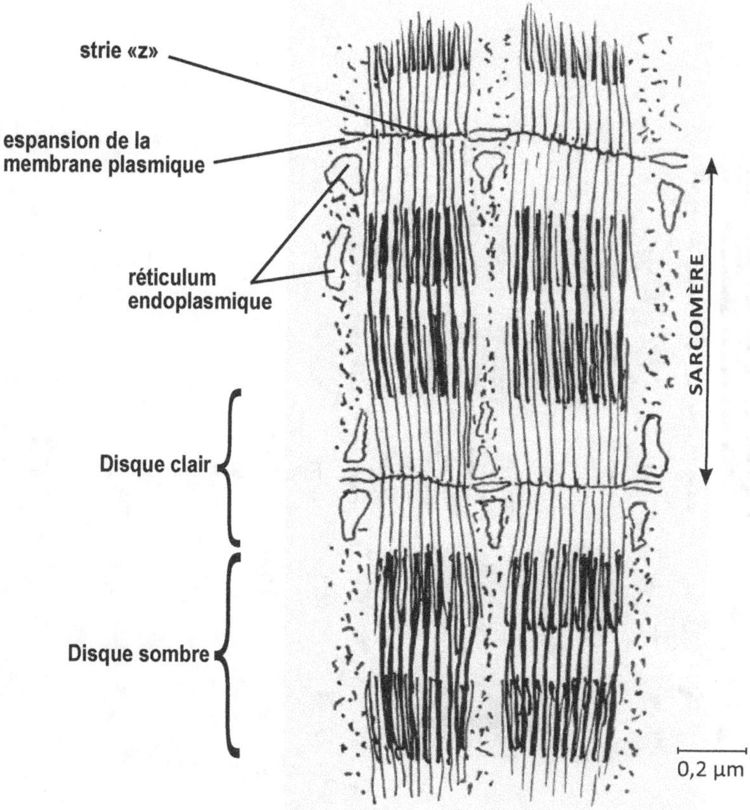

Fig. 2 : Deux myofibrilles (microscope électronique).
Le sarcomère est l'unité structurelle et fonctionnelle de la myofibrille.

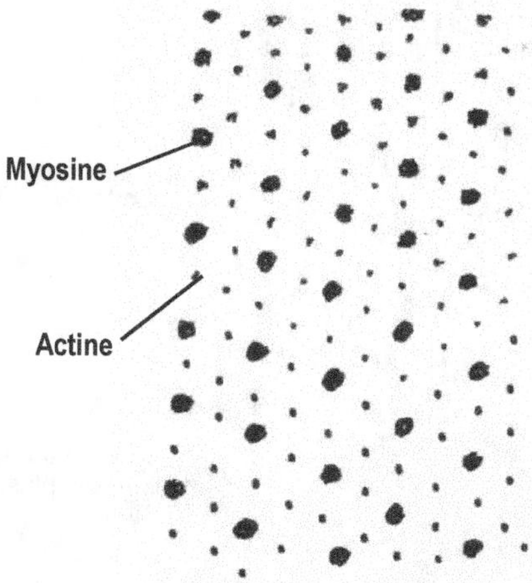

Fig. 3 : Coupe transversale d'un myofibrille selon AB montrant le réseau hexagonal formé par les deux sortes de filaments.

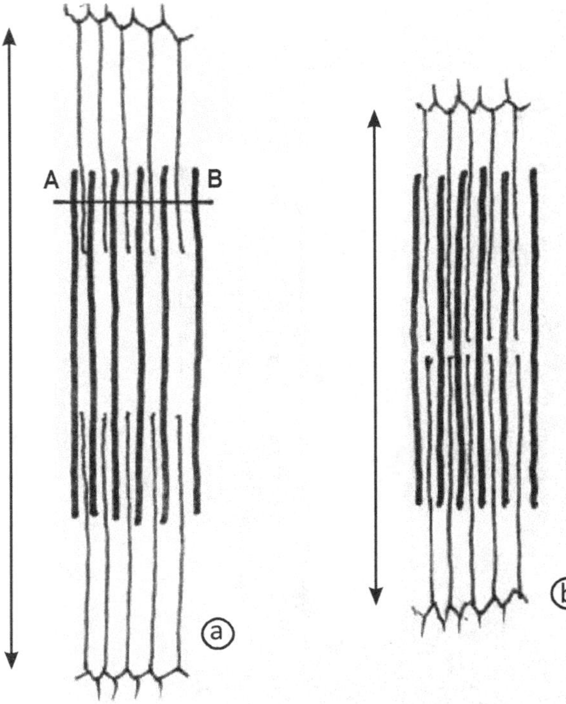

Fig. 4 : Schéma d'un sarcomère
a) relâché
b) contracté

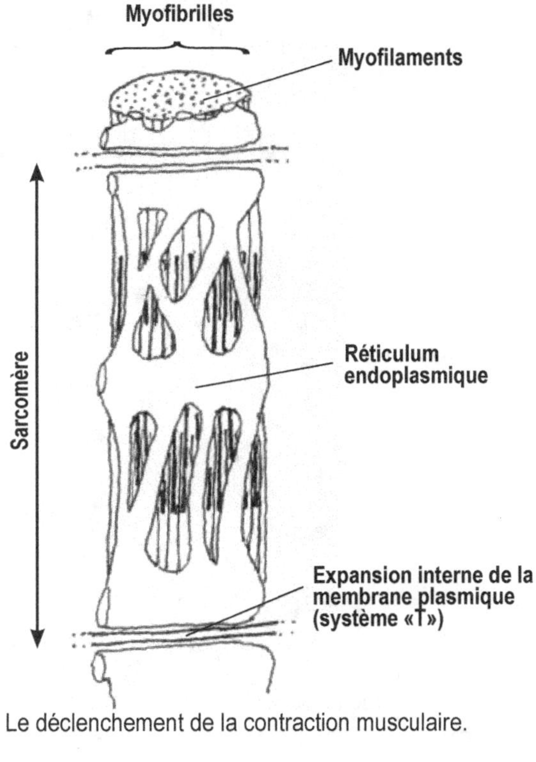

Fig.5 : Le déclenchement de la contraction musculaire.

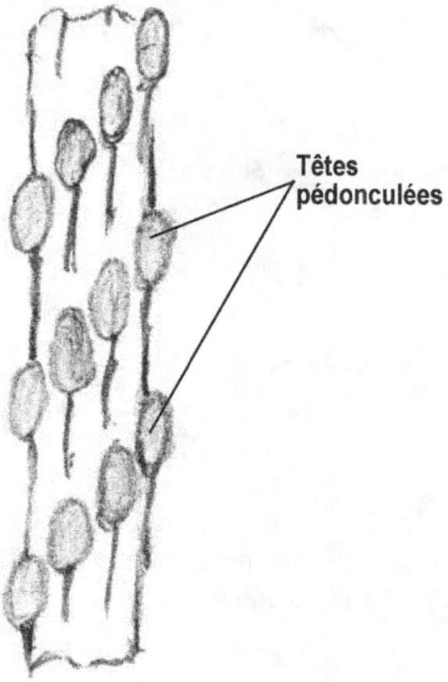

Fig.6 : Détail d'un myofilament de myosine

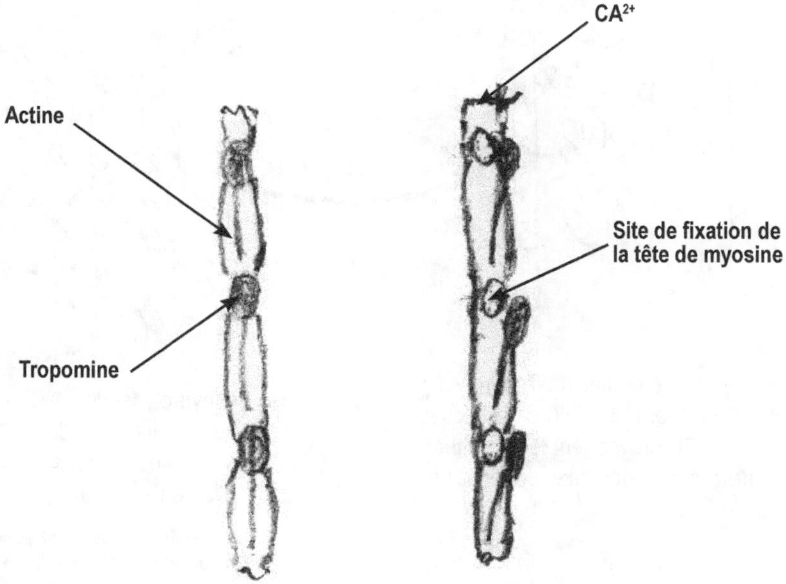

Fig.7: Détail d'un myofilament d'actine.

à gauche : en absence de Ca^{2+}
à droite : en présence de Ca^{2+} : la troponimie se déplace et démasque le site de fixation des têtes de myosine

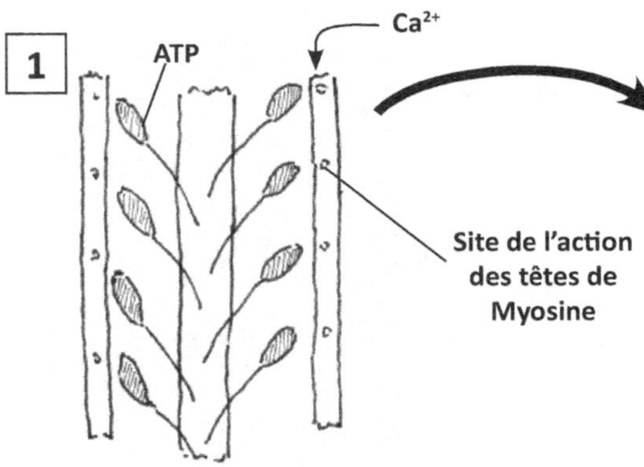

En présence de l'ion Ca^{2+} les sites de fixation des têtes de myosine sont démasqués. Chaque tête de myosine porte une molécule d'ATP.

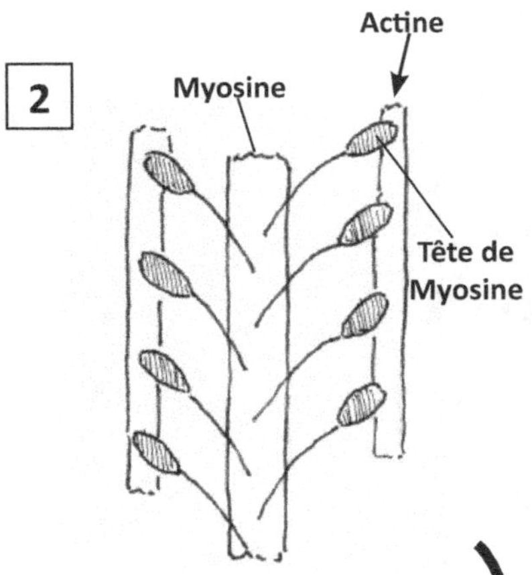

Les têtes portées par la myosine se fixent sur les filaments d'actine, ce qui déclenche l'hydrolyse de l'ATP.

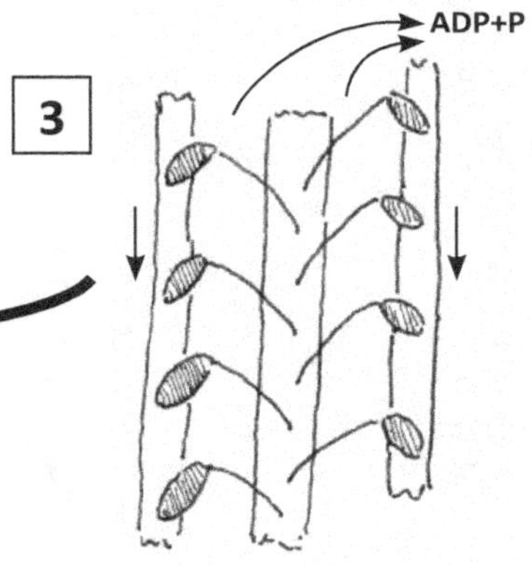

L'hydrolyse de l'ATP provoque le basculement des têtes de la myosine * et le glissement des filaments d'actine.

** Rappelons que les produits de l'hydrolyse de l'ATP, très électronégatifs, se repoussent puissamment.*

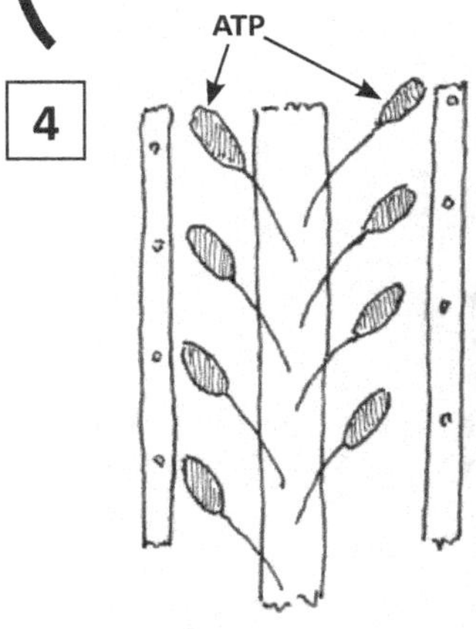

Le départ des produits de l'hydrolyse de l'ATP (ADP+P) et la fixation d'une nouvelle molécule d'ATP provoquent le détachement et le redressement des têtes de myosine.

Fig. 8 : Ces cycles se succèdent sans interruption tant que l'ion Ca^{2+} est présent dans les myofibrilles de sorte qu'on pourrait voir la myosine «marcher» sur l'actine à la manière d'un mille-pattes. Dès que les potentiels d'action cessent, les pompes à Ca^{2+} du réticulum endoplasmique font disparaître l'ion calcium de la myofibrille, ce qui permet son relâchement.

L'entrée subversive de l'attirance dans la science.

L'attirance (c'est-à-dire l'attraction sélective, contrairement à l'attraction gravitationnelle qui ne l'est pas) est entrée tardivement dans le champ de la science.

L'étude de l'aimantation constitue une tranche de la science physique qui s'appelle l'électromagnétisme. Ce domaine d'étude ne s'est érigé en science qu'au milieu du XIXe siècle, tant il s'est révélé difficile d'accès aux chercheurs. Il a conduit à des applications qui sont apparues comme autant de miracles.

Ne parlait-on pas, à la fin du XIXe siècle de la fée électricité ? Puis ce fut le téléphone, la radio, la télévision, l'ordinateur, le microscope électronique, l'imagerie médicale et tous ses développements récents, depuis la découverte des rayons X...

Cette science n'a pas été moins féconde sur le plan théorique. Elle a été à la source de la physique quantique, de la mécanique ondulatoire, de la théorie de la Relativité : toutes disciplines qui ont sérieusement malmené nos habitudes de pensée. La science s'y est souvent engagée à reculons, poussée dans ses derniers retranchements par des constatations qui contrevenaient à ses prévisions, ce qui explique le développement tardif de cette branche de la physique, bien qu'elle soit partie d'observations anciennes. Il y a plus de 2500 ans déjà, Thalès de Milet (celui du fameux théorème) mentionnait l'aptitude de l'ambre jaune (Elektron en grec) à attirer certains corps légers (nous appelons cela de l'électrostatisme) et celle de la « pierre d'aimant » originaire de Magnésia, non loin de Milet, à exercer sur le fer la même attirance (Magnétisme).

On sait maintenant que tous les phénomènes électromagnétiques sont liés aux propriétés étranges d'une toute petite particule élémentaire (1836 fois plus petite que le plus petit noyau atomique, celui de l'hydrogène) présente dans tous les atomes : l'électron.

Cet électron, très mobile en raison de sa petitesse, est porteur d'une charge électrique négative. Et, comme toute charge électrique en mouvement produit un champ magnétique, il suffit que dans un morceau de magnétite (aimants naturels) ou d'acier (aimants artificiels), les mouvements des électrons se coordonnent durablement d'une certaine manière, pour que les champs magnétiques engendrés par ceux-ci s'orientent dans la même direction et s'additionnant, parviennent à agir à distance.

Ainsi s'explique l'attirance du fer par l'aimant. Elle révèle à notre échelle l'existence, au cœur de la matière, de mouvements infimes et incessants, dont les effets peuvent se faire sentir au-delà des limites que cette matière oppose à notre toucher.

Dès lors transparaît l'étrange nature de l'électron : ce n'est pas un grain de matière comme on l'imagine. On ne peut lui assigner de limites matérielles puisqu'il agit à distance, non seulement par le champ magnétique qu'il produit, mais aussi par le champ électrique inhérent à sa charge négative. C'est-à-dire qu'à l'intérieur de l'atome, les règles de la mécanique classique n'ont plus cours. Les particules qui le constituent se comportent à la fois comme des corpuscules solides et comme des ondes, et cela dans des proportions variables, comme l'indiquent les relations de Heisenberg[7].

Il faut donc concevoir la matérialité des particules constitutives de l'atome (électron, proton, neutron) comme susceptible de se diluer plus ou moins à la fois dans l'espace et dans le temps. C'est un véritable renversement de notre conception classique de la matière, qui faisait de celle-ci une collection de corpuscules solides.

Cette solidité, qui fonde notre logique des corps résistants, nous glisse entre les doigts, dès qu'on l'examine de près. On la voit se résoudre en mouvements ondulatoires, en mouvements orbitaux (les électrons tournent autour du noyau atomique) et en mouvements de rotation (les électrons tournent sur eux-mêmes : c'est ce qu'on appelle leur spin).

Tous ces mouvements interagissent et, dans l'équilibre entre attraction et répulsion, tissent au sein de l'atome un réseau serré de liens qui en font la cohésion et l'unité.

En quoi la méthode expérimentale ne convient-elle pas à l'étude de la vie ?

Nous voici maintenant en mesure de remonter à la source de l'inadéquation de la méthode expérimentale à l'étude de la vie.

La méthode expérimentale n'est qu'une variante de la méthode analytique de Descartes. Et comme telle, elle exige une analyse préalable de l'objet qu'elle se donne.

Analyser, c'est diviser cet objet complexe et mouvant en éléments simples et stables susceptibles d'entrer dans le symbolisme mathématique. Cette opération permet de traiter l'espace et le temps comme des variables mesurables et indépendantes.

Cependant, elle a une contrepartie : c'est de faire de l'espace un milieu vide où se juxtapose une multiplicité d'éléments solides immuables, les atomes. Cette conception du réel revient à mettre le temps et l'espace hors-jeu dans le cours des choses

Bergson a montré, il y a plus d'un siècle[8], pourquoi cette démarche était impropre à rendre compte de la mobilité en soi. Elle conduit, en effet, à convertir le mouvement ou le devenir en une suite de positions ou d'états fixes qu'on

---

7. Les relations dites d'incertitude de Heisenberg risquent d'être mal comprises. L'incertitude qu'elles révèlent ne porte pas sur les valeurs mesurées de la quantité de mouvement et de l'extension spatiale d'une particule quantique, mais sur ses valeurs réelles.

8. Henri Bergson : *Essai sur les données immédiates de la conscience* (1889).

"enfile" sur la mobilité en général comme on le ferait des perles d'un collier sur leur fil.

On aura beau rapetisser les perles et les multiplier, jamais elles ne se confondront avec le fil. On croira tenir le mouvement, on n'aura que la trajectoire. On pensera mesurer le temps, on ne mesurera que des longueurs entre des simultanéités. Quant à la mobilité, ce serait le fil, toujours le même, qui la symboliserait. Mais ce n'est que l'idée de mobilité, une mobilité passe-partout.

Une telle démarche est acceptable quand on ne voit dans la mobilité, comme en physique classique, que l'effet sur les corps solides de forces qui leur sont extérieures. Cependant, elle ne saurait convenir à la mobilité des corps vivants, qui leur appartient en propre, puisqu'ils sont autonomes. Il n'y a pas d'hiatus, en effet, entre les infimes mouvements intrinsèques qui structurent l'atome et les mouvements produits par les êtres vivants.

Ce que nous disions du muscle peut être généralisé à l'ensemble de l'activité organisatrice. On peut en effet considérer celle-ci comme vouée à canaliser les mouvements infimes des molécules, des ions, des particules élémentaires (électrons et protons) de manière à en cumuler les effets et à les hisser à la hauteur de l'organisme entier, pour en construire les outils et les mettre en action.

Il faut donc voir dans l'organisation vivante le prolongement naturel de l'organisation atomique, rendu possible sur Terre par les conditions favorables qui y ont régné continûment pendant plus de quatre milliards d'années. En effet, la barrière répulsive qui protège l'atome ne l'isole pas du monde (sauf pour les gaz rares dont la couche externe d'électrons est saturée, ce qui les prive de toute affinité chimique). Le photon par exemple peut traverser librement cette barrière puisqu'il ne porte aucune charge électrique et comme, d'autre part, il n'a pas de masse, il a un rayon d'action quasi illimité. Il peut ainsi transférer de l'énergie d'un atome à l'autre sur des distances considérables. Cela peut avoir pour effet de porter certains électrons à un niveau d'énergie suffisant, soit pour les affranchir de l'attraction électrique qui les retient à leur noyau, soit pour les engager dans des liaisons chimiques durables.

On ne compte plus les molécules, minérales ou organiques, détectées par nos spectroscopes dans l'espace interstellaire, nées spontanément d'impulsions électro-magnétiques émanant de quelque étoile voisine.

Ajoutons que l'agitation thermique peut avoir le même effet sur certains atomes ou molécules, grâce à l'entremise de substances facilitantes appelées catalyseurs, ou enzymes chez les êtres vivants. Ainsi s'est développée la vie sur terre, grâce à l'énergie qu'elle a pu capter pour aussitôt l'investir en liaisons chimiques. Les molécules organiques produites lui fournissent et la matière première, dont elle fait ses outils, et l'énergie nécessaire à les faire fonctionner.

Dans cet environnement protégé, les mouvements extrinsèques, maintenus dans un juste milieu entre l'excès, destructeur, et le défaut, sclérosant, ont joué le rôle d'adjuvant à l'activité constructrice des mouvements intrinsèques. Ceux-ci commencent, rappelons-le, dans la course inlassable des électrons autour de leur noyau. Ces mouvements, à la fois cycliques et ondulatoires, marient indissolublement l'espace et le temps dans les structures qu'ils génèrent.

Édifiées sur les bases indestructibles (aux températures et pressions ordinaires) des noyaux atomiques, dans le respect constant des équilibres entre attractions et répulsions, ces constructions expriment les affinités secrètes de la substance primordiale dont l'univers est sorti.

Ces affinités restent, en dernière analyse, le plus grand mystère auquel nous puissions être confrontés. Car la nouveauté surgie de l'accouplement qu'elles suscitent était déjà virtuellement présente dans leur existence même. S'il y a affinité entre deux partenaires, ce n'est qu'en vertu de complémentarités préexistantes, de sorte que chacun d'eux portait déjà en puissance la nouveauté à naître de leur union.

Un exemple, relatif à la matière inerte, permettra de préciser cette affirmation et d'en dégager les implications.

Le cristal de quartz présente des propriétés que la silice (oxyde de silicium) amorphe, comme l'opale, ne possède pas. Sa forme parfaite de prisme hexagonal se terminant par une pyramide, sa transparence, sa biréfringence (faculté de scinder un rayon lumineux incident en deux rayons réfractés polarisés dans des plans perpendiculaires) sa piézoélectricité (aptitude à transformer une pression en potentiel électrique) tiennent donc à certaines particularités de la molécule de silice, qui ne s'expriment que dans l'ordre cristallin et que l'étude de la molécule isolée ne permettrait jamais de déceler, bien qu'elles y soient potentiellement présentes.

Telles sont les limites de la démarche analytique. Elle rend compte de tout l'actuel, mais rien que de l'actuel. Le virtuel lui échappe.

Or, le virtuel à un niveau de complexité devient l'actuel à un niveau de complexité supérieur, lorsque le temps a fait son œuvre. Entre l'opale et le cristal de quartz, il y a tout juste le temps nécessaire - quelques millions d'années, tout de même - à la disposition, couche après couche, des molécules de silice dans l'ordre, géométriquement parfait, imposé par l'affinité qu'elles exercent entre elles.

Autrement dit, cette affinité enveloppe à la fois certaines propriétés en germe, et une tendance à former le cristal qui permettra l'expression de ces propriétés, à condition toutefois que les circonstances soient favorables à l'exercice complet de cette tendance. Ce qui a été le cas pour le quartz, mais non pour l'opale.

Ces virtualités, la science n'a pas les moyens de les détecter. Incapable de voir, dans le cours des choses germer et mûrir la nouveauté, elle nous la donne à saisir, une fois épanouie, soit comme un miracle, soit comme un accident. Et nous voilà enfermés dans le dilemme infernal : finalisme ou mécanisme.

Pour n'avoir pas su voir, dans l'organisation vivante, l'œuvre, sinon d'une intentionnalité (l'intention est inhérente à une conscience déjà constituée) du moins d'une tendance capable de mettre le temps sous tension (on pourrait dire aussi de lui donner une flèche) la science fait surgir la conscience du cerveau à la manière d'un prestidigitateur qui tire un lapin de son chapeau.

Cette cécité lui vient de sa méthode conçue pour l'inerte, donc adaptée à un dynamisme issu de forces non discriminantes (chaleur et gravité) alors que les constructions vivantes relèvent d'un tout autre dynamisme, généré par les forces discriminantes et agrégeantes de l'affinité. Son moyen d'action est, non la répulsion, mais l'attirance, aussi durable dans le temps que le mouvement dont elle procède : celui de l'électron autour de son noyau.

La répulsion divise et détruit. L'affinité unit et construit. Avec le temps, elle ajoute de la forme à la forme. La science voudrait que les choses se fassent dans la nature comme l'Homme lui-même les fait de sa main. Mais fabrication n'est pas organisation. Les modes opératoires sont même opposés.

La nature a donné au règne animal, avec le muscle, le moyen d'affronter la résistance des choses pour agir mécaniquement sur elles : fabriquer, c'est pour l'Homme, préformer et assembler par des moyens mécaniques les éléments d'un tout conçu à l'avance. Il y a donc une séparation nette entre les moyens et la fin, dévolus, les premiers à la main, la seconde au cerveau.

La nature ne fait pas cette distinction. Au cœur de la matière, tout interagit. Il suffit que parmi toutes ces interactions, certaines soient privilégiées et canalisées au sein de structures stables, nées du libre jeu d'affinités élémentaires pour que déjà on puisse y voir le germe d'une fonction. Désormais, c'est du même pas que structure et fonction se développeront. À mesure qu'elles prendront de l'ampleur et de la puissance, ces structures fonctionnelles connaîtront la différenciation spécialisante, sans, cependant, qu'à aucun moment ne soit entamée l'unité originelle de l'élan qui les anime.

Ainsi, à l'inverse de l'Homme, la nature procède, non par association, mais par différenciation. Le mouvement organisateur, d'abord indivis, se scinde en tendances distinctes mais complémentaires à mesure qu'il avance, si bien que son degré d'aboutissement sera corrélatif à la complexité de ses constructions. Tel est, dans son unité, le mouvement constructeur de la vie. La science ne peut en considérer que les formes figées qu'il laisse derrière lui, alors que c'est le mouvement lui-même qu'il faudrait saisir, si l'on veut comprendre la vie.

Et si, d'aventure, nous découvrions que ce mouvement en lequel se ramassent les fins et les moyens de la nature, participe autant de l'esprit que de la matière, nous ne devrions pas en être offusqués. Notre répugnance à mettre de l'esprit dans la nature tient à notre condition d'animal hautement spécialisé, qui nous contraint à loger les fins et les moyens dans deux organes distincts : le cerveau et la main.

D'où cette opposition tranchée entre mécanisme et finalisme, objet et sujet, matière et esprit.

Que de faux problèmes, que de vaines disputes eussent été évités si l'on avait su dépasser, comme Bergson nous y invita il y a plus d'un siècle, l'illusoire antinomie qui nous semble opposer matière et esprit !

Il suffirait de comprendre, pour cela, que cette distinction est le calque de celle que la nature a faite entre les organes qui nous mettent au contact du réel : d'une part, la main et les sens qui la servent, d'autre part, la conscience, telle que la permet notre cerveau. La première nous fait connaître le réel en tant que matière, la seconde en tant qu'esprit.

Quant à l'incompatibilité qui nous semble affecter ces deux visions de la réalité, elle n'a rien d'absolu. Elle est toute relative aux deux points de vue d'où nous la saisissons, dès lors que chacun d'eux ne nous en révèle que ce que l'autre est incapable de nous montrer.

Pour illustrer d'un exemple ce propos, imaginons Pierre et Paul dans un champ où s'épanouissent à profusion bleuets et coquelicots. Tous deux portent des lunettes filtrantes. Celles de Pierre arrêtent les radiations rouges, celles de Paul, les radiations bleues. "Quels beaux bleuets !" s'exclame Pierre. "Mais non, ce sont des coquelicots !" s'insurge Paul.

Telle est notre condition d'humains. Avec cette différence, toutefois, qu'il suffirait à Pierre et Paul d'ôter leurs lunettes pour tomber d'accord, alors que nous sommes condamnés à vivre avec nos lunettes de chair.

Notre condition, cependant, transcende celle de l'animal sur un point : nous avons la chance d'avoir accès à une forme supérieure de conscience, libérée de l'emprise obnubilante du besoin. Alors ces lunettes, dont le rôle est de limiter notre vue à ce qui doit servir notre activité besogneuse, ne nous serait-il pas possible de les ôter mentalement pour enfin découvrir ce qu'elles nous cachent ?

L'être, grand absent des sciences empiriques.

Ce que nous verrions alors, ce ne serait plus l'image figée d'un monde révolu, telle que nous la propose la science, après l'avoir reconstituée à partir de faits enchaînés entre eux de manière rigide et univoque, mais celle d'un monde en devenir, avec ce que cela implique de survivance du passé et de préfiguration de l'avenir, dans un présent toujours plus tendu entre passé et futur.

De ce grand mouvement, nous verrions moins le dessin qu'il laisse derrière lui, que le dessein qui le porte en avant.

Ce qu'il dessine, c'est l'inertie des choses et l'agitation à laquelle elles sont mécaniquement soumises. C'est l'effort sclérosant des espèces vivantes pour se faire une place dans ce tourbillonnement général. C'est l'errance d'un monde où tout progrès n'est qu'accident ; toute conscience, le produit d'une mécanique improbable. Telle est pour la science la réalité positive. Une positivité de mort. Le nom du physicien Carnot suffit à le rappeler.

En revanche, nos yeux s'ouvriraient à la vraie positivité, celle qui commence avec cette dynamique intrinsèque à la matière, fondée sur les mouvements conservateurs, fermés et cycliques, des électrons autour de leur indestructible noyau. Nous la verrions, tissant inlassablement dans ses vibrations l'espace avec le temps, monter du même élan jusqu'aux plus hautes constructions de la vie.

Elle est l'envers de la positivité de la science. C'est pourquoi celle-ci n'a pu s'empêcher de la qualifier négativement : la particule élémentaire est "délocalisée" ; l'événement quantique est "indéterminé". Bien plutôt, nous appellerions alors "délocalisation" interpénétration réciproque et "indétermination" liberté, et l'on s'aviserait que ce sont là deux caractères positifs de l'être.

Dans sa fascination pour le déterminisme radical, la Biologie aurait-elle oublié qu'elle est avant tout la science des êtres vivants, et que, de ces deux mots, le plus important pourrait bien être le premier ?

Sa méthode, qui s'applique à la vie en tant que matière, non en tant qu'être, laisse malheureusement échapper ce qui, de toute évidence, en est l'essence. Pour comprendre la vie dans sa globalité, il est donc nécessaire de dépasser la simple explication de ses mécanismes et de prendre ses distances avec la méthode expérimentale qui a, dans cet exercice, atteint ses propres limites.

Cette démarche, issue de la méthode analytique telle que Descartes l'a décrite, consiste à décomposer le tout en éléments simples juxtaposés dans l'espace et figés dans le temps. Ce faisant, elle rompt les relations structurantes que ces éléments ont nouées entre eux dans le temps. L'analyse, ainsi pratiquée, implique donc, automatiquement, une régression subreptice vers le passé qui nous empêche de voir ce que le temps peut générer de nouveauté et nous donne l'illusion d'avoir parfaitement compris ce qui n'a été, en fait, qu'"ex-pliqué".

La méthode expérimentale doit donc nécessairement, pour prétendre pouvoir nous faire découvrir ce qu'est la vie, se compléter d'une autre méthode, qu'on doit aller chercher dans ces sciences qui font de l'être leur objet d'élection.

CHAPITRE III

LE RECOURS À LA MÉTHODE DES SCIENCES HUMAINES

La saisie holiste[9] de l'objet.

L'unicité de l'être ne tient pas à la façon dont des éléments intangibles, extérieurs les uns aux autres, seraient associés, mais à une interpénétration de composants qui, réciproquement, subissent l'influence du tout dont ils sont les parties, si bien qu'en ce domaine chaque détail ne prend sens qu'à la lumière du tout.

En sciences humaines, l'opération première est donc, non l'analyse, mais la saisie synthétique du tout. Tous les spécialistes des sciences humaines, qu'ils considèrent l'être individuel (psychanalystes, psychologues) ou collectif (sociologues, historiens, ethnologues, anthropologues) et qui se sont expliqués sur leur méthode, insistent sur la nécessité de regarder d'un œil neuf la réalité qu'on se donne pour objet ; d'en prendre, d'après tous les aspects qu'elle présente dans l'espace et le temps, une connaissance globale exhaustive et impartiale avant de tenter d'en donner une interprétation détaillée.

Ainsi Freud a longuement décrit la méthode originale qui lui a permis de pénétrer l'intimité de l'être comme jamais personne ne l'avait fait avant lui : libres associations d'idées chez le patient, attention "flottante" chez le praticien. Des deux côtés, point d'exigences ni d'exclusives. Rien d'extérieur qui puisse venir altérer cette communication entre deux consciences, qui ne doit tenir qu'à un simple fil de paroles. C'est le moyen, pour le praticien, d'entrer en sympathie avec son patient, et, en s'oubliant soi-même, de communier avec un être, dans ce qu'il a de singulier.

À la lumière de cette intuition se fera l'interprétation des associations, lapsus et omissions. Bref tout un travail d'analyse formelle qui, de ce fait, participe plus de l'art que de la science. On voit qu'ici le mot analyse n'a pas le même sens que dans les sciences exactes : il ne s'agit plus, en effet, de décomposer

9. Du grec *holos* = tout entier.

le tout en éléments simples déjà connus, parce que, dans ce cas, l'élément est un mot dont le sens ne peut jamais être précisé d'avance, même s'il reste dans les limites du champ sémantique que lui assigne la langue. Un même mot peut avoir des sens très différents selon le contexte[10].

Le décryptage psychanalytique de la parole relève toujours de l'improvisation parce que le locuteur révèle dans son discours non seulement sa propre vie intérieure, telle qu'elle se développe à tous les étages de sa conscience, mais aussi la relation intersubjective qu'il a nouée avec son analyste.

On voit comment, dans ce cas, l'approche holiste précède et prépare la démarche analytique. Celle-ci, cependant, permet d'obtenir des résultats susceptibles de préciser l'image qu'on se faisait du tout. Ainsi, les deux démarches s'épaulent réciproquement. Entre elles, le travail d'investigation prendra donc, dans sa progression, la forme d'un va-et-vient continuel – une dialectique – exactement comme le ferait de sa lampe un promeneur nocturne, la dirigeant tantôt au loin, pour fixer son cap, tantôt vers le sol, pour voir où il met les pieds.

Contrairement à Jean-Paul Sartre qui oppose ce qu'il appelle la "raison analytique" à la "raison dialectique", Claude Lévi-Strauss écrit, dans le dernier chapitre de *La Pensée sauvage* : "Pour nous, la raison dialectique... est la passerelle, sans cesse prolongée et améliorée, que la raison analytique lance au-dessus d'un gouffre dont elle n'aperçoit pas l'autre bord, tout en sachant qu'il existe, dût-il constamment s'éloigner..." Et il ajoute très lucidement : "la distinction entre les deux raisons n'est fondée, à nos yeux, que sur l'écart temporaire qui sépare la raison analytique de l'intelligence de la vie."

Lévi-Strauss voit juste. Il n'y a qu'une raison : c'est cette faculté, propre à l'homme, qui lui permet de convertir en savoir universel tout ce que sa sensibilité lui livre du monde et de lui-même, sous la forme, particulière et inconstante, de sensations, sentiments et impressions affectives. S'il veut se faire du monde une image fidèle, susceptible de l'éclairer sur le sens de la vie, c'est de cette double expérience - externe et interne - qu'il doit tirer les matériaux d'une connaissance unifiée, où rien ne doit subsister de la dualité de ses sources. Car cette dualité, nous l'avons vu, est toute relative à la nature humaine, celle d'un être vivant supérieurement organisé.

Comment, dès lors, concilier ces deux approches de la réalité que tout oppose : extériorité et intériorité, objectivité et subjectivité, sensorialité et sympathie, entendement et intuition ? Ne soyons pas étonnés qu'entre les tenants des sciences "dures" et ceux des sciences "molles" ce ne soit le plus souvent que dialogues de sourds.

---

10. Rappelons le procès que fait Bergson à cet égard, à l'explication associationniste de l'interprétation du langage (*Matière et Mémoire*, Paris, P.UF., p. 128 à 139)

Les vertus de la dialectique.

La lumière, cependant, ne peut venir que de cette opposition surmontée. Et pour cela, un dialogue authentique - tel est le sens premier du mot : dialectique - est nécessaire.

La chose n'est pas nouvelle. Les vertus du dialogue méthodique sont déjà connues des premiers penseurs grecs. La maïeutique de Socrate en est un exemple célèbre. Soumettre une opinion à l'épreuve de la contradiction permet en effet, de la dépouiller de ce qu'elle peut comporter de faux pour n'en garder que le vrai. Pour Platon, la dialectique est même la seule voie d'accès, par-delà les faux-semblants du monde sensible, à l'immuable vérité des idées universelles.

Aristote, cependant, opposait science et dialectique, considérant celle-ci comme une technique ne permettant d'accéder qu'au vraisemblable. Mais c'est Descartes qui va lui porter le coup le plus rude. Dans la quête du vrai, seule vaut, pour lui, la méthode analytique : on commence par décomposer l'objet complexe qu'on se propose d'étudier en éléments simples, dont les propriétés sont soit évidentes soit déjà connues, pour ensuite le reconstituer à partir de ses éléments, sans en omettre aucun. Moyennant quoi cet objet pourra jouer le rôle d'élément dans l'analyse d'un objet encore plus complexe.

Pour Kant, l'analyse est la logique de vérité. La dialectique selon lui, n'est qu'une logique de l'apparence. Elle conduit inéluctablement à des contradictions parce qu'elle implique l'usage inapproprié des facultés de l'esprit.

La dialectique serait-elle une simple technique de persuasion (voire de séduction, comme chez les sophistes) ou une démarche de la raison nécessaire à la découverte du vrai ?

Hegel, qui croit à la réalité de l'esprit, va lever cette ambiguïté. L'esprit, c'est, par définition, l'Un par opposition au Multiple. À cela, deux conséquences :

- L'esprit exclut l'exclusion. Donc contredire n'est pas détruire. Si l'on sait trouver la dynamique unissant dans un même élan une affirmation et son contraire, c'est sur le chemin de l'esprit en marche qu'on met ses pas.
- L'esprit qui se révèle dans une conscience individuelle participe nécessairement de l'esprit qui s'exprime dans la marche du monde, laquelle doit donc être soumise à la même dialectique.

L'intérêt de cette thèse idéaliste, c'est qu'en dégageant "en positif" pourrait-on dire, la forme discontinue du mouvement ascendant de l'esprit, elle fait apparaître "en négatif" l'effet antagoniste d'une résistance, tout aussi réelle, qu'il faut bien rapporter à l'inertie de la matière. Entre idéalisme et matérialisme, la vérité est médiane.

Il faut bien le reconnaître, l'esprit ne parvient à exister qu'en informant la matière, c'est-à-dire en lui imprimant son unité. Et si cette marche à l'unité peut être vue comme une dialectique, une oscillation entre progrès et régressions, c'est qu'elle se fait à l'encontre de l'inertie morcelante de la matière, et que, dans cette confrontation, chaque antagoniste, fragilisé par son propre succès, est tour à tour victorieux et vaincu.

Il en est de même pour le mouvement de la raison au travail. Ce travail, qui consiste à convertir en connaissance le donné sensible, doit être vu, lui aussi, comme une conquête de l'esprit sur la matière.

Encore, pour le voir, ne faut-il pas, comme c'est le cas de l'idéologie marxiste, s'en tenir seulement à la forme de ce mouvement, vidé de sa substance. Une vraie dialectique se développe entre deux pôles opposés : matière et esprit, déterminisme et liberté, quantité et qualité, analyse et synthèse…

Complémentarité et universalité des démarches analytique et synthétique.

Parler de raison dialectique est un pléonasme. En revanche, on peut dire qu'il y a, dans la raison humaine, deux manières complémentaires de traiter l'objet sensible, qui peuvent constituer les alternatives d'une dialectique. La première consiste à s'efforcer d'y retrouver des éléments déjà connus : c'est l'analyse. Elle est l'œuvre de l'intelligence discursive, restée proche du langage, c'est-à-dire de ce qui est stable et universel.

La seconde, au contraire, s'attache à saisir l'objet dans sa globalité mouvante, de manière à capter ce qui en fait toute la singularité. Elle ressortit à l'intelligence intuitive. Donnons à cette approche le qualificatif d'holiste.

Bien que ces deux formes d'esprit soient inégalement partagées chez les hommes (Pascal déjà parlait de "l'esprit de géométrie" et de "l'esprit de finesse") et dans les sciences (les sciences déductives et empiriques donnent le primat à la première ; les sciences humaines à la seconde) elles sont toutes deux nécessaires, certes dans des proportions variables, à l'exercice de la pensée humaine.

Platon ne disait-il pas déjà que la pensée est un dialogue de l'âme avec elle-même ?

En fait, toute analyse appelle une synthèse et Descartes lui-même, le père de la méthode analytique, telle qu'elle est définie dans les Regulæ, le reconnaît. La règle VII est explicite : "il faut, par un mouvement continu de la pensée, parcourir tous les objets qui se rattachent à notre but…". Les mots soulignés mettent en lumière le caractère unificateur de cette opération, qui est donc indéniablement une synthèse.

Les deux formes de synthèse :

Toutefois, il y a deux sortes de synthèse qu'il convient de bien distinguer :

- La synthèse ***a posteriori*** : comme nous y invite Descartes, elle consiste tout simplement à ramasser les éléments épars laissés par l'analyse. Dans ce cas, il ne peut rien y avoir d'autre, dans le tout ainsi reconstitué, que la somme des parties.

Cela n'a pas d'importance si le scalpel de l'analyste n'a tranché que dans ces liens fortuits et de simple voisinage qui font toute la consistance de la matière inerte. Ainsi s'explique la réussite de la physique classique. Mais si l'on a taillé dans le vif, alors, cette forme de synthèse laisse échapper l'essentiel, c'est-à-dire, ce qui fait la singularité du tout, et qui tient moins à la nature des parties qu'au réseau de liens qu'elles ont tissé entre elles. Personne ne soutiendra que le meilleur moyen de rendre vie au cadavre est d'en recoudre les morceaux.

- La synthèse ***a priori*** : selon la méthode analytique, la synthèse fait suite à l'analyse.

Cependant, si l'analyse des objets matériels, que nos sens nous livrent de manière immédiate, dans leur totalité, est aisée, ce n'est pas le cas des choses de l'esprit, complexes et mouvantes, auxquelles s'intéressent les sciences humaines et dont la saisie ne peut se faire, hors de l'introspection, que de manière médiate et synthétique, si du moins on veut échapper au simplisme, dont la psychologie expérimentale nous a donné des exemples navrants (quand elle prétend, par exemple, pouvoir mesurer l'intelligence).

Cette synthèse a priori, que nous avons appelée saisie holiste, nous l'avons vu dans l'exemple de la psychanalyse, exige une forme d'esprit radicalement opposée à celle que réclame la méthode analytique. Celle-ci consiste à ramener l'inconnu au connu ; celle-là suppose au contraire qu'on a fait table rase du connu pour s'ouvrir sans idée préconçue à l'inconnu et s'en laisser modeler comme une argile molle sous la main du potier. Un acte de communion, de sympathie, d'assimilation, d'entière participation à un monde ressenti comme familier, amical, bien éloigné du monde hostile que suscite la répulsion. Cette opération, nous l'avons vu dans l'exemple de l'investigation psychanalytique, relève plus de l'art que de la science.

Elle s'apparente à la démarche de l'esthète qui, remontant de l'œuvre picturale à son auteur, réussit à voir dans une mosaïque de taches colorées l'unicité d'un état d'âme. C'est qu'ici la partie ne vaut pas pour ce qu'elle est, mais pour ce qu'elle représente au regard du tout.

Cette forme de synthèse, la seule qui soit authentique, est aussi la seule qu'admettent les sciences humaines. C'est que leur objet, qui se rapporte toujours, de façon plus ou moins directe, à l'âme humaine, n'est connaissable qu'à travers des signes dont il faut découvrir le sens et la cohérence.

La place de la synthèse dans les sciences empiriques.

En vérité, les sciences empiriques elles-mêmes ne peuvent se passer entièrement de la synthèse authentique. Tous les chercheurs qui ont eu la chance de faire une découverte assurent que l'idée cruciale leur est venue comme une fulgurance dans un moment de distraction ou de rêve éveillé. L'esprit a besoin de prendre de la distance par rapport au détail des faits connus pour accueillir la nouveauté. Une synthèse authentique est toujours plus riche qu'une synthèse a posteriori parce qu'elle va chercher dans l'original ce que l'analyse a détruit. "La chance ne sourit qu'aux esprits préparés" a dit Pasteur. Cette préparation consiste à comparer de manière obsessionnelle les résultats des deux formes de synthèses pour déceler en quoi elles diffèrent. De là surgit l'idée nouvelle.

La place de l'analyse dans les sciences humaines.

Cependant, nulle science, pas même une science humaine ne peut se passer de l'analyse.

Le savoir est universel : ses données sont vraies partout et toujours. Or, l'objet visé par le savoir, qu'il soit concret ou abstrait, est singulier. Pour accéder à l'universalité, l'analyse est nécessaire, parce qu'elle permet de convertir l'objet, dont la singularité tient à la complexité et à la mouvance, en éléments stables et communs, donc connaissables par tous.

Quand elle porte sur un objet matériel, cette opération se fait tout simplement par fragmentation dans l'espace. Il ne peut en être de même pour l'objet des sciences humaines, qui n'occupe point d'espace et échappe aux actions mécaniques. C'est donc dans le temps qu'il faut le décomposer.

Cela consistera à distinguer et dégager, dans ce matériel éminemment divers et mouvant, le stable dans l'instable, le régulier dans l'irrégulier. Des récurrences et des liaisons ainsi mises en lumière, se dessineront les grandes lignes d'une structure stable. Cette structure est ce qui transparaît, à ce niveau de réalité, du niveau qui la sous-tend et lui sert de socle.

Pour illustrer notre propos, revenons à l'exemple de la psychanalyse. Après avoir exercé son art pendant de longues années, Freud a pu conclure, de sa riche expérience, à l'existence d'une structure psychique, commune à tous les hommes, à laquelle il a donné le nom d'appareil psychique et qui se compose de trois niveaux, ou instances : le moi, le surmoi et le ça.

Le moi est la conscience claire et distincte, en connexion avec le réel concret de tous les instants, mais aussi avec les désirs conscients de leur but. Son rôle est d'engager le corps dans le sens des désirs qu'il juge réalisables. Il est donc gouverné par le principe de réalité.

Cependant Freud constate chez ses patients névrosés des anomalies dans l'exercice du principe de réalité. Certains automatismes et blocages récurrents ne peuvent s'expliquer que par la survivance d'un subconscient construit à partir d'influences inhibitrices, voire traumatisantes, subies par le sujet dans son enfance de la part de son entourage. Freud en conclut que le moi est soumis, à son insu, à une instance - le surmoi - dont la genèse a précédé celle du moi dans l'histoire du sujet et qui doit son ascendant sur le moi précisément à cette antériorité. Il comprend que le jeune enfant est doté d'une haute aptitude à monter, dès son premier contact avec le monde, les automatismes qui vont l'armer pour la vie. Et que cette période d'apprentissage considérablement prolongée dans l'espèce humaine, est susceptible de s'étendre chez elle au-delà du temps nécessaire à l'acquisition des automatismes naturels, définitifs à juste titre, pour empiéter sur la période où une éducation bien comprise doit cesser d'être un dressage.

Ainsi, la cure psychanalytique vise à restituer à la volonté le terrain indûment conquis par des automatismes infantiles qui nuisent à son libre exercice.

Le ça est le nom donné par Freud à la source native de l'énergie psychique, génératrice d'élans, de tendances visant, par l'entremise du plaisir, à la conservation de l'individu et de l'espèce. Telles sont les pulsions du ça (ce qui subsiste de l'instinct animal chez l'Homme) émanées de l'organisation somatique. Autrement dit, c'est ce qui transparaît, dans la psyché, de cette force qui, depuis la nuit des temps, n'a cessé de travailler à monter les mécanismes de la vie, dans une matière qui, elle, ne tendait qu'à les détruire. Aussi n'est-il pas étonnant que Freud finisse par découvrir au tréfonds du ça l'existence de deux élans primordiaux et antagonistes : une pulsion de vie, "*Éros*", largement dominante chez l'enfant et l'adulte sain, grosse de toutes nos amours en germe, et capable, lorsqu'elle aboutit, de nous transporter sur les ailes du plaisir. Elle tient en respect une autre pulsion "*Thanatos*", qui, tapie dans l'ombre, sait que tôt ou tard, son heure viendra. Toujours aux aguets, elle profite de la moindre défaillance de la pulsion de vie pour bondir sur le devant de la scène et répandre dans le moi son poison de haine, d'angoisse et de mort.

On voit sur cet exemple comment les sciences de l'esprit ont adapté leur méthode à un objet qui n'occupe point d'espace mais se développe dans le temps. L'analyse temporelle à laquelle elle le soumet permet de dégager les liens qu'une activité psychique éminemment volatile, conserve avec son passé, qui l'est beaucoup moins, car davantage lesté de matière. Ainsi, le surmoi se constitue dans un organisme qui n'a pas encore fini de se construire. Il est normal, et même nécessaire, que l'édifice achevé porte l'empreinte indélébile de ce qui l'a marqué pendant sa formation.

Quant au ça, avec ses deux pulsions adverses, c'est l'image même du mouvement vital, voué, dès l'origine, à construire des corps à partir d'une matière soumise à l'action désagrégeante des mouvements extrinsèques.

Entre le surmoi, témoin de l'histoire individuelle, et le ça, témoin de l'histoire de la vie, vient s'intercaler l'inconscient collectif de Jung, dont les archétypes[11] pourraient valider l'hypothèse de la transmissibilité d'un certain contenu inconscient, en tant que trace résiduelle du vécu de l'espèce.

---

11. Carl Gustav Jung (1875-1961), disciple dissident de Freud, désigne ainsi des images qui chez tous les peuples et à toutes les époques, apparaissent de manière récurrente dans les mythes, les rêves, les œuvres poétiques avec la même signification symbolique. Exemples : le soleil, image symbolique du père ; l'eau dormante, image symbolique de la mère.

En somme, toute conscience, qu'elle soit animale ou humaine, porte la marque des étapes successives de la genèse du corps d'où elle émerge, que ce soit dans l'histoire des individus, ou même dans celle des espèces. Nous en verrons d'autres exemples.

Tout être vivant s'inscrit, corps et âme, dans le temps et la science qui prétend le saisir dans sa plénitude ne peut s'en tenir à une méthode qui fait de l'inanité du temps la condition de sa validité.

CHAPITRE IV

ESPRIT D'ANALYSE ET ESPRIT DE SYNTHÈSE : L'ORIGINE DE CES DEUX FORMES D'ESPRIT

Ainsi, analyse et synthèse, loin de s'exclure mutuellement, nous paraissent-elles, à la réflexion, merveilleusement complémentaires.

L'analyse sans la synthèse s'enlise dans l'indigence et la routine. La synthèse sans l'analyse flotte dans l'imprécision et le syncrétisme[12]. Cependant, à première vue, c'est leur antinomie qui frappe les esprits, et qui n'a pas manqué de susciter maintes polémiques. La raison en est que ces démarches relèvent de deux attitudes d'esprit radicalement opposées, parce qu'elles sont liées à des occupations incompatibles : l'action et la contemplation.

Les conditions de l'action.

Ce qui nous pousse à agir, c'est, qu'on le veuille ou non, le sentiment d'un manque. De là une propension à ne voir en toute chose qu'un moyen d'atteindre l'objet auquel on aspire. Or la conscience humaine est ainsi faite, (Bergson. *Matière et Mémoire*) qu'elle ne laisse entrer dans son champ que ce qui peut éclairer l'action dans laquelle elle s'implique. Il s'ensuit que le sujet engagé dans une action ne prend conscience que d'une partie de la réalité.

- Il ne perçoit des choses qui l'entourent que la surface résistante sur laquelle il lui faut régler ses mouvements.
- Il ne retient du mouvement des choses que ce qui peut le guider dans son action, c'est-à-dire les récurrences coutumières dont il peut faire les signes fiables annonciateurs des dangers à écarter ou de l'objet à conquérir.
- Il vit le temps au rythme des opérations qu'il exécute : un temps qui coule irréversiblement depuis un passé révolu vers un futur à la fois borné et déterminé par le but visé. Quant au présent il n'est pas vécu pour lui-même, mais de manière transitive, en tant que moyen mis au service de cette quête.

---

12. Le syncrétisme est l'appréhension globale et indifférenciée d'un tout, au risque de confusionnisme et d'incohérence.

Cette attitude d'esprit, transposée au plan intellectuel, conduit tout droit à la démarche analytique. Cette démarche implique :

- La conception d'un espace vide et homogène en tant qu'espace librement offert aux mouvements corporels mais strictement limité aux surfaces résistantes détectées, avec comme conséquences, l'opposition radicale entre vide et plein, et la possibilité de subdiviser le plein en autant de fragments qu'on voudra.

- La conception d'un temps homogène et inefficace où tout ce qui advient à chaque instant est entièrement déterminé par ce qui s'est produit à l'instant précédent. Cela implique un temps-longueur, divisible en instants aussi petits qu'on voudra.

Les conditions de la contemplation.

Tout autre est l'attitude contemplative. Demandons-nous comment on peut tomber en extase devant une œuvre d'art particulièrement belle.

Cela commence par un sentiment agréable de détente qui vous transporte dans l'imaginaire. L'âme s'ouvre à la découverte du spectacle offert, moins pour ce qu'il représente que pour ce qu'il évoque. Perceptions et réminiscences s'appellent et se répondent dans un dialogue qui fait monter des profondeurs mille résonances secrètes. Le temps se suspend. Enfin, le présent est vécu pour lui-même. Enrichi d'images nouvelles, il se gonfle d'un passé ressuscité. Il prend de l'épaisseur. L'âme se ramasse sur elle-même, tout en se centrant sur l'objet qu'elle s'est créée.

Telle est aussi l'attitude mentale que réclame la synthèse authentique. Même intimité entre sujet et objet. Même ouverture à la nouveauté. Même prévalence du présent. Même recentrage de l'âme sur l'intuition qu'elle se crée. La différence tient à la nature de l'objet : imaginaire dans un cas, réel dans l'autre.

Nous sommes aux antipodes des exigences de l'action, où nous avons vu, tout au contraire, la conscience s'extérioriser et, se portant au-devant des choses, se solidifier à leur surface pour y faire correspondre le geste efficace. Telle est la source de l'intelligence technicienne.

Telle est aussi celle de l'intelligence discursive. Il suffit, pour s'en convaincre, de remplacer la chose par le concept qui la recouvre et le geste efficace par le raisonnement logique.

Quant à l'intelligence intuitive, elle se distingue radicalement des deux autres formes d'intelligence. Celles-ci donnent le primat à l'analyse, celle-là à la synthèse. L'analyse extériorise la conscience ; l'intuition intériorise la chose.

Adaptation dans un cas, assimilation dans l'autre. Telles sont les démarches, incompatibles et cependant complémentaires, de la raison humaine s'ouvrant à la découverte du monde et à la connaissance.

Adaptation et assimilation sont aux racines de l'animalité.

Cette ambivalence dans l'appréhension de la réalité n'est pas une invention humaine. On peut en voir les prémices dans les deux activités originelles inhérentes à la condition animale elle-même.

Cette condition présente deux particularités qui sont liées : la faculté de se mouvoir librement, avec, en contrepartie, l'obligation de se nourrir de substances organiques empruntées à d'autres êtres vivants. Tenaillé par un besoin toujours renaissant, l'animal est donc voué à parcourir le vaste monde, à la recherche de ce qui lui permettrait de se nourrir ou de se reproduire.

En conséquence, son activité se partage en deux temps :

L'un est pénible, parfois dangereux ou douloureux. C'est celui de la quête de l'objet visé par le besoin. C'est le temps de l'action. Nous avons vu que dans ce cas, le présent n'est pas vécu pour lui-même, mais de manière transitive, par une conscience toute tendue vers le but qu'elle cherche à atteindre.

L'autre est aisé et gratifiant : c'est celui de l'appropriation de l'objet du besoin. La conscience se détend et s'ouvre à toutes les sensations qui s'offrent à elle en cet instant. Le présent est enfin vécu pour lui-même dans l'oubli du futur. Nous reconnaissons les conditions de la contemplation. Nous comprenons maintenant pourquoi ces deux dispositions d'esprit sont incompatibles : chacune d'elles exige de la conscience qu'elle se temporalise de manière opposée : pour l'action, le présent est subordonné au futur ; pour la contemplation, c'est le futur qui se subordonne au présent[13].

Il nous reste à comprendre pourquoi ces deux modes de saisie de la réalité sont complémentaires. Il nous faut pour cela remonter à la source de la sensorialité animale.

La sensorialité animale.

Le monde nous est connaissable par les sens. Or la sensorialité, telle qu'elle s'est développée chez les animaux est structurellement ambivalente parce que toute forme de vie repose sur l'aptitude à distinguer le soi du non-soi.

Nous avons vu, en effet, que deux sortes de mouvements affectent la matière inerte : les mouvements extrinsèques, destructeurs, et les mouvements intrinsèques, conservateurs. La vie n'a pu se conserver et étendre ses constructions qu'en se protégeant des premiers pour se nourrir des seconds.

Cela se traduit, pour les formes mobiles de vie, par deux sortes de réactions :

- Une réaction répulsive vis-à-vis des corps étrangers, reconnus comme non-soi.

13. Michel Navratil : Les tendances constitutives de la pensée vivante, Paris, PUF, 1954, tome 1, p. 19.

- Une réaction appropriative vis-à-vis des corps assimilables au soi, c'est-à-dire reconnus comme congénères.

Initialement, cette distinction se faisait par contact : la simple monère, c'est-à-dire la cellule primitive libre de se déplacer, devait être capable nécessairement de distinguer deux sortes de contacts pour survivre :

- Le contact ***d'opposition*** : c'est celui du corps propre avec un autre corps pour lequel il n'a aucune affinité. Nous avons montré (p. 27 et suivantes) pourquoi ce genre de contact engendre la répulsion.

- Le contact ***d'adhésion*** : c'est celui du corps propre avec un corps reconnu comme congénère en raison de l'affinité des molécules que tous deux portent à leur surface. On sait que l'affinité rompt la barrière répulsive qui tient à distance les grains de matière.

La réaction est dans ce cas l'incorporation : incorporation de l'aliment (phagocytose) ou union des gamètes (fécondation).

Toute la sensorialité animale sortira de cette irritabilité primordiale, grâce aux organes des sens toujours plus complexes et performants, développés dans la série des espèces. À mesure qu'ils accroîtront leur puissance de détection et de discrimination, ils accentueront leur ambivalence originelle. C'est pourquoi on peut distinguer chez les animaux supérieurs, suivant en cela Maurice Pradines[14], les sens de la défense et les sens du besoin.

- Les sens de la défense sont le tact, la vue et l'ouïe.

Il s'agit du tact d'opposition. Tout contact avec une partie quelconque de la surface du corps entraîne un mouvement de rétraction. Cette sensibilité se développe particulièrement, chez la plupart des animaux, à l'extrémité antérieure du corps pour en faire un pôle avancé d'exploration de l'espace. Ainsi en est-il des "moustaches" (de leur vrai nom : vibrisses) dont les mammifères dotent leur museau et qui leur permettent de détecter les moindres frôlements ou vibrations de l'air.

Chez l'homme, c'est l'extrémité des doigts qui joue ce rôle, comme, par exemple, lorsqu'on marche à tâtons dans le noir. C'est ainsi que les animaux délimitent le cadre de leur activité, soumise aux exigences du besoin : d'une part, l'espace libre dans lequel ils peuvent s'avancer sans danger ; d'autre part, les surfaces résistantes sur lesquelles ils peuvent s'appuyer.

Cependant, le tact ne pouvait suffire. Il est des dangers qu'aucune riposte ne saurait conjurer. Certains contacts (prédateurs, projectiles...) sont d'emblée mortels. Il faut donc apprendre à les prévenir et pour cela détecter à distance les objets porteurs de telles menaces.

Seules les ondes, qui se propagent à très grande vitesse, pouvaient porter ces avertissements. Ainsi les animaux ont-ils été amenés à produire des organes capables de capter soit les vibrations du fluide ambiant (eau ou air) provoquées

14. Maurice Pradines : *La sensibilité élémentaire*, Paris, Les Belles Lettres, 1934.

par les chocs et frictions de toutes sortes, soit les ondes lumineuses réfléchies par les surfaces opaques.

Ce fut, dans le règne animal, une vraie révolution. Voici des sens qui, pour la première fois, livraient à l'animal non pas l'objet lui-même, mais des signes qui l'annonçaient. Or, des signes demandent à être interprétés, et cela exige un apprentissage, ce qui est déjà une forme d'intelligence.

Voilà pourquoi l'œil et l'oreille se sont toujours développés de pair avec le cerveau, pour atteindre chez les oiseaux, les mammifères, et particulièrement chez l'homme, leur plus haut degré d'achèvement.

Telle a été l'amorce de ce que nous avons appelé l'intelligence technicienne. Née de la sensorialité d'opposition, elle en a conservé les conditions :

- vacuité de l'espace, qui doit rester le champ libre de l'action à venir
- inanité du temps, qui ne doit pas entamer la résistance sur laquelle cette action s'appuie.

Telle est la source de notre conception matérialiste du monde. Nous en avons précisé les implications et montré en quoi elles limitaient indûment le champ d'application des sciences empiriques. Rappelons toutefois ce qui fait la force de l'intelligence technicienne : partie de l'irritabilité répulsive, elle seule pouvait se départir de cette affectivité originelle pour nous permettre d'atteindre à l'objectivité que suppose la science.

Mais, ce faisant, elle nous enfermait dans un corps matériel et nous excluait du monde. Il appartiendra aux sens du besoin de nous y réinsérer.

- Les sens du besoin : ce sont le tact participatif, le goût et l'odorat (secondairement, la vue et l'ouïe se sont mis au service du besoin).

Le contact-adhésion originel, à la fois physique et chimique, les enveloppe tous trois en germe. Le goût et l'odorat peuvent, en effet être considérés comme deux formes de tactilité chimique.

À l'inverse des sens de la défense, nés du contact-opposition, les sens du besoin sont issus du contact-adhésion. C'est la raison pour laquelle ceux-ci n'ont pu se dépouiller de la coque d'affectivité qui les a fait naître. Il n'est point de saveur ni d'odeur qui ne laissent indifférent. Même lorsque l'impression qu'elles suscitent ne va pas jusqu'au plaisir ou au dégoût, elles pénètrent si profondément l'intimité de l'être qu'elles sont capables, comme Marcel Proust l'a si bien conté, de réveiller un souvenir depuis longtemps oublié et qui, cependant, leur était resté mystérieusement attaché.

Quant au tact, il a gardé dans toute la lignée animale, et jusque dans l'espèce humaine, son ambivalence originelle. Ainsi, la main, organe tactile par excellence, peut se faire tantôt investigatrice, tantôt caressante.

Par exemple, l'action de palper un sein peut avoir des significations radicalement opposées, selon qu'elle émane du médecin ou de l'amant : extériorité d'une relation univoque de sujet à objet dans un cas ; dans l'autre, au contraire, réciprocité et intimité d'un contact entre deux corps, qui en abolit les limites naturelles et prélude à l'union de deux êtres, corps et âmes.

On le voit, la sensorialité du besoin instaure une relation de sujet à objet ou de sujet à sujet qui mobilise la personne entière, dans son présent, son passé, ses goûts, ses désirs, ses souvenirs.

Lorsqu'elle atteint toute sa plénitude, comme dans l'amour charnel authentique, elle est capable de canaliser et d'unifier durablement dans un même mouvement tous les élans secrets de l'âme. On sait qu'un chagrin d'amour est toujours vécu comme un drame, dont on sort rarement indemne.

- C'est à l'adolescence, lorsque l'âme s'ouvre à l'amour, que l'aptitude à se laisser gagner par l'engouement pour certaines catégories d'objets ou d'activités est la plus marquée. À cet âge se dessinent les vocations les plus authentiques.

L'implication de la vue et de l'ouïe dans la sensorialité du besoin.

La télédétection des corps résistants, rendue nécessaire pour prévenir les contacts nocifs, s'est tout naturellement étendue aux objets du besoin. À côté des résistances dangereuses, parce qu'elles sont irréductibles, il en est d'autres qui sont réductibles et qui peuvent être désirables : il faut mordre dans la pomme avant d'en savourer la chair. La vue et l'ouïe qui sont, nous l'avons dit, des sens éminemment éducables, ont très vite appris à faire de loin cette distinction, en se mettant à l'école des sens du besoin qui ne savaient la faire que de près (à l'exception de l'odorat, qui chez certaines espèces aux mœurs nocturnes, parvient à suppléer la vue).

Elles ont aussi appris, chez les animaux supérieurs, à interpréter des signes visibles ou audibles émis intentionnellement pour se faire reconnaître de congénères, indiquer une source de nourriture ou l'imminence d'un danger. Codifiés en langage, ces signes sont devenus, pour les hommes, un remarquable moyen de communication, et leur image mentale un indispensable instrument de la pensée discursive.

Ainsi, la sensorialité du besoin fait tomber les cloisons érigées par les sens de la défense. Elle ouvre l'âme tout entière aux choses et aux êtres et nous fait découvrir un monde familier, rassurant, source de jouissance.

Besoin et désir.

L'homme, cependant, a une faculté qu'aucun animal ne possède : l'imagination. L'être ou l'objet qu'il convoite, il peut se le donner en image à tout moment. Il peut même s'inventer des besoins auxquels nulle bête ne penserait et user ses forces à poursuivre des chimères. Cela peut aller jusqu'à l'obsession passionnelle.

Ainsi, dans l'imaginaire humain, le besoin s'élargit en désir. Le désir ne conduit pas nécessairement aux dérèglements de la passion. Tempéré par la raison, il donne aux humains l'audace d'entreprendre et les moyens de se surpasser. Quant à la passion amoureuse, elle n'est que la fixation et l'exacerbation d'un sentiment plus large et désintéressé qui est l'amour en général.

On trouve chez l'homme, entre le pur sentiment du besoin et l'amour le plus désincarné, tous les intermédiaires, avec l'amour charnel comme moyen terme. Si bien qu'on peut voir, dans cette aptitude à sublimer le besoin en amour, l'appétence en désir, l'un des facteurs majeurs du passage de la bête à l'homme.

L'amour est à l'âme ce que le besoin est au corps : une impérieuse inclination à se chercher soi-même hors de soi ; et le sentiment agréable - joie ou plaisir, selon le cas - suscité par le succès de cette quête montre assez combien celle-ci est essentielle au processus vital.

L'amour, lorsqu'il est désintéressé, ouvre l'âme au monde, et réciproquement, ouvre le monde à l'âme. Si l'objet aimé se réduit souvent à l'être cher, il peut aussi s'étendre à l'humanité entière, voire à toute la vaste nature. Peu importe qu'on lui donne alors le nom d'intuition. C'est dans tous les cas le même élan qui nous fait sortir de nous-mêmes et nous permet d'atteindre ce que nos sens ne sauraient nous livrer.

L'objet du besoin, ou de l'amour, ne pourrait exercer cet irrépressible attrait qu'on s'accorde à lui prêter, s'il n'était d'avance connu comme familier - ou mieux, comme "congénère" pour reprendre le terme de Maurice Pradines - et donc, susceptible de combler le manque à être inhérent à l'appétence ou au désir.

Ainsi, à la racine de l'intuition, nous trouvons cette relation innée à l'objet qui est propre à l'instinct. Bergson a montré en quoi l'intuition, qui puise à la même source que l'instinct, est complémentaire à l'intelligence. "L'intelligence est accordée sur la matière et l'intuition sur la vie[15] ", écrit-il.

L'instinct, source de l'intuition.

L'instinct est un mystère pour la science. Selon celle-ci, le comportement instinctif est réglé dans tous ses détails par l'hérédité génétique. Mais qui peut croire par exemple que le plan de la toile de l'épeire - ou araignée des jardins - si bien adaptée à sa fonction de piège, avec ses rayons de soie sèche et sa spirale de soie collante, soit intégralement inscrit dans la molécule d'ADN ?

On s'étonne de voir le nouveau-né, tout juste sorti du ventre maternel, trouver un sein qu'il ne connaît pas. Ce que le nouveau-né connaît très bien, en revanche, c'est le lien fusionnel, vital pour lui, qu'il a noué neuf mois durant avec sa mère. Téter le sein maternel est pour lui le moyen de sauvegarder, désormais activement, une relation que lui assurait, passivement jusqu'alors, le cordon ombilical.

Ce que vise en réalité la connaissance instinctive, ce n'est pas directement un objet, mais l'activité vitale à laquelle s'intègre cet objet. Sur l'objet lui-même,

15. *L'Évolution créatrice*, PUF, p. 153. Sous la plume de Bergson, le mot intelligence regroupe ce que nous appelons intelligence technicienne et intelligence discursive.

elle ne jette qu'une faible lumière, mais au moins éclaire-t-elle l'essentiel. Le nouveau-né pressent dans le sein l'aliment dont dépend sa survie. On pourrait voir dans cette prescience la collusion de deux tendances : celle d'un bébé, qui le pousse à téter, et celle d'une glande qui la détermine à fabriquer du lait.

Entre la mère et l'enfant, il existe encore après la naissance un lien que la section du cordon ombilical n'a pas rompu. Bien qu'immatériel, ce lien est très réel. Le nouveau-né vit instinctivement son corps comme un appendice de celui de sa mère. Entre sa bouche et le mamelon, il met un lien de chair tout aussi consistant que l'était le cordon ombilical. Un pont destiné à se sublimer peu à peu, et pour l'éternité, en lien d'amour.

Cet exemple confirme ce que nous laissions pressentir plus haut : l'être ne se laisse pas circonscrire aux limites d'espace et de temps qui bornent sa demeure. De la mère à l'enfant, nous avons vu l'être chevaucher deux générations. Une extension qu'on peut voir aussi se faire dans l'espace, par exemple entre deux espèces qui n'ont rien de commun, si ce n'est une relation alimentaire entre une mère et sa progéniture, d'un genre très particulier.

Bergson rapporte, dans *L'Évolution créatrice*[16], le cas de ces insectes entomophages femelles qui paralysent une proie pour y pondre leur œuf, ménageant ainsi à leur larve une source de nourriture toujours fraîche. Pour ce faire, elles piquent leur victime à l'emplacement des ganglions moteurs afin d'y injecter le venin paralysant.

Dans cette opération, elles montrent une étonnante science anatomique. L'ammophile, dont la proie de prédilection est la chenille, pique neuf fois, conformément à la structure de la chaîne nerveuse de cet animal, qui comporte en effet neuf ganglions moteurs

Le sphex, quant à lui, ne pique que trois fois, au thorax, le grillon dont il nourrit ses larves. Or chez cet insecte, la chaîne nerveuse, plus ramassée, ne compte que trois ganglions moteurs intrathoraciques.

On alléguera que cette étonnante science innée perd de son mystère quand on sait que les larves d'ammophile et de sphex sont capables de repérer à l'odeur, sur la proie paralysée dont elles se nourrissent, l'emplacement des piqûres maternelles. Elles ne feraient que reproduire à l'âge adulte le schéma mémorisé au début de leur vie. Il a bien fallu, cependant, qu'un tel comportement s'installât dans ces espèces. L'objection ne fait que reporter aux origines le mystère qu'elle prétend élucider.

Il est certain que des savoir-faire aussi précis n'ont pu s'inscrire d'un coup dans le bagage héréditaire des espèces. Sans doute y a-t-il eu des étapes intermédiaires. N'est-il pas révélateur que les comportements instinctifs les plus sophistiqués se rencontrent précisément dans les groupes d'insectes

---

16. Bergson se réfère, à cet endroit, aux *Souvenirs entomologiques* de J.-H. Fabre (1823-1915). Voir dans *L'Évolution créatrice* la section de la deuxième partie intitulée "Nature de l'instinct" (notes 70 et 71).

anatomiquement les plus évolués, comme celui des Hyménoptères, pour revenir à notre exemple ?

Toujours est-il que l'instinct pose un problème qui défie toutes les lois de la mécanique. Que le comportement des individus puisse ainsi se régler sur des schèmes longuement mûris au fil des générations implique l'existence d'une mémoire ancestrale portant non sur les mécanismes formateurs des corps - ce qui est le rôle des gènes - mais sur des savoir-faire acquis et perfectibles par l'expérience, ce qui est le rôle des cerveaux, avec les organes auxquels ils sont connectés.

Or le seul lien qui unisse deux individus issus l'un de l'autre est une petite cellule appelée gamète, porteuse de nombreux gènes mais dépourvue de système nerveux. Comment peut-elle transmettre un savoir-faire ?

Pour revenir au cas de l'araignée des jardins, on pourrait considérer que son comportement dérive de celui de son lointain ancêtre, un animal très voisin du scorpion actuel, qui n'a pratiquement pas évolué en 400 millions d'années. Le scorpion est capable de localiser sa proie en captant avec ses pattes les vibrations du sol produites par sa future victime. Ainsi, les comportements instinctifs de ces deux chasseurs à l'affût ne sont que des variations sur un même thème, resté inchangé dans toute cette lignée d'Arachnides : localiser sa proie grâce aux vibrations qu'elle engendre (que ce soit sur le sol ou sur une toile-piège), et la paralyser en lui injectant un venin (que ce soit par un dard caudal ou par des crochets buccaux appelés chélicères).

Force est de considérer une lignée animale non comme une série d'individus, mais comme un super-organisme doué d'une forme de sensori-motricité et de mémoire, aptitudes que n'entamerait pas le retour périodique à l'état de cellules sexuelles. Cela ne peut se comprendre évidemment que dans l'hypothèse d'un être qui ne se confine pas à l'intérieur des frontières matérielles des corps, à condition d'entendre par frontières matérielles, toute limitation d'espace et de temps.

L'être vivant resterait attaché, par des liens invisibles, au ressenti de ses ancêtres.

Peut-être est-ce ainsi qu'il faut comprendre l'inconscient collectif de Jung.

Il ressort de cette étude que la vie ne peut être comprise hors du cadre d'espace-temps qui est le sien. La distinction entre espace et temps, propre à l'intelligence technicienne, n'a de sens que par rapport à l'action. La spéculation, surtout quand elle porte sur le vivant, doit s'installer dans la durée, dans un devenir, un continuum d'espace-temps, à l'image de ces mouvements cycliques et ondulatoires perceptibles au cœur de la matière, et qui lui donnent sa forme. Pour cela, notre seule ressource est le recours à l'intuition.

Redisons-le : l'intuition est amour et l'amour est au désir ce que l'appétence est au besoin. La fenêtre que l'appétence ne fait qu'entrouvrir, l'amour l'ouvre toute grande sur le monde. Tel est le miracle humain.

Un miracle qui n'est pas une surprise. L'histoire du règne animal laisse voir, en effet, dès l'origine, une tendance à produire des corps capables de supporter, de plus en plus longtemps, des cerveaux de plus en plus gros. Cela est particulièrement marqué dans la lignée des vertébrés. Or, le rôle premier du cerveau, nous le verrons plus loin, n'est pas de créer des fonctions nouvelles mais de donner aux individus la faculté d'exercer librement des pouvoirs déjà conquis par les espèces, mais figés en organes et en automatismes.

Cela nous donne l'assurance que l'intuition puise à la même source que l'appétence instinctive : toutes deux sont connectées, par les mêmes fils invisibles, à l'impalpable mais omniprésent réseau d'influences qui fait l'harmonie du monde.

CONCLUSION
DE LA PREMIÈRE PARTIE

La méconnaissance de l'être par la biologie traditionnelle trouve donc sa source dans l'usage exclusif que cette science a fait de la méthode expérimentale, développée à partir de la méthode analytique cartésienne.

Suivant en cela l'exemple de la physique classique, la science du vivant décompose le réel en objets disjoints dans un espace vide et un temps inefficace qui ne sont pas ceux de la vie.

Dès lors, une telle démarche est incapable de prendre en compte la mobilité en soi, qui s'inscrit nécessairement à la fois dans l'espace et le temps.

Pour les corps inertes, qui sont soumis passivement aux mouvements que nous avons qualifiés d'extrinsèques, cela importe peu. Ainsi s'expliquent les réussites de la physique classique.

Il en va tout autrement de la mobilité des corps vivants. Elle leur est consubstantielle. Elle trouve son origine dans ces mouvements intrinsèques à la matière dont l'étude fait l'objet d'une spécialité nouvelle de la science physique appelée mécanique ondulatoire.

Les mouvements intrinsèques s'opposent en tous points aux mouvements extrinsèques.

- Ceux-ci sont destructeurs. Ils sont voués à la nécessité de la répulsion qui frappe indifféremment tous les grains de matière - dans les conditions qui sont celles de notre biosphère - et au hasard du choc aléatoire auquel aboutit fatalement la répulsion.

- Ceux-là sont constructeurs. Ils composent avec les affinités secrètes de la matière pour lui faire prendre forme. C'est ainsi que se sont montées les constructions vivantes. En leur sein, les mouvements intrinsèques se canalisent et s'additionnent pour enfin émerger en sensori-motricité dans le règne animal.

C'est cette unité foncière de l'être vivant que la biologie n'a pas su voir.

Pour découvrir la source de cette méconnaissance, nous sommes remontés jusqu'à la sensorialité animale.

La méthode analytique ressortit à l'intelligence technicienne, elle-même issue d'une forme de sensorialité dévolue à l'adaptation au monde et donc à l'action efficace. Fondée sur la répulsion, cette sensorialité s'arrête à la surface des choses.

Mais il est une autre fonction bien plus essentielle à la vie : l'assimilation. Or cette fonction est servie par une autre forme de sensorialité non plus fondée sur la répulsion, mais sur l'affinité. Ignorant les frontières d'espace et de temps, la sensorialité de l'affinité pénètre au cœur des êtres et les met directement en communion. Cette sensibilité instinctive est réglée sur la vie. Élargie et redressée en intuition, elle est au principe d'une autre méthode, qui est le contre-pied de la méthode analytique. Bien connue des spécialistes en sciences humaines, cette méthode – ici qualifiée d'holiste – associée à la méthode analytique peut donner au biologiste le moyen d'élargir et de mieux accommoder le regard qu'il porte au vivant.

DEUXIÈME PARTIE

LA MONTÉE DE L'ÊTRE DANS L'HISTOIRE DE L'UNIVERS

Avertissement au lecteur

Il ressort de ce qui précède que l'être ne peut s'appréhender que de manière globale.

La saisie holiste de l'objet constitué de toutes les formes de vie connues doit donc se faire à la fois dans l'espace et dans le temps.

Nous ne connaissons en fait que la vie terrestre, celle qui s'est développée à la surface de la troisième planète du système solaire, dans des conditions physico-chimiques qui lui sont restées favorables pendant quatre milliards d'années.

Durant cette longue période, les constructions de la vie, édifiées à partir des molécules déjà présentes en ce lieu, n'ont cessé de croître en complexité, depuis l'apparition de la microscopique bactérie, il y a 3,8 milliards d'années jusqu'à l'émergence de l'homme "moderne", voilà deux cent mille ans, dont le cerveau est l'organe le plus complexe que la nature ait jamais produit.

On voit comment l'histoire de la vie se rattache à celle de l'univers entier. D'où viennent les atomes dont le vivant s'est construit ?

Pourquoi ces éléments se sont-ils trouvés rassemblés à la surface de la planète Terre il y a quatre milliards d'années ? C'est donc à l'origine même de l'univers qu'il faut faire remonter notre récit. Pour ne pas rompre l'unité de notre développement, nous avons choisi de placer cette relation en appendice, à la fin de l'ouvrage.

Le lecteur y trouvera toutes les précisions utiles à la compréhension de la suite de notre exposé. Elles portent sur :

- La naissance de l'univers et du système solaire.

- L'apparition, en deux étapes successives, des deux formes de vie qui ont peuplé notre planète :

Les procaryotes, qui représentent la forme la plus archaïque de la vie. Incapables d'évoluer, ils sont restés à l'état de bactéries. Cependant, ils constituent le socle sur lequel se sont construites toutes les formes supérieures de la vie.

Les eucaryotes, apparus deux milliards d'années plus tard, ils se sont épanouis sur tous les continents en millions d'espèces animales et végétales, parmi lesquelles figure à la plus haute place l'espèce humaine.

PRÉAMBULE

QU'EST-CE QUE L'ÊTRE ?

L'étude critique de la biologie dans sa méthode a mis en lumière l'incapacité de cette science à prendre en compte l'être en tant que tel. Nous avons vu que la méthode analytique a la particularité de gommer l'œuvre du temps au point d'être inapte à rendre compte de l'émergence de la qualité. Or, nous savons que la qualité est l'attribut de l'être.

Telle est la piste que nous allons suivre pour découvrir les critères objectifs par lesquels il est possible de saisir l'être, ce qui nous permettra de suivre pas à pas sa montée dans l'histoire de l'univers.

Entre matière et esprit, le statut de l'être est difficile à cerner. Chacun n'y voit que ce qui convient à ses options philosophiques.

Pour Descartes, c'est "je pense, donc je suis".

Sartre, quant à lui, préfère dire : "on me voit, donc je suis".

Telles sont les deux conceptions extrêmes de l'être. Celle de Descartes est purement spiritualiste. Même s'il n'était pas dans l'intention de son auteur d'en faire une définition de l'être, elle l'a conduit cependant à s'en faire une idée trop intellectualiste : il a négligé le fait que la conscience réfléchie n'est que l'aboutissement et l'épanouissement d'une forme de conscience bien plus spontanée, que l'homme partage avec d'autres espèces, et dont on peut déceler les premiers linéaments chez les êtres vivants les plus rudimentaires.

Si cet enracinement de l'être dans la matière ne doit pas être ignoré, il ne doit pas non plus être surestimé. Tel est le reproche qu'on peut faire à la conception sartrienne de l'être. S'en remettre au regard d'autrui revient à privilégier l'apparence, aux dépens de l'intériorité. Cet empirisme rejoint celui de la méthode expérimentale, dont nous avons dénoncé les insuffisances.

En somme, soit nous regardons en nous-mêmes, et l'être nous apparaît en tant qu'esprit, soit nous regardons au-dehors, et nous n'en voyons que l'enveloppe matérielle. Entre les deux, un grand vide, qu'aucune donnée sensible ne peut venir nous aider à combler, puisque, hors l'intuition directe que nous en donne notre conscience, il n'est pas question de saisir objectivement l'esprit, dont la place n'est ni dans l'espace, ni dans le temps.

Sommes-nous donc voués à rester prisonniers de ce dilemme ?

Pour le dépasser, il faut savoir que l'esprit, tout insaisissable qu'il est, se reconnaît à l'œuvre dans ses constructions, parce qu'immanquablement, il y imprime sa marque. J'ai tout autant le sentiment d'être ma pensée que d'être mon corps : en l'être, esprit et matière, qui s'opposent en tous points, ont cependant réussi à s'unir aussi intimement qu'harmonieusement.

Le pur esprit, ce serait l'unité, ramassée sur elle-même, dans l'espace et dans le temps.

La matière, ce serait la multiplicité, étalée dans l'espace, éclatée dans le temps.

Mais ce ne sont là que deux abstractions auxquelles nous aboutissons quand nous, humains, examinons le réel par les deux lucarnes - les sens et l'intuition - que la nature nous a données ; aucune de ces deux abstractions n'aurait pu, seule, accéder à l'existence, parce que toutes deux sont la même substance : celle qui a fait l'univers, et qui l'a marqué de sa double empreinte, à toutes les étapes de son histoire.

C'est ce qu'avait fort bien compris, il y a trois siècles, en cette heureuse époque où une seule intelligence pouvait encore embrasser tout le savoir humain, le philosophe Leibniz. Il définissait la "demeure de l'être", la "substance individuelle" qu'il appelait "monade" comme l'union intime de l'unité et de la diversité. Distinguons cependant diversité et multiplicité. Cette dernière n'est que pure quantité ; l'autre, pluralité de qualités. L'une est vouée à l'uniformité ; l'autre tend à la singularité.

Leibniz avait compris que l'être ne se révèle concrètement que par les propriétés qu'il insuffle à sa demeure matérielle et que nous appelons qualités dès lors qu'elles viennent frapper nos sens.

La qualité est donc le signe annonciateur de l'engagement de la matière sur le chemin qui conduit à l'être. Elle constitue l'un des critères que nous cherchions pour caractériser objectivement l'être.

En conséquence, si l'histoire de l'univers doit se révéler comme une montée progressive de l'être, il faut s'attendre à y voir émerger des unités toujours plus riches de qualités et dont la diversité croissante ne peut manquer d'aboutir à la singularité (ce que Leibniz appelait individuation). Enfin, à ces deux critères, il convient d'ajouter la pérennité, puisqu'être, c'est d'abord subsister.

CHAPITRE I

LA MONTÉE DE L'ÊTRE EN TANT QUE DIVERSITÉ

Elle s'est faite en trois étapes successives, qui correspondent à trois mondes différents : celui de la matière, celui de la vie et celui de la pensée.

Première étape : L'émergence de la matière.

Il est certain que Leibniz ne pensait pas à l'atome lorsqu'il formula sa thèse. Cependant, tout ce qui est susceptible de frapper nos sens est fait de matière, inerte ou vivante, de sorte qu'on doit considérer la structure atomique comme le seuil absolu de l'émergence de toute forme de diversité.

Avant l'atome, nous dit la science, il n'y avait dans l'univers qu'un magma informe de particules élémentaires : le degré zéro de la diversité. Avec l'atome, apparaît la diversité des corps simples : une centaine, à peu près, d'éléments dont chacun a ses propres caractéristiques. Parmi celles-ci, celles qui sont capables d'impressionner nos sens représentent les premières qualités sensibles qu'aurait détectées un hypothétique témoin de cet avènement : des vapeurs vertes à odeur âcre pour le chlore, un liquide rouge pour le brome, un solide jaune pour le soufre…

Ces éléments présentent toutefois d'autres propriétés cachées, mais bien connues des chimistes. Elles ont amené ces éléments à s'associer durablement en corps composés, ce qui a eu pour effet d'enrichir considérablement la palette des qualités sensibles. Cette diversité, cependant, est peu de chose à côté de celle qu'offre le monde vivant. Êtres unicellulaires (bactéries, protozoaires et protophytes), êtres pluricellulaires (végétaux et animaux), on peut estimer que le nombre d'espèces vivantes est plusieurs milliers de fois supérieur à celui des espèces minérales.

Quant à la dernière espèce apparue sur Terre, elle présente à elle seule une diversité encore au moins mille fois supérieure. Sept milliards d'humains aptes à s'épanouir, si les circonstances le leur permettent, en autant de personnes à part entière, et d'exprimer de manière concrète, par la parole, leur singularité.

Ainsi, donc, ce que nous savons maintenant de l'histoire de l'Univers nous montre une matière engagée dans des constructions de plus en plus complexes et corrélativement, toujours plus diversifiées, en raison de leur plus haute richesse en qualités.

Cette montée s'est faite par emboîtements successifs : association d'atomes en molécules, de molécules en cellules, de cellules en organismes pluricellulaires, de sorte qu'elle est allée s'accélérant, tout en prenant la forme d'une progression exponentielle.

Il aura tout de même fallu plus de treize milliards d'années pour passer ainsi de la quantité à l'état brut, à la pure qualité. Quant à l'accélération corrélative du temps que cette progression implique, il est certain que les sciences empiriques ne pouvaient en prendre toute la mesure, puisque la conversion de la qualité en quantité est au principe même de leur démarche.

Nous avons vu que toute émergence de nouveauté se fait au prix d'une contraction du temps : une propriété nouvelle, qui s'exprime dans l'instant, émane nécessairement d'une structure née d'une succession d'opérations. Il en est ainsi des atomes comme des êtres vivants. On sait maintenant[17] comment les noyaux atomiques dont dépend toute la structure de l'atome, se sont formés au sein des étoiles primitives, par adjonctions successives et rigoureusement codifiées, de protons et de neutrons. Quant aux êtres vivants, le fil d'ADN dont ils sont issus n'est-il pas l'image même du fil du temps successif de leur genèse ?

Ainsi la qualité, attribut de l'être, est l'œuvre du temps. Essayons d'en dégager la raison. La caractéristique première de l'être est la permanence. Une qualité ne pourrait être reconnue comme telle si elle n'était durable. Or, ce que nous appelons qualité, et que l'homme de science appelle propriété, est liée au mode de fonctionnement d'une structure. Pour qu'une qualité soit durable, il faut donc que la structure dont elle dépend soit stable.

Cependant, on constate que plus une structure est richement dotée en propriétés, plus elle est complexe, donc fragile et éphémère. La longévité d'un animal est très inférieure à celle des atomes dont il est fait. Comment donc surmonter une telle antinomie ? En arrimant la structure complexe et instable, mais riche de possibilités à une structure plus simple et robuste, mais plus pauvre.

Ainsi en est-il de l'atome : laissons refroidir un plasma chaud, formé de noyaux atomiques et d'électrons en désordre : chaque noyau reconstitue, couche après couche, son cortège d'électrons, dont il détermine, avec la plus grande précision, à la fois le nombre et la trajectoire. (Ces trajectoires forment des "orbitales" superposées).

Qu'un électron vienne à quitter son orbitale par l'effet d'une perturbation extérieure, sa place ne restera pas longtemps vacante. Dès que possible elle sera réoccupée, soit par le même électron, soit par un autre. Les propriétés caractéristiques de l'atome seront alors restaurées, parce qu'elles tiennent à

17. Voir, dans notre appendice : "La naissance de l'univers".

la structure globale du nuage électronique, et non à l'individualité de chaque électron.

Ainsi, c'est la structure du noyau qui détermine entièrement celle de son nuage électronique et en assure la pérennité, dans l'équilibre entre attraction (chaque proton porte une charge positive) et répulsion (les électrons, porteurs d'une charge négative se repoussent).

Or, la stabilité d'un noyau atomique, lorsqu'il n'est pas radioactif, est quasi illimitée dans les conditions physico-chimiques de notre biosphère : les forces qui lient les particules nucléaires appelées nucléons (protons et neutrons) sont incommensurablement plus puissantes (interaction nucléaire forte) que celles qui maintiennent les électrons assemblés autour de leur noyau (interaction électromagnétique).

Ainsi l'atome apparaît comme le résultat d'une association à bénéfices réciproques : il cumule l'avantage de l'interaction forte : la pérennité, et celui de l'interaction électromagnétique : une réactivité ouvrant un champ de possibilités quasi illimité.

Or ces propriétés que l'atome exprime dans l'instant sont celles d'une structure dont la genèse s'inscrit doublement dans le temps :

- D'abord parce qu'elle se fait en deux temps : la mise en œuvre de l'interaction forte, nécessaire à la formation des noyaux atomiques, exige des températures et des pressions extrêmes, qui n'existent qu'au cœur des étoiles les plus massives ou lors de leur explosion, et qui sont incompatibles avec le regroupement des électrons autour de leur noyau. Celui-ci se fait donc ultérieurement, après l'explosion de l'étoile (supernova) lors du refroidissement de son plasma.

- Ensuite parce que chacune de ces phases consiste en une séquence, rigoureusement codifiée, d'adjonctions de nucléons dans le premier cas, d'électrons dans le second.

Ainsi, les propriétés de l'atome, qui tiennent toutes, à l'exception de sa masse, à la conformation de son nuage électronique, naissent dans la succession pour s'exprimer dans l'instant. Nous y reconnaissons cette compression du temps dont nous avons souligné le lien avec l'émergence de qualités nouvelles.

Remarquons, pour finir, que les deux temps de la formation de l'atome mettent en connexion deux successions génératrices de nouveauté : la première produit les noyaux atomiques ; elle correspond, en fait de diversité, au plus haut degré qu'il est possible d'atteindre au sein d'un plasma chaud. La seconde, qui produit les atomes, représente le plus bas degré de la diversité qu'est capable d'engendrer la matière.

La structure atomique fait donc le passage entre deux mondes : le monde incandescent et inhospitalier des étoiles, d'où elle tire ses racines, et le monde tiède et accueillant des planètes, où elle épanouit ses ramifications.

Ce sont bien deux mondes différents. L'histoire de l'Univers peut se voir, avons-nous dit, comme une montée de la qualité aux dépens de la quantité. Or, toute progression connaît une limite au-delà de laquelle le changement n'est plus de degré mais de nature.

La centaine de noyaux atomiques qu'a pu produire la combinatoire des nucléons gouvernés par l'interaction forte représente toute la diversité dont est capable un plasma chaud stellaire. Pour aller plus loin, il faut quitter le monde des étoiles pour celui des planètes. Alors l'électron et l'interaction électromagnétique peuvent prendre le relais. La petitesse de l'électron (près de 2000 fois plus petit que le proton) et la mobilité du photon (la particule messagère de l'interaction électromagnétique) autorisent une combinatoire considérablement plus riche, d'où sortiront les innombrables espèces minérales que nous connaissons. Ainsi est né le monde de la matière inerte, avec ses propres lois, maintenant bien connues des physiciens et des chimistes.

Deuxième étape : L'émergence de la vie.

Cependant, cette diversité, si grande soit-elle, est encore insuffisante pour permettre à la vie d'exister.

Une seconde discontinuité va lui faire faire un bond énorme en avant, nous avertissant par là que nous entrons dans un monde nouveau, celui de la vie.

La substance vivante est caractérisée par une famille de molécules qu'elle est seule à savoir produire : les protéines. Elle en fait à la fois ses outils et ses matériaux de construction[18].

Ces précieuses propriétés, dont nul être vivant ne saurait se passer, les protéines les doivent à la séquence des acides aminés qui les constituent. Elles sont faites, en effet, de longues chaînes d'acides aminés, dont le nombre peut atteindre quelques centaines, attachés bout à bout. Et, comme il existe vingt sortes d'acides aminés, le nombre de combinaisons possibles est quasiment infini (20^{100} combinaisons si on limite à 100 le nombre d'acides aminés des protéines). Ainsi s'explique cette vaste panoplie de propriétés que présentent ces molécules. Avec, cependant, un inconvénient : il n'est pas question de s'en remettre au tâtonnement pour retrouver la formule d'une protéine. Or, ces molécules sont assez fragiles et s'érodent à l'usage. Il est donc nécessaire de les renouveler continuellement. Pour ce faire, chaque cellule vivante a recours à une molécule mémoire, qu'elle conserve précieusement dans son noyau et qui détient le plan complet de toutes ses protéines : l'ADN (acide désoxyribonucléique).

Cette molécule a la forme d'un long fil (1 millimètre pour une cellule bactérienne ; 2 mètres, en 46 morceaux, pour une cellule humaine). Elle fonctionne comme une mémoire d'ordinateur, avec la seule différence qu'elle code ses informations non dans le système binaire, mais dans un système

18. Voir à ce sujet dans notre Appendice : « L'apparition de la vie : l'étape procaryote ».

quaternaire : elle porte, en effet, sur toute sa longueur, des millions de petites molécules appelées bases azotées, qui sont de quatre sortes (qu'on désigne par leurs initiales : A, T, C, G)

À partir de ces quatre bases azotées, il faut produire au moins vingt-deux signes : vingt pour désigner chaque acide aminé, plus deux signes pour indiquer l'un le début, l'autre la fin de la molécule à synthétiser. Le signe élémentaire, appelé codon, sera donc constitué de trois bases azotées successives (une base azotée ne pourrait former que quatre signes ; deux n'en produiraient que 4^2 = 16). On appelle gène de structure la portion d'ADN codant pour une protéine[19].

Toutes les cellules vivantes possèdent la machinerie nécessaire à transcrire la séquence des codons de l'ADN en séquences d'acides aminés. Les virus, qui en sont dépourvus, ne peuvent vivre qu'à l'intérieur d'une cellule qui possède cette machinerie, en détournant à leur profit son fonctionnement.

À ces gènes, dont aucun être vivant, si fruste soit-il, ne pourrait se passer, sont venus s'ajouter, au fil du temps, d'autres gènes (gènes régulateurs et gènes architectes) devenus nécessaires pour gérer la complexité croissante des organismes.

Ils sont aux gènes de structure ce que le pianiste est à son instrument : l'histoire de la vie leur a appris à jouer des partitions toujours plus savantes sur le clavier des gènes de structure qui, lui, n'a pas changé.

Ainsi, la molécule d'ADN, qui n'est au fond rien d'autre qu'une mémoire autoreproductible, est la clé qui a ouvert le passage de l'inerte au vivant. Elle va constituer,contre l'action désagrégeante des mouvements extrinsèques, une protection suffisante (mais incomplète: nul organisme n'est à l'abri du vieillissement et de la mort) pour permettre aux mouvements intrinsèques de construire, à petites touches séquentielles et méthodiques, des corps vivants et les animer. Telle est donc la seconde discontinuité qui a marqué la montée de l'être dans l'histoire de l'Univers.

Elle présente avec la première discontinuité des analogies évidentes mais s'en distingue aussi par un caractère essentiel.

Les analogies avec l'émergence de l'atome.

Comme pour l'atome, on y constate l'arrimage d'une structure fragile mais riche de possibilités à une structure robuste mais plus pauvre. C'est, une fois de plus, pour les deux partenaires, une association à bénéfices réciproques.

---

19. La molécule d'ADN (acide désoxyribonucléique) est aussi capable de se répliquer. En fait, elle a la forme d'une échelle dont les barreaux sont constitués de deux bases azotées complémentaires : A-T ou T-A et C-G ou G-C, associées par des liaisons faibles.
Au moment de la réplication, les liaisons faibles se rompent : la molécule d'ADN se scinde en deux brins dont l'un est la copie de l'autre "en négatif". Chacun de ces brins sert de modèle pour reconstituer l'autre brin.

Elle marie la richesse de l'un à la robustesse de l'autre.

En effet, la molécule d'ADN doit sa cohésion à des liens que les chimistes appellent covalents, dans lesquels les électrons sont physiquement impliqués (mise en commun d'électrons entre deux atomes). Ces liens sont plus solides que ceux auxquels les protéines doivent leurs innombrables propriétés, et qui sont qualifiés d'électrostatiques.

Toutes les protéines sont faites, nous l'avons dit, d'une longue file d'acides aminés, liés bout à bout. Les propriétés de la protéine dépendent de la forme que prend dans l'espace cette file après s'être repliée de nombreuses fois sur elle-même grâce aux interactions électrostatiques qu'exercent ses acides aminés soit entre eux, soit avec les molécules d'eau environnantes. Ces liaisons sont dites faibles parce qu'elles ne mobilisent pas les électrons. Elles trouvent leur origine dans les interactions qui apparaissent entre les champs électriques émanant de certains atomes engagés dans des combinaisons chimiques qui perturbent ou déplacent la trajectoire de leurs électrons périphériques. Ces interactions se traduisent par des forces attractives ou répulsives. Elles sont très labiles : en présence de certaines substances ionisées, elles peuvent changer du tout au tout : la protéine prend alors une autre forme. Les protéines peuvent ainsi fonctionner comme de petites mécaniques (protéines fonctionnelles). C'est le cas, par exemple, des protéines contractiles des muscles qui peuvent, à la demande,se raccourcir ou se relâcher,ou celui des canaux ioniques membranaires,s'ouvrant ou se fermant selon les circonstances.

Ainsi, le passage de l'inerte au vivant se traduit par l'émergence de structures capables de produire,en réponse à certaines influences,des mouvements réversibles. Telle est l'amorce de ce qui deviendra plus tard la sensori-motricité animale.

La vie est donc née sous le signe de la réversibilité. Or la réversibilité est la condition première de toute liberté. Cela doit nous éclairer sur la nature du mouvement vital tout entier. Ce mouvement,tel qu'il s'est développé sur notre planète,peut être vu comme un long effort de l'esprit pour conquérir, contre toutes les résistances que lui oppose la matière inerte, toujours plus de liberté.

Par ailleurs, là encore, nous constatons que l'accession à un degré supérieur de complexité exige une contraction du temps entre genèse et fonction : le changement de forme qu'exécute instantanément une protéine fonctionnelle au sein d'une cellule vivante n'est que l'aboutissement, le condensé, pourrait-on même dire, de la longue série d'opérations élémentaires qui ont été nécessaires à la fabrication de cette protéine et dont le fil d'ADN est l'image.

Redisons-le une fois encore : rien de neuf ne peut advenir sans que le temps n'y soit pour moitié.

Le caractère propre à la seconde discontinuité.

Cette seconde discontinuité a toutefois en propre un caractère essentiel qu'elle partage avec le langage humain : celui de la double articulation : articulation du signifiant doublée de celle du signifié. L'articulation du signifiant - ici le codon de l'ADN - permet de produire 64 codons à partir de seulement 4 bases azotées (comme il n'y a que 20 acides aminés, il y a des codons synonymes : on dit que le code est redondant).

L'articulation du signifié, ici la protéine, permet de produire théoriquement, à partir de 20 sortes d'acides aminés, au bas mot 20^{100} protéines différentes, ce qui, à l'échelle du monde vivant, est une quantité proprement illimitée. Ainsi, dans ce cas, la double articulation est un moyen d'accéder à un infini de diversité, en usant de seulement quatre signes élémentaires.

Les espèces vivantes vont exploiter cette possibilité pour mettre au point et inlassablement peaufiner leurs précieuses protéines. En effet, la double articulation a une conséquence inéluctable : comme signifiant et signifié sont de nature différente (une triade d'un côté, une unité indivisible de l'autre) et qu'il ne peut y avoir aucune analogie entre eux, leur correspondance ne peut être qu'arbitraire. Elle fait l'objet de ce qu'on appelle le code génétique.

Il s'ensuit qu'une altération accidentelle de la séquence des bases azotées sur l'ADN n'a pas nécessairement d'effets délétères sur la protéine correspondante. Il peut même arriver qu'elle en améliore le fonctionnement. La sélection naturelle aura sur ces variantes un effet de cliquet, en favorisant les meilleures et en éliminant les moins bonnes.

On voit comment ce mode de codage a réussi à donner au processus vital, en lui assujettissant le hasard, un champ d'expérience illimité.

Remarquons au passage que cette constatation suffirait, à elle seule, à ruiner la conception néo-darwinienne du hasard, qui en fait le grand maître de l'évolution vivante. Elle nous montre en effet, que la vie a fait du hasard, dès l'origine, non un maître mais un serviteur, en s'appropriant son terrain de jeu.

Quant à la molécule d'ADN, elle pourra dès lors remplir pleinement son rôle de mémoire autoreproductible : engranger et répandre les formules des meilleures protéines nécessaires à l'accomplissement des fonctions vitales. Mais cela ne suffit pas : encore faut-il savoir utiliser ces protéines (ce que nous avons appelé plus haut, dans l'image du pianiste, la partition, par opposition au clavier). Au fil des progrès de leur évolution, les êtres vivants vont accumuler dans leur mémoire génétique un savoir-faire de plus en plus riche, corrélativement à l'accroissement de leur complexité (les gènes de structure ne représentent que 2 % de l'ADN humain).

Pour ce faire, rien ne les empêche de recourir au codage analogique, qui laisse beaucoup moins de latitude au hasard. En effet, dès lors qu'il existe une analogie entre signifiant et signifié, il peut y avoir entre eux un lien de causalité directe, ce qui autorise une rétroaction de l'effet sur la cause (rappelons que les mouvements intrinsèques se développent toujours dans l'équilibre entre l'action et la réaction).

Citons pour illustrer d'un exemple ce propos, ces bactéries consommant occasionnellement le sucre du lait, le lactose. Elles ne produisent l'enzyme qui leur permet de digérer le lactose – la lactase – que si ce sucre est présent dans le milieu ambiant. En l'absence de lactose, le gène de la lactase est réprimé.

La répression de ce gène se fait par le moyen d'une protéine : appelée répresseur, elle est codée par un gène régulateur. Elle est capable de se fixer sur le site initiateur de la lecture de ce gène, dont elle épouse, en creux, la forme, et d'en bloquer le fonctionnement : la relation du gène régulateur au gène de la lactase est donc de nature analogique. Or, le répresseur du gène de la lactase que produisent ces bactéries présente non seulement de l'affinité pour le site initiateur de ce gène, mais aussi pour la molécule de lactose elle-même.

Si le lactose est présent, elle s'y fixe, ce qui change sa forme et lui ôte le pouvoir de bloquer la fabrication de lactase. On voit ainsi comment ces êtres vivants, après avoir laissé au hasard le soin de rechercher, parmi l'infinie variété des formules de protéines possibles, les meilleures d'entre elles, reprennent la main pour en maîtriser la production et l'adapter à leurs besoins.

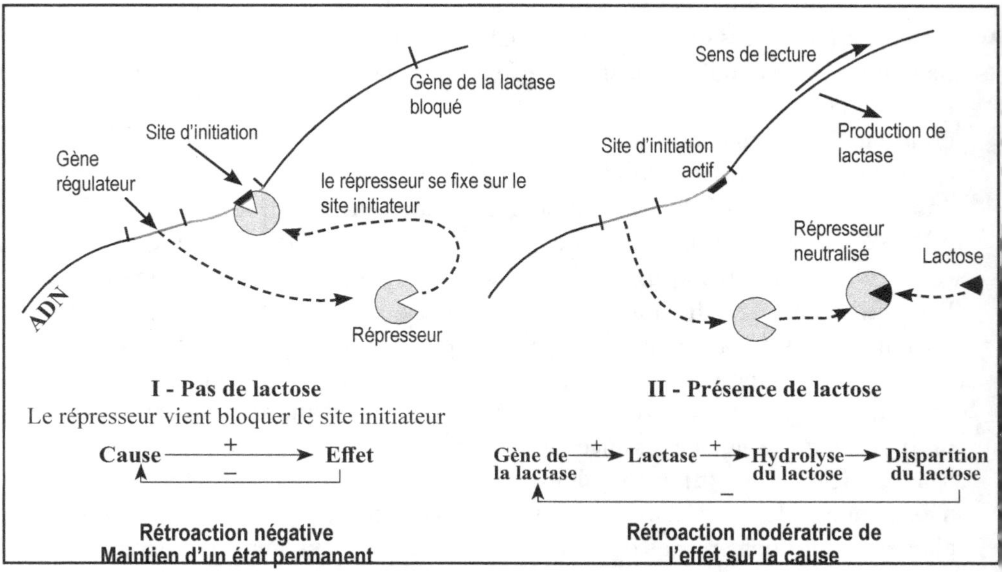

Fig. 9 : Régulation de la production de la lactase chez une bactérie.

Une rétroaction modératrice de l'effet sur la cause est stabilisatrice : l'absence du lactose maintient inactif le gène de la lactase. D'autres gènes régulateurs peuvent au contraire déclencher le fonctionnement d'un gène codant une protéine (Régulation par induction).

En outre, on sait maintenant que 70 à 90 % du génome des mammifères est transcrit en ARN (molécule-mémoire connue, sous le nom d'ARN messager, comme l'intermédiaire entre les gènes et les unités de synthèse des protéines) non codant pour des protéines. Le rôle de cet ARN, dit régulateur, est de moduler l'activité des gènes de structure selon les besoins des cellules, qui varient dans l'espace et dans le temps.

La diversité des individus.

On a vu comment la deuxième discontinuité, qui marque la naissance de la vie, a fait littéralement exploser la diversité des constructions naturelles en la faisant passer de quelques milliers d'espèces minérales à plusieurs millions d'espèces vivantes. Mais là ne s'arrête pas la diversité du monde vivant.

Avec la reproduction sexuée des eucaryotes[20], la nature a inventé un moyen de pousser encore plus loin cette diversité en la faisant remonter jusqu'à l'individu.

On sait que ce mode de reproduction, qui est la règle chez les animaux supérieurs, garantit l'unité interne de l'organisme nouveau en le faisant naître d'une seule cellule, (l'œuf ou zygote), issue de l'union d'un spermatozoïde et d'un ovule (les gamètes). Chacun de ces gamètes contient un jeu complet de chromosomes (23 chromosomes chez l'homme : on dit que les gamètes sont des cellules haploïdes) de sorte que toutes les cellules d'un organisme, né du zygote, contiennent deux jeux de chromosomes (cellules diploïdes).

Lorsqu'une cellule germinale - diploïde, donc - se prépare à produire des gamètes, elle doit subir une division particulière, capable de réduire, dans chaque cellule-fille, le stock de chromosomes à un seul jeu (division réductionnelle).

Pour comprendre comment ce mécanisme peut engendrer de la diversité, il faut savoir deux choses :

- La répartition des chromosomes homologues dans les cellules filles est aléatoire.

- Les gènes correspondants portés par deux chromosomes homologues ne sont pas nécessairement identiques. Ils se présentent souvent sous forme de variantes, appelées allèles. (Par exemple le gène déterminant la couleur des cheveux chez l'homme a trois allèles : brun, blond, roux)

Dans ces conditions, un même individu peut produire, dans ses gamètes, 2^{23} combinaisons alléliques différentes.

On en conclut que la formule allélique d'un zygote, résultant de la rencontre fortuite d'un spermatozoïde et d'un ovule, a une probabilité d'exister de

$1 / 2^{23}x2^{23}$ soit $1/2^{46}$.

Cette probabilité est si faible, qu'à supposer qu'un couple humain soit capable d'engendrer à lui seul mille fois la population actuelle de la Terre, on

20. Voir aussi, dans notre appendice : "L'étape eucaryote".

n'y pourrait pas encore trouver deux fois la même combinaison allélique.

Toutefois, cette estimation est encore très en dessous de la réalité.

Les chromosomes homologues des cellules mères des gamètes, en effet, ne se séparent pas sans avoir, au préalable, échangé entre eux des segments correspondants *(Crossing-over)*.

Ce brassage intra-chromosomique amplifie considérablement la diversité produite par le brassage inter chromosomique.

On peut en conclure que la reproduction sexuée produit des individus absolument uniques : le degré suprême de la diversité.

Troisième étape : l'émergence de la pensée.

L'être, cependant, ne se réduit pas à un corps. Cette singularité obtenue sur les corps, il restait à la faire remonter jusqu'à l'esprit.

Il aura fallu près de quatre milliards d'années, de tâtonnements, d'essais et d'erreurs, de réussites aussitôt engrangées dans la mémoire génétique pour que le processus vital parvienne enfin à produire une espèce animale capable de former, porter et nourrir, durant tout le temps nécessaire à son plein développement, l'organe au sein duquel adviendra la troisième discontinuité, celle qui fera le passage entre le monde de la vie et celui de la pensée.

Le cortex cérébral, reflet de la diversité du monde.

Le cerveau humain est d'une incroyable complexité : 100 milliards de neurones, dont chacun peut former plusieurs milliers de connexions avec ses voisins.

Rappelons que le cerveau est un centre nerveux qui fonctionne comme l'unité centrale d'un ordinateur. Les entrées sont les voies sensitives qui apportent, sous forme codée, des informations sur l'environnement et sur le corps lui-même. Les sorties sont les voies motrices qui transmettent aux muscles et aux glandes les ordres à exécuter. Le rôle du cerveau est d'adapter l'activité des organes aux besoins du corps tout entier, tels qu'il les détecte à chaque instant.

Certes, il est des besoins qui n'appellent qu'une seule réponse, toujours la même. Le contact de l'aliment avec la muqueuse gastrique est immanquablement suivi de la sécrétion du suc digestif. Ces automatismes, rigides et innés, émanent des centres réflexes dans lesquels les voies afférentes sont directement connectées aux voies efférentes.

Mais ils ne suffisent pas. Avant d'avaler l'aliment, il faut le trouver. Et cela exige une recherche qui doit tenir compte non seulement de circonstances variables, mais aussi d'une expérience acquise.

C'est là qu'intervient le cerveau. Cet organe, d'une étonnante plasticité, présente, dès la naissance, une incroyable profusion de neurones qui s'intercalent entre les voies afférentes et les voies efférentes. Ces neurones forment des ébauches de circuits communicants, qui pourraient, en principe, faire correspondre à chacune des entrées n'importe laquelle des sorties.

Au cours de la croissance, les circuits sollicités se développent ; ceux qui ne le sont pas s'atrophient. Ainsi, le cerveau crée des réflexes d'un nouveau genre, susceptibles de s'organiser en séquences comportementales adaptées à chaque type de situation. Cet apprentissage juvénile prend de plus en plus d'importance, dans la lignée des mammifères, à mesure que ceux-ci développent leur cerveau. Aussi, ces animaux ont-ils amplifié le pouvoir de s'adapter, avec toute la souplesse souhaitable, à la diversité des circonstances rencontrées.

S'adapter avec souplesse à chaque type de situations : cela implique au moins deux aptitudes : celle de distinguer avec netteté et d'identifier sans ambiguïté les objets sur lesquels les actions du corps peuvent porter, et aussi celle de maîtriser parfaitement les commandes musculaires qui produisent ces actions. On sait que ces aptitudes ont été portées à leur plus haut degré d'accomplissement chez les mammifères supérieurs et tout particulièrement dans l'espèce humaine.

Or quand on examine les encéphales de la série des mammifères, on est frappé d'y voir se développer deux formations, l'une en avant, le cerveau, l'autre en arrière, le cervelet, à tel point qu'elles en arrivent à se rejoindre chez l'homme et occuper les 9/10e du volume de la boîte crânienne. Parallèlement, elles se recouvrent de profonds replis, appelés circonvolutions. Sur une coupe de ces organes, on remarque une différence tranchée de couleur entre leur partie superficielle, grisâtre, appelée cortex et le tissu sous-jacent, d'un blanc éclatant.

Cette différence de couleur correspond à des fonctions différentes : dans l'histoire des vertébrés, le tissu nerveux s'est organisé en substance grise contenant les corps cellulaires des neurones avec toutes les connexions qu'ils nouent entre eux, et en substance blanche qui doit sa couleur à la myéline - un phospholipide bon isolant électrique - dont les fibres nerveuses sont engainées. Cela révèle que la substance grise est le lieu où sont traitées les informations portées par les signaux nerveux, tandis que la substance blanche n'a qu'un rôle de conduction de ces signaux.

L'amélioration des qualités adaptatives des vertébrés va donc de pair avec le développement de ces deux cortex : cortex cérébral et cortex cérébelleux.

Pour s'en convaincre, il suffit d'observer le comportement des vertébrés qui n'ont pas développé ces formations nerveuses, comme les poissons et les batraciens. Leurs réactions sont frustes et stéréotypées. De plus, leur perception est grossière. Ils se laissent leurrer facilement. Une caractéristique bien connue des pêcheurs à la ligne.

Le fait que l'extension de ces deux formations nerveuses s'est faite non en volume mais en surface (les cortex gardent la même épaisseur dans toutes leurs parties) révèle que l'écorce de substance grise qui

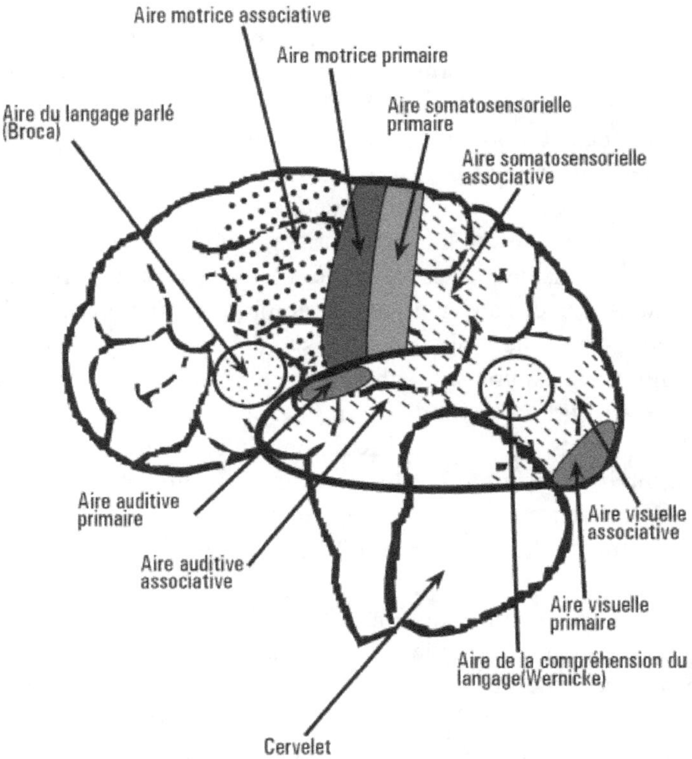

Fig. 10 : Les aires corticales du cerveau humain.

les recouvre ne fonctionne pas comme un centre nerveux unique, mais comme une mosaïque d'un grand nombre (une quarantaine de millions pour le cortex cérébral humain) de centres nerveux élémentaires.

Chacun de ces centres représente la perception possible d'un objet ou une réponse possible à une situation donnée. De leur nombre dépend la finesse des discriminations sensorielles et la précision des réactions motrices qui leur sont associées.

Le cervelet est dévolu aux apprentissages moteurs. Son action totalement inconsciente consiste à corréler le plus finement possible les contractions musculaires élémentaires aux données provenant des organes des sens, de la peau, des articulations et des muscles. Il est impliqué dans toutes les activités exigeant de l'adresse : depuis la marche jusqu'aux pratiques sportives ou instrumentales les plus élaborées. Cependant, il reste aux ordres du cerveau, qui détient le monopole de la décision.

Les innombrables centres élémentaires du cortex cérébral sont regroupés en aires fonctionnelles. Les plus anciennes dans la phylogenèse des mammifères sont les aires primaires. Elles sont très précisément délimitées. Les aires sensitives primaires sont les projections, point par point, de la surface sensible des organes des sens. L'aire motrice primaire se projette, point par point, sur tous les muscles du corps dont les contractions sont volontaires.

À ces aires primaires se sont ajoutées, au fil de l'histoire des mammifères, des aires aux contours plus flous, qui, chez l'homme, représentent quatre-vingts pour cent du cortex cérébral : les aires associatives.

Chez les mammifères primitifs, dont le cortex cérébral est lisse, les aires associatives, peu étendues, jouxtent les aires primaires. Leur rôle est de relier entre eux les centres élémentaires primaires, sensitifs ou moteurs, qui leur sont attenants.

Chez les vertébrés non mammaliens, ce cortex (appelé néo-cortex) n'existe pas. Ce qui en tient lieu (le paléocortex) est affecté à la sensibilité la plus archaïque dans la lignée des vertébrés : la sensibilité chimique (odorat et goût). Le néocortex assume donc des fonctions qui, chez les vertébrés non mammaliens, sont dévolues à d'autres parties de l'encéphale (lobes optiques pour la vision, tubercules bijumeaux pour l'audition, noyaux ventraux postérieurs du thalamus pour la sensibilité corporelle, corps striés pour la motricité).

Cette mainmise du cortex sur toute la sensibilité externe ainsi que sur la motricité générale éclaire le rôle qu'il va jouer chez les mammifères : centraliser et gérer au plus juste toutes les interactions du corps avec le monde extérieur, qu'elles soient centripètes via les organes des sens, ou centrifuges, via les muscles.

On sait que, chez le jeune mammifère, les connexions (ou synapses) des neurones corticaux sont labiles. Seules se renforcent et survivent celles qui sont sollicitées lors de l'apprentissage de la vie. Les autres s'affaiblissent, puis disparaissent.

Les centres élémentaires associatifs unissent, à l'origine, de toutes les manières possibles, les centres élémentaires primaires. Seules subsistent les associations sensorielles correspondant aux objets réellement perçus par le jeune mammifère et les associations motrices liées aux actions dont il a éprouvé l'efficacité. Le cortex cérébral est donc originellement l'organe de l'adaptation efficace au monde, fondée sur une perception claire et distincte des choses et une appréhension claire et distincte des actions possibles sur ces choses.

La multiplication des centres associatifs va permettre de serrer de plus en plus finement cette diversité. Rappelons que la diversité est une multiplicité qualitative, c'est-à-dire une collection d'unités dont la singularité tient moins à la nature des éléments qui constituent ces unités qu'à leur arrangement au sein de celles-ci.

Tel est le rôle du cortex associatif. C'est le cas, par exemple, de ce qu'on appelle l'aire psycho-visuelle. Elle voisine avec l'aire visuelle primaire et elle est affectée à la reconnaissance des objets détectés par l'œil. Chacun de ses centres associatifs regroupe de manière originale les éléments de forme et de couleur qui lui viennent de l'aire visuelle primaire et c'est cette originalité seule qui peut rendre compte de la singularité de l'objet à reconnaître.

Quant au cortex psychomoteur, son travail va consister, tout au contraire, à dissocier l'intention motrice originelle en éléments assez simples et indifférenciés pour tenir dans les séquences monotones des signaux destinés aux muscles.

C'est ainsi que la conscience attachée au cortex cérébral reconstitue la diversité du monde. Chaque centre associatif élémentaire correspond à une combinaison singulière de signaux nerveux indifférenciés.

La juxtaposition des centres associatifs sur toute la surface du cortex est à l'image de la juxtaposition des choses dans l'espace et de la succession des actions possibles sur ces choses dans le temps.

On peut en trouver la confirmation dans la manière dont les centres corticaux primaires sont connectés à leurs organes périphériques.

Chez les vertébrés en général, toutes les voies sensitives afférentes aux aires primaires visuelles, auditives et somesthésiques (sensibilité cutanée) ainsi que les voies efférentes motrices destinées aux muscles volontaires sont croisées. Les aires primaires de l'hémisphère droit sont donc connectées à la moitié gauche du corps et vice-versa.

Ajoutons qu'aucun invertébré ne présente cette particularité. Or l'œil des vertébrés est construit à la manière d'un appareil photographique : son cristallin donne sur la membrane photosensible, la rétine, une image renversée[21].Chez la plupart des vertébrés, la vision est monoculaire, c'est-à-dire que chaque œil couvre juste l'hémi-champ visuel situé de son côté. Or la figure 11 montre que si les voies optiques n'étaient pas croisées, les centres visuels primaires des deux hémisphères ne pourraient pas se raccorder dans la continuité des deux hémi-champs perceptifs qu'ils représentent.

Le fait que les autres fibres de projection aient suivi ce mouvement montre que toutes les aires primaires correspondant au même hémi-champ sensitivo-moteur doivent voisiner sur le même hémisphère cérébral pour fonctionner correctement.

D'autre part, chez les vertébrés à vision binoculaire - un mode de vision permettant de mieux apprécier le relief et les distances, partagé par les rapaces nocturnes, les félins et les primates - on constate que, seules, les fibres visuelles provenant de l'hémi-rétine du côté nasal sont croisées. Les fibres provenant de l'hémi-rétine externe sont décroisées. La figure 12 montre que ce décroisement partiel des fibres permet de conserver la configuration initiale : chaque hémisphère regroupe les informations visuelles venant de l'hémi-champ visuel opposé, quel que soit l'œil qui les a captées.

Ces considérations montrent que les projections corticales obéissent à

---

21. On pourrait objecter, cependant, qu'il existe quelques invertébrés, tels que les céphalopodes, qui possèdent des yeux à cristallin, et dont les nerfs optiques ne sont pas croisés pour autant. Ce serait oublier que les nerfs optiques de ces animaux ne sont pas les homologues de ceux des vertébrés : ils conduisent au cerveau non de simples signaux rétiniens, mais des informations visuelles déjà élaborées par des ganglions optiques attenant aux globes oculaires.

une loi intangible : ce qui est en contiguïté dans le corps, pour la motricité et la somesthésie, ou dans le champ perceptif, pour la télésensorialité auditive et visuelle, doit l'être aussi sur les aires primaires pour que la conscience attachée au cortex puisse se faire une image claire, distincte et cohérente du monde.

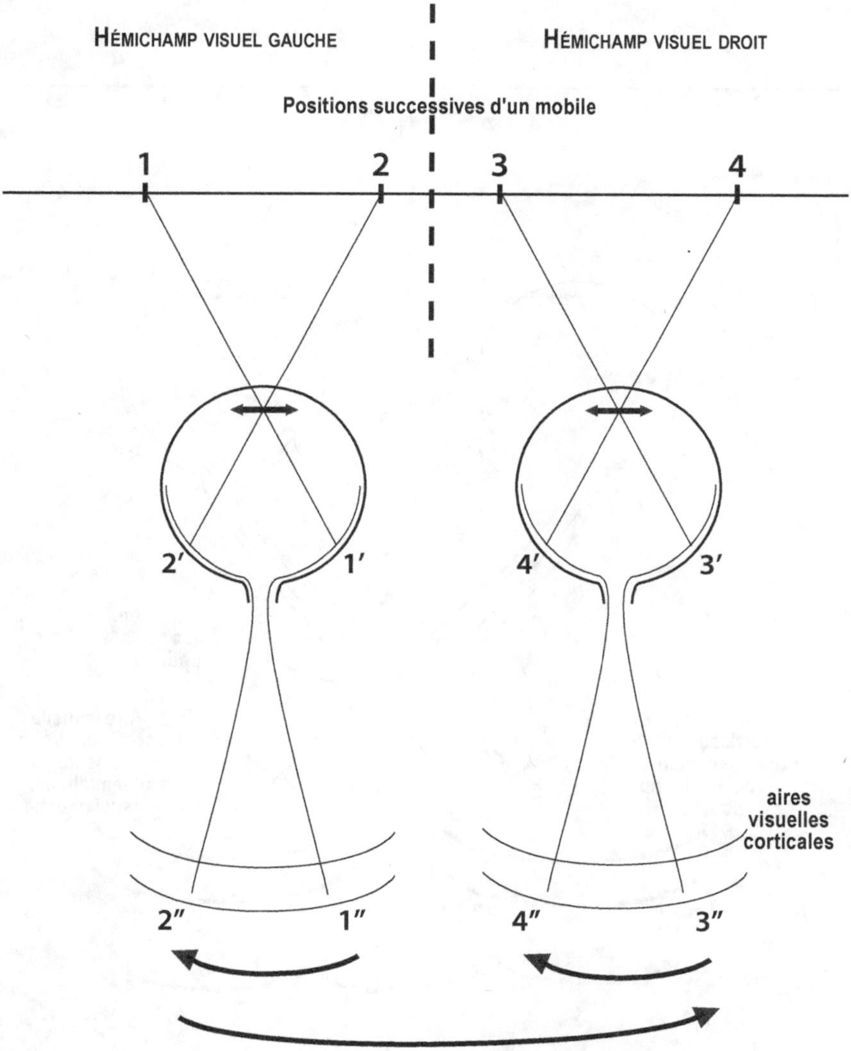

Les projections corticales successives ne sont pas en contiguïté.

Fig 11-a : Vision monoculaire
sans croisement des nerfs optiques

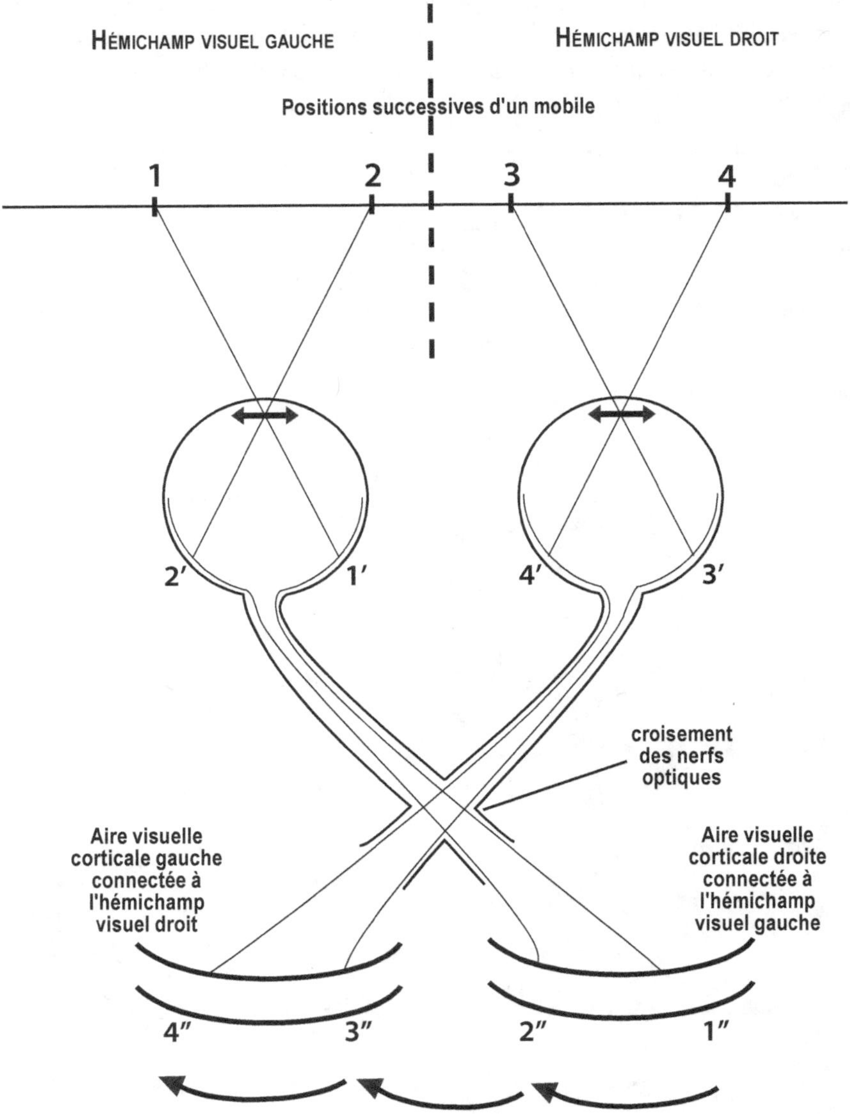

Les projections corticales successives sont en contiguïté.

Fig 11-b : Vision monoculaire
avec croisement des nerfs optiques

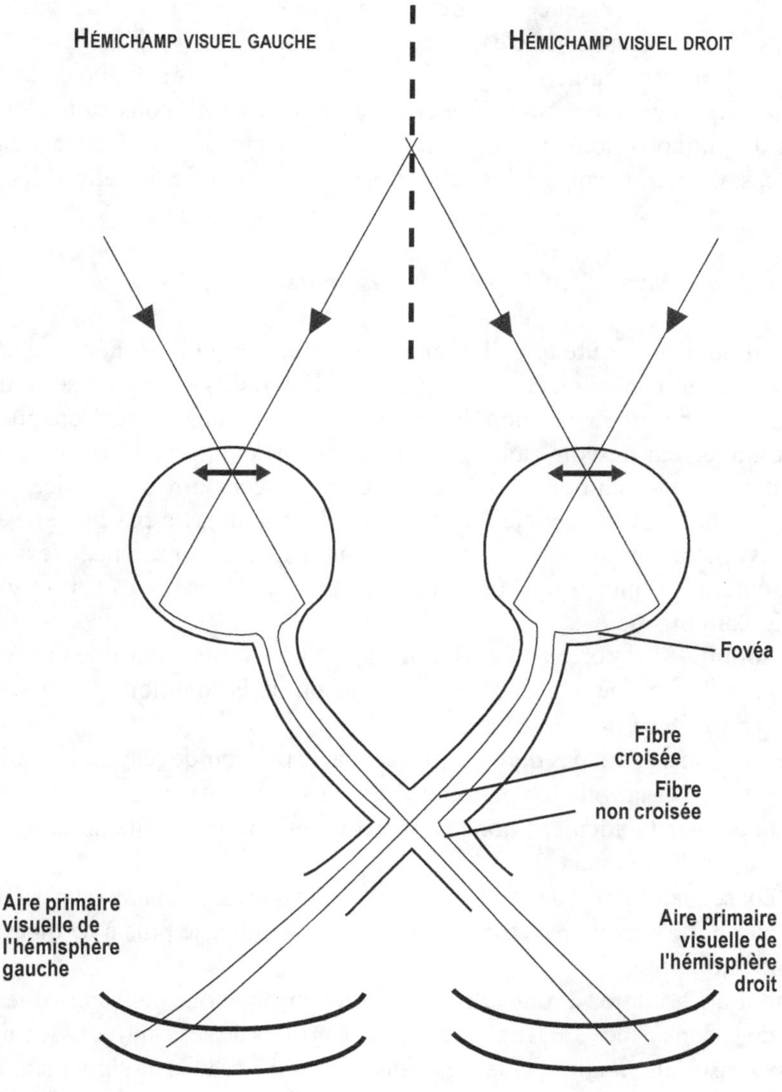

Les rayons lumineux provenant de chaque hémichamp visuel aboutissent au cortex visuel de l'hémisphère opposé, quelque soit l'œil qui les a captés.

Fig 12 : Vision binoculaire

C'est reconnaître que cette forme de conscience prend sur le monde des vues conformes aux exigences d'une action qui s'exerce mécaniquement sur les choses, dans la contiguïté d'espace et de temps.

C'est donc bien aux impératifs de l'action qu'a répondu, chez les mammifères, la tendance à développer un cortex cérébral, construit selon le principe de juxtaposition : il s'agissait de faire apparaître à une conscience, qui, seule, sait opter, l'éventail des actions possibles qui s'offrait à elle à chaque instant.

Le rôle du cortex dans la pensée consciente.

Il ne fait aucun doute que l'intégrité du cortex cérébral est nécessaire au plein exercice de la conscience, puisque toute lésion de cet organe se traduit inévitablement par une altération de quelque fonction consciente. Cependant, ce serait une erreur de voir dans le mécanisme cortical toute la cause du fait conscient. En réalité celui-ci n'y trouve que le déclic nécessaire à son émergence (c'est ce que nous avons appelé une cause déclenchante). La psychanalyse et aussi la psychosomatique ont clairement montré que la conscience n'est que la partie émergée d'une psyché qui plonge ses racines dans toutes les activités vitales de l'organisme.

En somme, si le cortex a développé l'aptitude à faire sortir une partie de cette psyché de son inconscience, c'est en raison de la fonction qu'il assume chez les mammifères.

En effet, on ne peut pas donner à un animal le pouvoir de réagir de manière appropriée aux situations les plus diverses sans corrélativement le doter du moyen de choisir lucidement donc consciemment, pour chaque situation, la réaction la plus adéquate.

En conséquence, c'est dans leur comportement que les animaux "supérieurs" vont révéler cette part de psychisme qui peut ressembler le plus à ce qu'est la conscience humaine.

Quant à l'homme, il a développé un moyen de choix pour exprimer le contenu de la conscience : le langage articulé. Certains de ses centres associatifs corticaux sensoriels se sont spécialisés dans la reconnaissance de signes sonores ou graphiques, tandis que d'autres centres associatifs moteurs apprenaient à gérer les excitations destinées aux muscles producteurs de ces signaux (voir fig. 10).

Chose étonnante, les centres du langage ne se développent que sur un seul hémisphère : le gauche chez 90 % des droitiers ; le droit chez 30 % des gauchers. Toutefois, l'autre hémisphère ne reste plus indifférent à cette fonction : il s'implique dans la gestuelle (mouvements des mains, mimiques,...) qui vient le plus souvent compléter ce mode de communication.

Le langage humain.

Ce qu'on appelle abusivement langage chez les animaux correspond plutôt à un simple code de communication : Chaque signe - son inarticulé ou gestuelle - correspond à une situation concrète qui enveloppe indistinctement le sujet et l'objet. Le signe dans ce cas est une invitation à adopter un comportement - appropriation, fuite, résistance agressive... face à un objet comestible ou à un autre être vivant.

Si le langage humain trouve son origine dans ce mode de communication, il va progressivement, au fil de l'histoire des hommes, se diversifier et s'affiner considérablement pour devenir capable, dans un premier temps, de rendre compte de la diversité du monde sensible, avant de s'ouvrir à l'imaginaire et à l'intelligence pour enfin exprimer toute la richesse d'une pensée.

Le premier temps de la genèse du langage humain : l'adaptation à la diversité du monde sensible.

Le développement considérable du cerveau dans la lignée humaine a une première conséquence : l'éclosion de l'aptitude à faire des outils.

Un outil est un objet fabriqué et récupérable. Il peut agir de diverses manières sur d'autres objets (trancher, percer, abraser, polir...) faits d'une matière plus tendre. Pour la première fois, l'homme façonne un matériau.

L'objet prend corps à ses yeux et acquiert un statut particulier. Il faut inventer des signes nouveaux pour désigner les différentes sortes d'objets naturels, qui fournissent le matériau, et d'objets artificiels, aptes à assumer une fonction.

Par bonheur, le pharynx de ces hommes va, providentiellement répondre à ce besoin. En s'allongeant, il devient capable d'émettre des séquences de sons différents, distinctement articulés.

Désormais, il sera possible à nos ancêtres de faire correspondre à chaque objet une combinaison singulière de sons élémentaires.

Ce langage, dit articulé, n'a fait que s'enrichir, au fil du temps. L'homme actuel est capable de produire une trentaine de sons élémentaires, appelés phonèmes.

Ces phonèmes s'articulent en unités de sens qu'on appelle morphèmes. Chaque morphème désigne soit un objet, soit une action, soit une qualité, soit un rapport spatial ou temporel...

Exemples : pierre, plante, animal
aller, venir, manger
dur, tendre, rouge, vert
sur, sous, avant, après.

Le morphème : plante, par exemple, est formé de quatre phonèmes : [p], [l], [ã], [t].

Les morphèmes, qui sont des mots simples peuvent s'associer en mots composés.

Le verbe planter est formé de deux morphèmes : le suffixe -er signifie action de... Quant au verbe déplanter, il est formé de trois morphèmes. Le préfixe dé- signifie l'action contraire.

Sur le chemin de la pensée conceptuelle.

Il faut remarquer que l'usage d'un tel langage n'a pas manqué d'avoir des répercussions sur la pensée.

En effet, même quand le mot désigne un objet concret, et qu'il n'est pas un nom propre, il ne renvoie pas à la perception présente de l'objet, mais à un genre, c'est-à-dire à une idée générale cernant une catégorie d'objets. Le mot "chat", par exemple, désigne des chats de toutes les couleurs et tous âges. C'est ce que l'enfant découvre progressivement quand on lui apprend à désigner du même nom tous les chats qu'il rencontre. Alors, à l'audition de ce mot, il formera mentalement une image de chat assez floue pour correspondre à tous les chats de la création : c'est ce qu'on appelle un concept.

Nous verrons au chapitre suivant que cette possibilité de produire des images mentales se développera chez l'homme moderne au point de devenir une faculté nouvelle, grâce à laquelle la pensée et le langage pourront acquérir une dimension nouvelle : l'accès à l'abstraction.

La preuve en est que les sourds de naissance, qui pratiquent le langage gestuel et qui ne découvrent les mots qu'à l'âge où ils apprennent à lire, ont les plus grandes difficultés à accéder à la pensée abstraite. À l'appui de cette thèse, on peut encore évoquer le cas de ces enfants dits "sauvages" ayant miraculeusement survécu à leur abandon dans la nature. Recueillis après plusieurs années d'isolement total, ils n'ont jamais pu acquérir la maîtrise du langage, et, partant, de la pensée conceptuelle, malgré tous les efforts de leurs éducateurs.

Force est d'admettre que, passée l'époque favorable à cet apprentissage, les circuits cérébraux impliqués, faute d'avoir été sollicités au bon moment, ont irréversiblement dépéri.

C'est donc d'un même pas que sont nés et ont grandi, dans l'espèce humaine, mais aussi chez les individus, le langage et la pensée conceptuelle, en se prêtant un mutuel appui. Cette synergie peut se révéler en chacun de nous, à chaque instant : la pensée la plus abstraite ne prend-elle pas la forme d'un discours intérieur dès lors qu'elle tend à la clarté et à la distinction ?

La double articulation du langage.

Cependant une idée, aussi élémentaire soit-elle, est une combinaison de concepts.

Elle s'exprime par une séquence de mots agencés selon la syntaxe propre à la langue.

Cette deuxième articulation permet d'aller du concept à l'idée. Nous retrouvons là ce que nous avons appelé la double articulation à propos du code génétique. Nous savons que c'est un moyen d'amplifier à l'infini la diversité des signifiés correspondant à un nombre fini - et souvent réduit - d'éléments signifiants.

Ainsi, toute pensée peut, en principe, s'exprimer à l'aide des quelques dizaines de milliers de mots d'une langue, lesquels peuvent tous se prononcer à partir de la trentaine de phonèmes produits par le pharynx humain.

Comment la conscience humaine intègre la diversité du monde.

Comme pour les autres discontinuités qui marquent la montée de l'être, cette prouesse n'est possible qu'au prix d'une contraction du temps. Parler consiste à égrener dans le temps une série de phonèmes articulés en morphèmes, eux-mêmes organisés en phrases. Pour que les sons produits par le locuteur fassent naître une idée chez l'auditeur, il faut que celui-ci regroupe et condense dans un seul des instants de sa vie intérieure les impressions produites par un grand nombre de phonèmes venus frapper son oreille successivement.

La mémoire est donc au principe même du fonctionnement de la conscience.

Pour intégrer la diversité qui fait toute la richesse du monde, la conscience contracte dans chacun de ses états, qui ne dure pour elle qu'un instant, une multitude d'instants du monde sensible, tels que les lui livrent les organes des sens.

Ainsi, à toutes les étapes de la montée de l'être, nous voyons le temps s'impliquer dans la genèse de la qualité. Cela vient confirmer les conclusions de nos analyses précédentes : les mouvements extrinsèques, agissant dans la répulsion destructrice, mettent le temps hors jeu. Au contraire, les mouvements intrinsèques, usant de l'affinité, intègrent le temps à leurs constructions. Voilà pourquoi un instant du temps d'une conscience enveloppe des millions de milliards d'instants du temps atomique.

La permanence de la qualité.

Quant à la permanence, sans laquelle la qualité n'aurait pas de raison d'être, elle repose toujours, plus ou moins directement, sur la stabilité du noyau atomique.

Cela est évident pour toutes les constructions moléculaires stables. Quant aux constructions vivantes, qui le sont beaucoup moins, puisqu'elles sont sujettes au vieillissement et à la mort, elles ont recours à la reproduction à partir de leur ADN germinal pour retrouver une jeunesse.

Ainsi, au fil de l'ADN, qui représente la succession des opérations nécessaires à construire un cerveau humain, vient s'ajouter le fil de la parole, qui représente la succession des opérations nécessaires pour faire naître une idée dans ce cerveau.

Toutefois, ce qui est possible pour la molécule d'ADN, dont les unités codantes sont des molécules stables, ne l'est plus pour le langage, dont les signes se réduisent à leur plus simple expression : des vibrations aériennes, immatérielles et fugaces. La fonction de mémoire est alors dévolue à l'écriture, qui fixe sur le papier soit les phonèmes, à l'aide d'un alphabet phonétique, soit les morphèmes, au moyen d'idéogrammes

Enfin, on ne peut pas passer sous silence un problème qui ne sera pleinement élucidé qu'au chapitre suivant. Le langage humain est formé de mots qui sont communs à tout un peuple. En conséquence il est un outil idéal tant qu'il est au service d'une intelligence technicienne, qui porte sur le concret, ou d'une intelligence discursive soumise à une logique universelle.

Toutefois, dans ces deux cas, il ne s'agit que d'une pensée solidifiée sur des choses ou des concepts tout faits. Une pensée, hors les mots qui l'expriment, n'existe qu'au sein de la subjectivité d'une personne absolument unique en son genre. Comment rendre compte, dans une langue commune à tous, de la singularité et de la fraîcheur d'une pensée vivante, telle qu'on la peut cueillir à sa source ?

En joignant aux ressources de la relation arbitraire et de la double articulation qu'elle autorise, celles de la relation analogique qui apporte la souplesse et l'adaptabilité qui manquent à la première.

En fait, le langage humain est beaucoup plus qu'un simple code de correspondance univoque entre un signifiant et un signifié. Les mots peuvent faire image et ajouter à leur sens "propre" un ou plusieurs sens "figurés". Ainsi le langage peut non seulement exprimer dans toutes ses inflexions la pensée la plus nuancée mais il peut aussi se hausser au niveau d'un art lorsque, par des procédés bien connus des poètes, il réussit à transmettre l'émotion et à traduire toutes les tonalités du sentiment.

Dans ce cas, le langage change de fonction. Il ne s'attache plus à rendre compte de la diversité du monde objectif, mais de la subjectivité d'une personne. Or, une personne est d'abord une unité. Voilà pourquoi nous remettrons à la fin du chapitre suivant - consacré à la montée de l'unité dans l'histoire de l'univers - l'examen de cet aspect du problème.

Conclusion.

Nous voici arrivés au terme de cette narration consacrée à l'épanouissement de la diversité dans l'histoire de l'univers.

Partie du degré le plus bas qui se puisse concevoir - la multiplicité quantitative du plasma primordial - nous l'avons vue s'élever par emboîtements successifs de structures de plus en plus riches et complexes (l'atome, la cellule vivante, l'organisme multicellulaire, et enfin, le cerveau humain) jusqu'au monde des idées, celui de la pure qualité.

Longuement mûries dans la permanence de l'équilibre entre action et réaction, ces constructions expriment les mystérieuses affinités tapies au sein de la substance dont notre univers est pétri.

Ce qu'on ne peut omettre de dégager au terme de ce chapitre, c'est la place et la fonction du langage dans l'histoire de la montée de la diversité dans l'univers.

Nous avons déjà souligné la ressemblance surprenante entre la structure du langage humain et celle du mode d'expression des gènes dans toutes les espèces vivantes :

- même relation arbitraire entre signifiant et signifié associée à la double articulation.

- même recours à la relation analogique pour amplifier et enrichir les pouvoirs de ces langages dans le monde où ils se déploient.

Cette similarité éclaire le rôle d'un langage : c'est une structure qui permet de mettre en connexion deux mondes, en dépit de leur différence de nature.

En effet, le langage génétique se place à la frontière de l'inerte et du vivant ; le langage humain à celle du vivant et de la pensée, là où la matière se raccorde à l'esprit.

On comprend donc la nécessité de recourir à la relation arbitraire : il n'y a rien de commun entre signifiant et signifié et leur correspondance, qu'elle soit génétique ou linguistique, ne peut tenir qu'à un code purement conventionnel.

En somme, on peut étendre à ces deux formes de langages ce que nous disions de l'atome : ce sont des structures qui permettent d'arrimer un monde riche, complexe mais fragile et instable à un monde plus pauvre, mais plus solide et pérenne.

En définitive, l'histoire de l'univers, loin d'être une errance vers l'inconnu, nous paraît comme une activité orientée, tout entière vouée à produire des mécanismes de plus en plus complexes, donc riches de propriétés diverses.

À travers les formes qu'elle crée, elle vise deux idéaux : la pérennité et la singularité, précisément deux attributs majeurs de l'être. Une question subsiste cependant : comment ces structures habitées par l'être, et que Leibniz a appelées monades, ont-elles pu croître ainsi en complexité et, partant, en taille, sans pour autant compromettre l'autre attribut de l'être, celui auquel elles doivent leur nom : l'unité ?

CHAPITRE II

LA MONTÉE DE L'ÊTRE EN TANT QU'UNITÉ

Qu'est-ce que l'unité de l'être ?

La science ne peut rendre compte de ce qu'est véritablement l'unité de la monade. Pour elle, l'être vivant est une machine, certes ultra-complexe et ultra-miniaturisée, mais une machine tout de même, c'est-à-dire un assemblage d'organes, eux-mêmes faits d'un assemblage de cellules, elles-mêmes constituées de molécules assemblées, si bien que le tout de l'organisme paraît être le résultat de l'union de ses parties, tout comme l'unité d'une machine ne se réalise qu'au terme de son montage.

Il faut reconnaître que ce point de vue est parfaitement justifié tant qu'on ne cherche qu'à comprendre le fonctionnement de la mécanique vivante. Cette conception peut, en revanche, fausser radicalement le regard porté sur le dynamisme de la genèse de cette mécanique.

En effet, l'unité d'un organisme vivant n'est nullement acquise ; elle est native, tant chez l'individu que dans l'espèce. Tout organisme est né, dans son ontogénie[22] autant que dans sa phylogénie[23], d'une seule cellule, par voie de différenciation c'est-à-dire par diversification au sein de l'unité d'un être.

En résumé :

- dans l'acte de fabrication, la diversité est première, l'unité est seconde.
- dans l'acte d'organisation, l'unité est première, la diversité est seconde.

Certes, un tout fonctionnel, quel qu'il soit, doit son unité à la complémentarité des fonctions assurées par ses parties. On pourrait appeler ce mode d'unité : unité participative. Là s'arrête l'unité de la machine.

Cependant une construction naturelle s'est édifiée dans l'unité, jamais démentie, d'un même élan originel, de sorte que chaque partie garde du tout dont elle est née l'empreinte indélébile. Ce mode d'unité pourrait être appelé : unité distributive.

L'unité de la monade est donc réciproque : participative par nécessité - une monade doit être fonctionnelle pour exprimer ses qualités - et distributive par naissance et par vocation.

---

22. Ou ontogénèse : développement de l'individu depuis sa conception.
23. Ou phylogénèse : développement de l'espèce au cours de l'Évolution.

Que le tout puisse exprimer sa présence dans chacune de ses parties, c'est ce que l'homme de science a du mal à admettre. Là encore, c'est la physique quantique qui a montré le chemin, lorsqu'elle a compris que les propriétés des atomes ne pouvaient s'expliquer que par l'existence en leur sein de relations réciproques entre le tout et la partie. Prenons l'exemple du mystère de la belle couleur jaune de l'atome d'or, récemment élucidé. La question, restée sans réponse, était la suivante : pourquoi l'or est-il jaune, alors que l'argent, chimiquement très voisin bien que plus léger, n'est pas coloré ?

Pour qu'un élément soit coloré, il faut qu'il absorbe un photon du spectre visible : il prend alors, pour l'observateur, la couleur complémentaire de celle du photon absorbé. Pour que l'atome d'or soit jaune, il faut donc que l'un de ses électrons de surface absorbe un photon bleu. Ce qui est curieux, c'est que l'or et l'argent possèdent tous deux un électron de valence, susceptible d'absorber un photon. La question est de comprendre pourquoi seul l'atome d'or absorbe un photon bleu alors que l'atome d'argent absorbe un photon ultraviolet, ce qui n'a aucune incidence sur sa couleur.

Il faut savoir qu'un électron ne peut absorber un photon que si celui-ci lui apporte juste l'énergie nécessaire à le faire passer sur une couche plus externe, à un niveau d'énergie plus élevé. Ce qui fait la différence de couleur entre l'or et l'argent, c'est donc l'écart énergétique entre leur couche de valence et celle qui lui est immédiatement externe : la couche de conduction.

Dans le premier cas, cet écart correspond à l'énergie d'un photon bleu, dans le second, à celle plus élevée, d'un photon ultraviolet. Ce qui n'a été élucidé que récemment, c'est le mystère d'une telle disparité.

L'atome d'or est près de deux fois plus lourd que celui d'argent. Avec ses 79 protons (positifs) son noyau exerce une très puissante attraction sur les électrons (négatifs) qui l'entourent. Ceux-ci compensent cette augmentation d'attraction en accroissant leur vitesse de rotation, laquelle devient si élevée qu'elle atteint une fraction non négligeable de la vitesse de la lumière, donc un niveau relativiste : la masse des électrons s'accroît, et corrélativement, leur distance au noyau diminue.

L'atome se contracte ("contraction relativiste masse-vitesse") au point que l'atome d'or (poids atomique : 197) est un peu plus petit que l'atome d'argent (poids atomique : 108).

Cette contraction, cependant, n'affecte pas également toutes les couches. Certaines se contractent plus que d'autres : cela dépend de leur configuration. Il se trouve que, pour l'or, l'énergie de la couche de valence augmente et que celle de la couche de conduction diminue, de sorte que leur écart énergétique diminue et correspond alors à l'énergie d'un photon bleu.

On voit comment, dans cet exemple, le comportement de chaque élément de l'atome subit l'influence du tout : comment la vitesse - et partant la masse - de l'électron est liée à la masse du noyau, et comment sa trajectoire est solidaire de celle des autres électrons.

Cette constatation peut être généralisée à tous les atomes : le principe d'exclusion de Pauli stipule en effet qu'en chaque atome il ne peut y avoir deux particules dans le même état quantique. C'est dire qu'un atome ne doit pas être vu comme un simple assemblage de particules élémentaires, mais comme un tout dynamiquement et unitairement agencé, tel que la moindre perturbation affectant l'une des parties suscite aussitôt, en retour, une réaction du tout propre à en compenser les effets.

Dans un tout ainsi structuré, l'espace, en tant que vide homogène, n'existe pas. L'espace que les mouvements aux trajectoires rectilignes de la répulsion ont ouvert, les mouvements orbitaux le referment sur lui-même. Le volume qu'occupe un atome n'est pas de l'espace. L'espace sépare. Or, dans un atome, tout n'est que relations réciproques, et on peut dire de l'atome ce qu'on a dit de la monade : c'est un point ontologique.

De même pour le temps. Le temps de l'atome n'est pas le temps irréversible et instantané du choc, auquel, inéluctablement, conduit la répulsion. Le mouvement orbital fait du temps un éternel retour ; en le fixant au présent, il en fait le socle de la durée vivante.

La conséquence en est qu'au sein d'une structure naturelle, qui s'est montée spontanément selon les affinités propres à la matière, la relation entre la cause et l'effet n'est jamais univoque : cette causalité linéaire caractérise l'espace ouvert et le temps sans durée du monde de la mécanique classique.

Elle y est remplacée par une causalité circulaire, analogue à celle que les cybernéticiens mettent en œuvre dans leurs systèmes autorégulés : l'effet rétroagit sur la cause de manière que le tout retrouve son équilibre.

Nous avons vu que ce mode de régulation est largement employé chez les êtres vivants (cf. p. 76).

Si l'organisation vivante a pu atteindre le degré de complexité qu'on lui connaît, et s'y tenir, c'est grâce à l'effet régulateur et unificateur de ces rétroactions élémentaires qu'elle a su répercuter à tous les étages de ses constructions. La vie n'aurait pu subsister sur terre si elle n'avait su préserver la permanence de ses fonctions dans un environnement aussi changeant, et l'individu n'aurait pas pu sauvegarder son identité s'il avait laissé son unité se perdre dans la multiplicité des fonctions qui le faisaient vivre.

L'unité de la cellule vivante.

Toute construction naturelle ne peut s'ériger qu'à l'encontre des forces désagrégeantes liées aux mouvements extrinsèques de la matière inerte, de sorte que chaque progrès du mouvement vital peut se mesurer à la richesse intérieure des unités qu'il réussit à monter.

La vie a commencé sur terre il y a quatre milliards d'années avec les bactéries appelées cellules procaryotes car ce qui tient lieu de noyau chez elles se réduit à une molécule d'ADN. Cette molécule détient toutes les informations nécessaires à régénérer et à reproduire la cellule. Celle-ci est donc tout entière centrée sur cette molécule, qui en matérialise l'unité.

Cette forme de vie, justement parce qu'elle est primitive, a formé le socle sur lequel repose toute la vie terrienne.

Le rythme rapide de reproduction de ces bactéries, leur sexualité rudimentaire, non endiguée dans les limites d'espèces constituées, ont soumis leur ADN à un intense brassage, favorable à l'émergence des systèmes enzymatiques complexes qui sont à la source des fonctions vitales : synthèse des protéines, photosynthèse, respiration.

Sur ce socle se sont édifiées les cellules à vrai noyau (eucaryotes). Leur noyau contient plusieurs molécules d'ADN associées à des protéines stabilisatrices pour former des chromosomes. Ces cellules inaugurent une nouvelle sexualité, beaucoup plus sélective, qui va découper les Eucaryotes en lignées indépendantes, c'est-à-dire en espèces distinctes dont chacune pourra dès lors engranger dans ses chromosomes ses propres acquisitions sous la forme de gènes nouveaux, ce qui lui permettra de se construire une histoire et de développer son identité.

La vie eucaryote se partagera en deux règnes : le règne végétal et le règne animal. Les végétaux se nourrissent de manière autonome (autotrophie) parce que leurs cellules ont inclus dans leur cytoplasme et qu'elles ont asservi à la fois des bactéries chlorophylliennes (chloroplastes) et des bactéries aérobies, c'est-à-dire sachant respirer (mitochondries).

Cela leur donne le double pouvoir de fabriquer elles-mêmes, par photosynthèse, leurs molécules organiques et de les oxyder, selon leurs besoins, pour en extraire l'énergie qui les fait vivre.

Les animaux, quant à eux, sont dits hétérotrophes, car ils ne peuvent pas se nourrir par eux-mêmes. Dépourvus de chloroplastes, ils doivent emprunter leurs substances organiques aux végétaux soit directement s'ils sont végétariens, soit indirectement s'ils sont carnivores.

On l'aura deviné, la cellule eucaryote est un monde au regard de la petite cellule procaryote. Au moins mille fois plus grosse, elle est délimitée par une membrane "plasmique". Son abondant cytoplasme est peuplé de mitochondries (et de chloroplastes pour les cellules végétales). Au microscope électronique, on y voit courir un réseau de membranes doubles (le réticulum endoplasmique) qui se resserre, vers le centre, autour des chromosomes pour former l'enveloppe du noyau.

Les tactismes.

On est loin de la belle ordonnance de la cellule bactérienne, idéalement centrée sur une unique molécule d'ADN.

Nous allons voir qu'en dépit des apparences, c'est la cellule eucaryote qui a porté son unité au degré le plus haut.

Observons au microscope une goutte d'eau croupie, dans laquelle ont pourri quelques débris végétaux. Nous y voyons grouiller tout un petit monde où se côtoient bactéries et protozoaires (cellules eucaryotes animales).

Les bactéries ne sont pas toutes mobiles. Celles qui le sont se déplacent dans tous les sens, grâce à des flagelles rudimentaires. Certaines tournent en rond, d'autres changent de direction sans raison apparente. Manifestement, elles cherchent plutôt à déplacer l'eau autour d'elles - ce qui facilite leur nutrition - plutôt qu'à se déplacer dans l'eau.

Regardons maintenant des paramécies. Ce sont de gros protozoaires du groupe des Infusoires, encore appelés Ciliés en raison des nombreux cils vibratiles, implantés sur toute leur surface, qui leur permettent de se déplacer.

On est immédiatement frappé par l'aisance et la maîtrise de leurs évolutions. Ici, point de déplacement aléatoire. On en voit se regrouper autour d'un débris organique, où, manifestement, elles se repaissent des bactéries qui y pullulent. Au bout de plusieurs minutes, lorsque l'oxygène se raréfie dans l'eau de la préparation, nos paramécies montrent une préférence pour les bulles d'air, au contact desquelles elles puisent le gaz vital.

Lorsque l'une d'elles bute sur un obstacle, elle pivote sur place et repart dans une autre direction.

Ajoutez, sur le bord de la préparation, un colorant toxique, vous les voyez aussitôt fuir la zone teintée avec un ensemble étonnant.

Généralité des tactismes chez les Eucaryotes.

Rechercher ce qui lui est favorable ; fuir ce qui lui est nocif : tel est le comportement de toute cellule eucaryote autonome, qu'elle soit animale ou végétale (il existe des algues unicellulaires mobiles), qu'elle appartienne à une espèce unicellulaire ou pluricellulaire (spermatozoïdes, par exemple) et cela quel que soit son mode de locomotion : cils, flagelle ou pseudopodes.

On appelle tactismes ces déplacements orientés. Ils sont dits positifs lorsqu'ils traduisent une attirance et négatifs dans le cas contraire.

En fait, ils ne sont pas propres aux cellules isolées ; ils sont à la base du comportement de tous les animaux et participent de leur instinct de conservation. Les plantes elles-mêmes, bien qu'elles soient fixées au sol, manifestent leurs préférences en orientant la croissance de leurs organes vers leurs sources de vie. Les racines vers le sol et les tiges vers la lumière (cette croissance orientée s'appelle tropisme).

C'est encore par tactismes et tropismes que se fait la mise en place des cellules et des tissus lors du développement embryonnaire des êtres pluricellulaires.

Il n'y a donc aucune exception : on peut considérer l'aptitude aux tactismes comme une caractéristique de la cellule eucaryote, au même titre que la présence d'un vrai noyau.

À cela, il y a une raison : la grosse cellule eucaryote a un rythme reproductif incommensurablement plus lent que la cellule procaryote. Dans le temps que met une paramécie pour en faire deux, une bactérie peut engendrer plusieurs centaines de ses semblables. Par leur seule prolificité, les procaryotes peuvent survivre aux pires hécatombes. Les cellules eucaryotes, en revanche, n'ont pu subsister qu'en optimisant les avantages et en minimisant les dommages. Voilà pourquoi elles ont fait de l'aliment et de l'oxygène (et éventuellement de la lumière) la cible d'un tactisme positif, et du danger mortel l'objet d'un tactisme négatif.

Cette faculté, propre à la vie eucaryote, consiste à accorder une motricité à une sensibilité. Elle se développera dans le règne animal pour devenir une sensori-motricité authentique servie par trois sortes d'organes connectés :

organes des sens ⇨ système nerveux ⇨ muscles.

Elle est née, dans la cellule eucaryote primitive, d'une synergie entre deux aptitudes :

- celle d'apprécier les variations du niveau global de l'activité interne qui fait vivre la cellule (ce qu'on appelle son métabolisme)
- celle de se déplacer de manière maîtrisée.

Prenons un exemple simple : un protozoaire flagellé qui évolue à proximité d'une bulle d'air dans une eau pauvre en oxygène (Fig. 13).

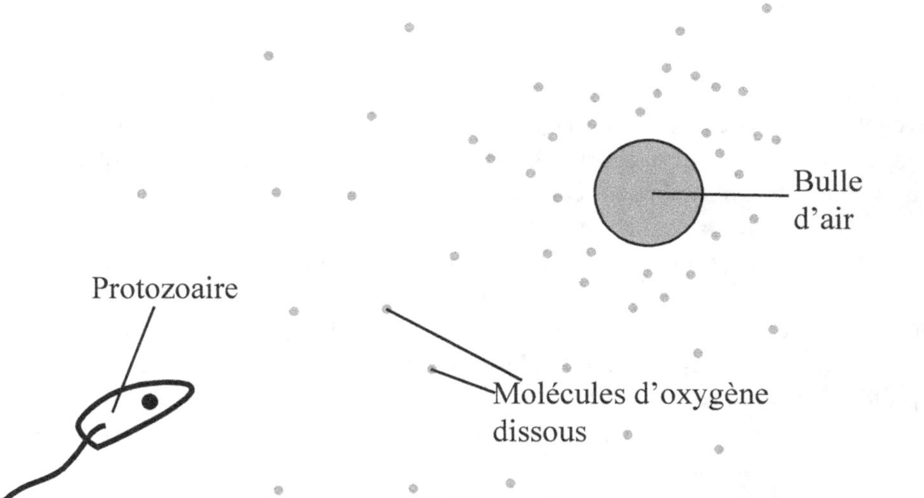

Fig 13.

Le protozoaire se déplace vers la bulle d'air ⇨ son métabolisme s'améliore ⇨ il continue dans la même direction.

Le protozoaire s'éloigne de la bulle d'air ⇨ son métabolisme se dégrade ⇨ il fait demi-tour.

Cela révèle l'existence, chez ce protozoaire, d'une instance unificatrice capable de donner un sens aux variations de son métabolisme. Ce sens ne peut se dégager que de la confrontation d'au moins deux états successifs de ce métabolisme, ou si l'on préfère, de la saisie d'un devenir, qui doit nécessairement se faire dans un présent grossi d'un passé rémanent. Cette instance ne peut donc fonctionner selon les lois de la mécanique qui mettent, nous l'avons vu, le passé hors d'état d'agir.

Le centrosome, organite de la sensori-motricité cellulaire.

- L'implication du centrosome dans la motricité cellulaire :

Toutes les cellules eucaryotes dont l'activité - interne ou externe - est orientée, ou susceptible de le devenir à un moment de leur vie, possèdent, près de leur noyau, un étrange corpuscule que les premiers observateurs ont fort justement nommé centrosome, bien que les performances limitées de leurs instruments ne leur aient pas permis d'en découvrir la structure fine.

Le centrosome détermine, avec le centre du noyau, un axe suivant lequel se coordonnent les mouvements cellulaires, qu'ils soient internes ou externes. Lorsqu'une mitose se prépare, c'est le centrosome qui se divise le premier pour former les deux pôles du fuseau mitotique, fixant ainsi la direction du déplacement des chromatides et l'emplacement des cellules-filles. Dans les cellules glandulaires des métazoaires, le pôle sécréteur est toujours situé du côté du centrosome.

Enfin, les organes de locomotion des unicellulaires, cils et flagelles, sont produits par un granule émanant du centrosome, et les déplacements de la cellule se font suivant l'axe passant par le centre du noyau et le centrosome.

- L'implication du centrosome dans la sensibilité cellulaire :

Toutes les formes de sensorialité dont la portée dépasse les limites naturelles de la cellule (sensibilité extéroceptive) sont le fait de cils modifiés.

Les cils, qui ont simplement perdu leur mobilité, deviennent sensibles à tout ce qui est susceptible de les déformer : contacts physiques (cnidocil des coelentérés) ou vibrations du liquide ambiant (ligne latérale des poissons ; cellules auditives des vertébrés aériens).

Ils peuvent, en outre, se pourvoir de récepteurs chimiques spécialisés (cellules gustatives et olfactives) ou de photorécepteurs (cellules rétiniennes).

C'est donc le centrosome qui met directement ou indirectement la cellule eucaryote en relation avec le milieu extérieur.

Voilà pourquoi il disparaît chez les végétaux supérieurs dès l'instant où ceux-ci perdent le pouvoir de produire des cellules ciliées (chez certaines Gymnospermes et chez toutes les Angiospermes, le gamète mâle a perdu son flagelle) et chez les animaux dans les cellules destinées à donner les neurones, à partir du moment où elles cessent de se diviser : chez les pluricellulaires, le centrosome disparaît dans les cellules dont la collectivité a pris en main le destin.

En somme, ce mystérieux organite central ouvre la cellule eucaryote à son environnement, de manière réciproque : centrifuge par la motricité ; centripète par la sensibilité.

Ces fonctions, dites de relation, sont venues chez les eucaryotes s'ajouter aux fonctions de nutrition, telles qu'ils les avaient reçues des procaryotes pour en étendre le champ d'action au-delà des limites naturelles de la cellule et en optimiser le rendement.

L'originalité du centrosome.

Le microscope électronique a révélé, au cœur du centrosome, une bien curieuse structure (voir figure 14). Le granule qui matérialise le centre de cet organite, le centriole, est formé de deux cylindres qui, sans se toucher, sont toujours orientés orthogonalement entre eux. L'image même des trois directions de l'espace ! Chaque cylindre présente une structure étonnante : vingt-sept microtubules parallèles accolés en neuf triades qui prennent l'aspect, en coupe transversale, d'une roue à aubes.

Le fonctionnement de cet organite, unique en son genre, est mal connu et son origine demeure énigmatique.

Sa seule présence, toutefois, signe l'unification du fonctionnement cellulaire selon un axe qui donne à la cellule une polarité par rapport à son environnement.

Cela est vrai même - et peut-être surtout - lorsque la cellule fait partie d'un organisme pluricellulaire.

Le pôle sécréteur d'une cellule glandulaire est tourné vers l'extérieur dans les glandes exocrines mais vers un vaisseau sanguin si la glande est endocrine.

Le pôle sensible, donc cilié, d'une cellule sensorielle extéroceptive est toujours tourné vers l'extérieur.

L'orientation de la mitose n'est jamais fortuite et prend, lors de l'embryogenèse, une importance capitale, puisqu'elle assure la mise en place des tissus et le modelage des organes.

En fait le centrosome est le seul organite cellulaire qui soit construit dans les trois dimensions de l'espace.

Cela doit donner à réfléchir. Ne partage-t-il pas ce caractère avec le cerveau des animaux, lui aussi capable de nouer à distance, et de manière réciproque, des liens avec l'environnement, via les organes des sens et les muscles ?

Ainsi, la vie a commencé avec le fil d'ADN, structure à une seule dimension, purement informative.

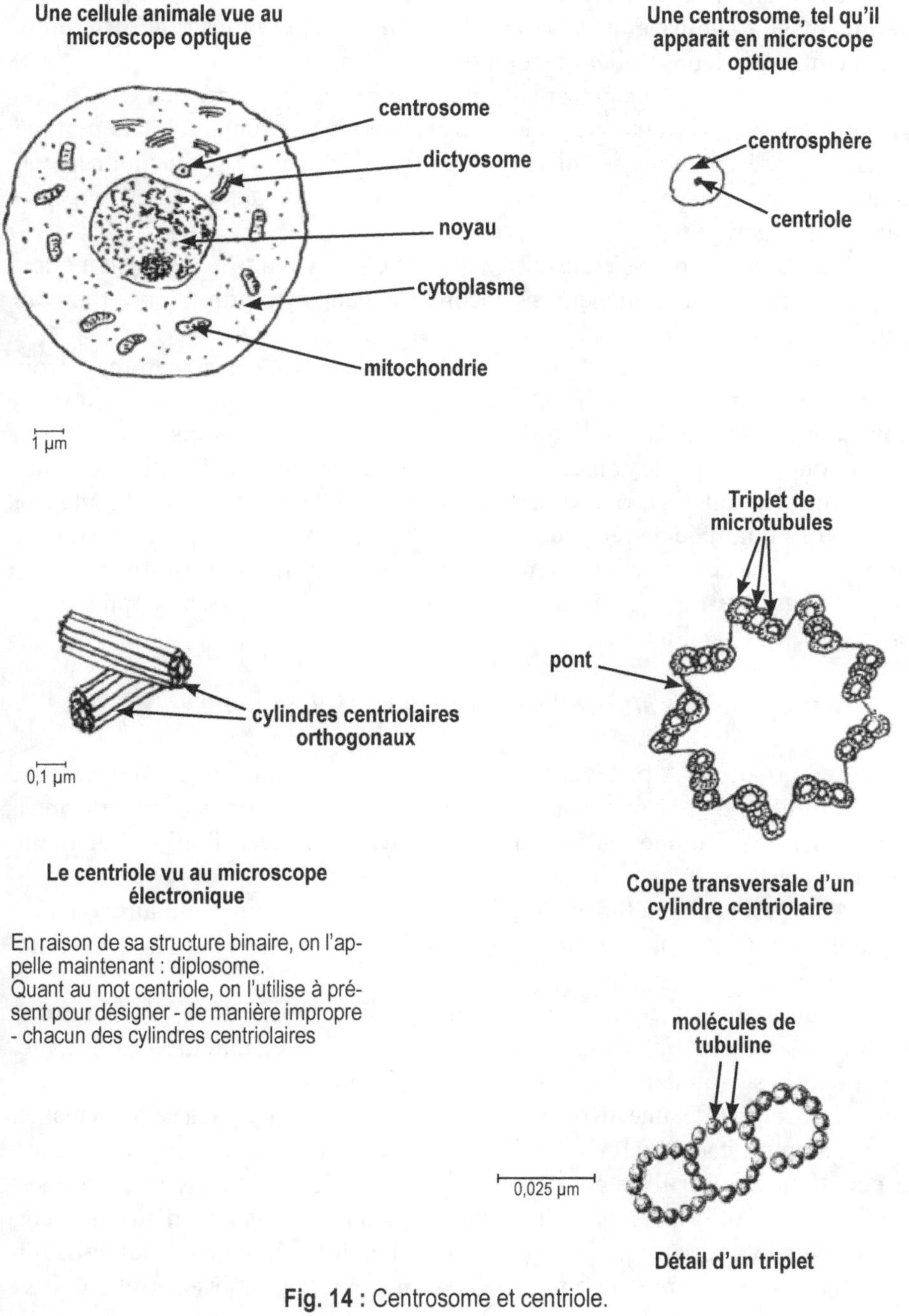

Fig. 14 : Centrosome et centriole.

Elle a pris corps et s'est épanouie dans des structures membraneuses (donc à deux dimensions), toutes affectées aux fonctions nutritionnelles. Membranes moléculaires dans la cellule ou membranes cellulaires chez les métazoaires, qu'elles soient actives (porteuses d'enzymes) ou passives (sélectivement perméables), toujours elles séparent des milieux de composition différente, marquant par là leur implication dans des actions chimiques.

Or, la chimie est une mécanique qui s'exerce à l'échelle moléculaire, et l'on sait que le propre de toute mécanique, c'est l'action par contact. La membrane est la structure la plus dense qui soit compatible avec ce type de fonctionnement, celle qui peut s'interposer entre une cause et son effet sans en interrompre la nécessaire contiguïté.

Mais la membrane s'étale et sépare. Les corps vivants ne peuvent monter en puissance sans se morceler plus encore. Beaucoup y perdront pour toujours leur belle unité native.

Ceux qui ont réussi à la sauvegarder le doivent à ces structures à trois dimensions (centriole pour la cellule ; cerveau pour les organismes animaux) dont la présence révèle l'existence dans ces corps de moyens d'action non mécaniques, puisque le contact n'est pas au principe de leur fonctionnement.

Ainsi les constructions de la vie peuvent accéder à cette forme d'unité que nous avons qualifiée de réciproque et sans laquelle le tout ne pourrait étendre sa présence au-delà des limites matérielles de ses parties constitutives.

Il nous reste à voir maintenant comment cette constatation s'applique aux organismes pluricellulaires.

Les organismes pluricellulaires en quête de leur unité.

Les organismes pluricellulaires sont tous faits d'un clone de cellules, c'est-à-dire de cellules sœurs jumelles, toutes issues, par divisions conformes, appelées mitoses, d'une seule cellule-mère : le zygote, né de l'union d'un ovule et d'un spermatozoïde.

Ainsi, toutes les cellules d'un métazoaire (animal pluricellulaire) ou d'un métaphyte (végétal pluricellulaire) sont porteuses des mêmes informations génétiques.

Cependant, en dépit de cette homogénéité foncière, les associations cellulaires ne peuvent se faire dans un ordre géométriquement uniforme, comme cela se voit dans les cristaux du monde minéral.

Il existe en effet une différence essentielle entre l'atome et la cellule vivante.

L'atome est stable. Il n'attend rien de l'extérieur pour continuer d'exister. Il peut donc donner libre cours aux affinités qui le portent à s'associer à ses semblables pour former des édifices compacts appelés cristaux, d'où émergent, nous l'avons vu, des propriétés qui n'existent en lui-même qu'à l'état naissant.

La cellule vivante, au contraire, est instable. Pour subsister, elle doit se refaire au moins aussi vite qu'elle se défait. Et pour cela, il lui faut sans cesse puiser dans le milieu extérieur les matières premières et l'énergie nécessaires à se reconstruire. Sa tendance à s'unir à ses semblables - ou plutôt à leur rester unies, puisque les cellules d'un même clone sont nées les unes des autres - devra donc composer avec la nécessité de ne point rompre le contact avec le milieu extérieur. Voilà pourquoi on ne voit jamais de cellules vivantes former spontanément des groupements compacts.

Les associations cellulaires les plus archaïques sont filamenteuses (mycéliums des champignons) ou membraneuses (prothalles des végétaux primitifs).

Un progrès décisif est accompli lorsque ces membranes qui prennent le nom d'épiderme ou d'épithélium, se refermant sur elles-mêmes, réussissent à enclore un espace (qu'on appelle le milieu intérieur) dont elles peuvent dès lors maîtriser la composition par les échanges (nutritifs, respiratoires, excréteurs) qu'elles assurent avec le milieu extérieur. Dans ce bouillon de culture interne activement entretenu se regroupent des cellules qui auraient été incapables de survivre directement à l'extérieur.

Déchargées des servitudes nutritionnelles, elles peuvent librement s'organiser pour se consacrer à d'autres tâches. Certaines d'entre elles restent indifférenciées : ce sont les cellules embryonnaires - dites totipotentes - qui assurent la croissance ou même la reproduction des végétaux et des animaux primitifs par bourgeonnement. Ce sont aussi les cellules-mères des gamètes, ou gonocytes qui pourront ainsi attendre le moment opportun pour accomplir leur mission.

D'autres répondent à des besoins nouveaux, liés à l'augmentation de taille des organismes. Ainsi l'on voit apparaître, dans les deux règnes, des tissus de soutien et des vaisseaux conducteurs de sèves ou de sang, et seulement dans le règne animal, un tissu nerveux.

Toutefois, les végétaux ne pousseront guère plus loin la différenciation de leurs tissus ni leur marche à l'unité.

L'accroissement de leur appareil végétatif ira toujours de pair avec l'extension de leurs ramifications souterraines et aériennes. Le mode de nutrition autotrophe leur commande, en effet, d'extérioriser leurs surfaces d'échange dans le sol parce que c'est un milieu solide, dans l'air parce que ces surfaces ont aussi pour mission de capter l'énergie solaire.

En outre, il existe une contrainte géométrique à laquelle nul organisme ne peut se soustraire : plus il s'agrandit, plus se creuse l'écart entre ses besoins, qui croissent comme son volume, et ses ressources qui n'augmentent qu'en raison de sa surface (on sait que lorsqu'un corps double sa longueur sans changer de forme, son volume est multiplié par huit, mais sa surface par quatre seulement).

L'augmentation de taille n'est donc pas, pour le végétal, le bon moyen, d'avancer sur le chemin de l'unité.

La marche à l'unité ayant tourné court pour le végétal, c'est au règne animal que va échoir la tâche de la faire aboutir.

Une brève histoire des métazoaires.

L'animal possède deux caractéristiques étroitement liées : il se nourrit de substances organiques et il est doté de sensori-motricité. Les molécules organiques proviennent de la photosynthèse. Elles contiennent du carbone réduit susceptible de libérer de l'énergie par oxydation.

L'animal n'aurait pu développer sa sensori-motricité sans cet apport, sous forme concentrée, de l'énergie nécessaire à se mouvoir.

Réciproquement il n'aurait pu détecter son aliment - un végétal ou un animal nourri de végétaux - et s'en saisir s'il n'était doué de sensori-motricité : c'est donc de manière progressive et corrélative que ces facultés vont se développer dans l'histoire du règne animal.

Voilà pourquoi les animaux les plus archaïques - éponges, hydres, coraux, anémones de mer, méduses - tous marins, peu sensibles et mobiles, se nourrissent des petites particules que leur apportent les courants. Cependant, leur structure préfigure celle des animaux évolués : on y voit déjà se former une cavité ouverte sur l'extérieur dévolue à la fonction digestive.

Ainsi l'hydre a un corps en forme de sac, dont la paroi est faite de deux membranes : un feuillet externe, protecteur, à la fois sensible et contractile (l'ectoderme) et un feuillet interne (l'endoderme) constitué de cellules digestives, faiblement contractiles. Une gelée (la mésoglée) assure la cohésion des deux feuillets.

Le milieu intérieur est réduit au faible espace qui sépare les deux feuillets. Sous l'ectoderme, on trouve des cellules totipotentes et des gonocytes, responsables des deux modes de reproduction en usage dans cette espèce - par bourgeonnement et par la voie sexuée - mais aussi des cellules nerveuses (neurones) dont les prolongements filiformes unissent les cellules contractiles entre elles, d'une part, et aux cellules sensorielles, d'autre part.

Quelques rares neurones, situés sous les cellules endodermiques, en coordonnent les contractions.

L'ouverture du sac tient lieu d'orifice buccal et anal. Une couronne de tentacules préhensiles entoure cette ouverture.

La plupart des animaux de ce groupe (on les appelle Cœlentérés en raison de la forme en sac de leur "intestin") sont fixés. Quant aux méduses, elles restent le jouet des courants marins, malgré les contractions rythmées de leur ombrelle.

La maîtrise des déplacements exige en effet une organisation corporelle plus élaborée, telle que celle du ver marin appelé *Nereis*.

Deux nouveautés la caractérisent :

- L'interposition, entre l'ectoderme et l'endoderme, d'un troisième feuillet - le mésoderme - qui va structurer le milieu intérieur.

- La programmation, génétiquement gérée, du bourgeonnement qui va se localiser, dans l'espace, à une extrémité du corps, et dans le temps, au début de la vie de l'animal, à un stade de développement qualifié de larvaire.

Ces bourgeons restés en contiguïté forment un corps allongé dont l'aspect annelé trahit le mode de genèse.

La cavité digestive, ayant suivi le mouvement, devient un long tube qui s'ouvre à l'extrémité opposée. Dès lors les aliments pourront suivre, dans ce tube, une progression régulière au cours de laquelle s'effectueront les opérations successives de la digestion, de l'absorption, puis de l'expulsion des déchets.

Pour la première fois apparaît dans un corps cette symétrie bilatérale dont les animaux ne se départiront jamais, si ce n'est dans quelques cas de retour régressif à la vie fixée.

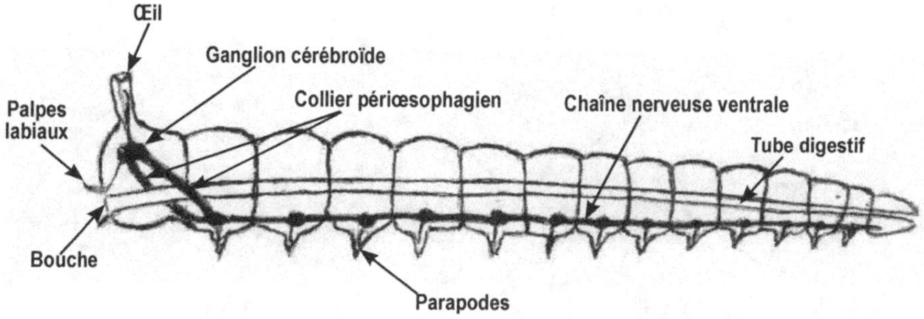

Fig. 15 : Le système nerveux d'un hyponeurien primitif.

Les premiers animaux qui furent maîtres de leurs déplacements étaient donc des vers. Ils vivaient sur le fond des mers, près des côtes. (La densité de la substance vivante est légèrement supérieure à celle de l'eau : c'était donc leur lieu de vie le plus naturel)

Ce mode de vie va sceller leur destin.

Il exige, en effet, des organes locomoteurs, appelés parapodes (ce ne sont pas encore de vraies pattes) ventraux, mais des organes sensoriels situés au pôle antérieur du corps, près de la bouche, et en position dorsale, puisque la lumière vient d'en haut. En sorte que le système nerveux de ces animaux se construira en deux parties, situées de part et d'autre du tube digestif : près des yeux, une paire de ganglions cérébroïdes antéro-dorsaux, essentiellement sensitifs, et une chaîne nerveuse ventrale, consacrée à la commande motrice. Deux gros nerfs enjambent l'œsophage pour relier ces deux formations nerveuses (Fig. 15).

Ces animaux sont à l'origine de tous les invertébrés actuels : Vers, Mollusques, Myriapodes, Arachnides, et Insectes. On les nomme Hyponeuriens en raison de la structure de leur système nerveux dont la plus grande partie se trouve sous le tube digestif.

Même chez les plus évolués d'entre eux, tels que les mouches et les abeilles, dont le corps s'est contracté en trois parties bien différenciées (tête, thorax, abdomen) on retrouve toujours cette bipartition du système nerveux : dans la tête, un proto-cerveau : dans le thorax, un gros ganglion moteur, et pour relier ces deux centres nerveux, l'inévitable collier péri-œsophagien (fig. 16).

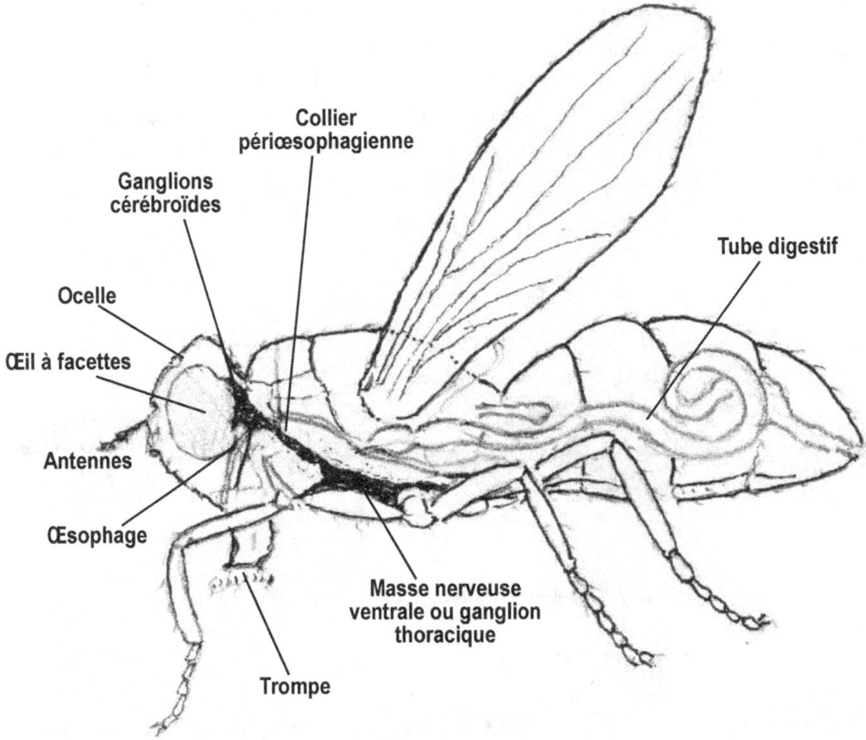

Fig. 16 : Le système nerveux condensé de la mouche.

Voilà pourquoi les Hyponeuriens n'auraient jamais pu produire un vrai cerveau, c'est-à-dire un centre nerveux unifié, propice à l'union intime d'une sensibilité et d'une motricité.

De toute manière, leur mode de vie ne pouvait les incliner à acquérir les caractères propres à leur permettre d'accéder à l'intelligence. Celle-ci exige, en effet, un gros cerveau (au moins mille deux cents centimètres cubes pour l'espèce humaine) dont la maturation est très lente. Elle ne peut donc éclore que dans un corps puissant et capable de vivre longtemps.

Or, leur milieu de vie originel – le fond marin – était plein de dangers mortels : profusion de prédateurs, risques de lésions et de contusions au contact d'objets durs, tranchants ou piquants… Pour y échapper deux solutions s'offraient à eux : ou s'enfouir dans le sable ou se construire une protection en dur.

Adopter la première solution, c'était se couper du monde et perdre toute perspective d'avenir. C'est le cas des vers marins… et de notre ver de terre.

La seconde solution offrait deux options, bien connues de nos ancêtres du Moyen-Âge : le bouclier ou l'armure.

- ***Le bouclier***, c'est la coquille des mollusques. Elle présente l'avantage de pouvoir grandir avec l'animal (sa forme est dérivée du cône, la seule surface courbe qui puisse s'accroître par le bord sans changer de forme générale). Cependant, elle présente deux inconvénients majeurs : sa rigidité et son poids, qui entravent grandement la mobilité de ces animaux. La plupart des mollusques actuels sont fixés, à moins qu'ils ne réussissent vaille que vaille à se déplacer… à la vitesse de l'escargot !

Toutefois, certains mollusques - les Céphalopodes - ont su faire de leur coquille un outil de libération. En la cloisonnant en loges pleines de gaz, ils en firent un flotteur. Le succès de cette innovation fut immédiat. Les ammonites ont peuplé tous les océans de l'époque secondaire, avant de disparaître, il y a soixante-cinq millions d'années, dans la catastrophe qui a aussi coûté la vie aux derniers dinosaures.

Leurs descendants actuels sont d'une vivacité et d'une réactivité étonnantes. Les seiches et les calmars ont inclus dans leurs chairs ce qui leur reste de coquille pour en faire un substitut d'os. Quant au poulpe, il s'est totalement débarrassé de sa coquille. Ses longs bras préhensiles, sa vision perçante, son cerveau ramassé dans sa tête (mais toujours traversé par l'œsophage) et protégé par un pseudo-crâne cartilagineux attestent qu'il s'est engagé sur la voie qui aurait pu le mener à l'intelligence s'il n'avait pas reçu de ses ancêtres une organisation d'hyponeurien, ainsi qu'une longévité réduite. Toujours est-il que c'est, de tous les invertébrés, celui qui présente les plus hautes aptitudes à l'apprentissage.

- La deuxième option est ***l'armure*** : c'est la carapace des "Arthropodes" (animaux à pattes articulées).

L'avantage de la carapace, c'est qu'elle épouse la forme du corps et le suit dans tous ses mouvements.

L'inconvénient, c'est qu'elle ne peut grandir avec l'animal, ce qui oblige celui-ci à en changer périodiquement, c'est-à-dire à muer.

Les arthropodes actuels sont les crabes et crevettes (Crustacés), les mille pattes (Myriapodes), les scorpions et araignées (Arachnides) et les insectes.

L'accès à l'intelligence est interdit aux Arthropodes pour plusieurs raisons. Outre la structure hyponeurienne de leur système nerveux, la présence d'une carapace les aurait détournés à elle seule de cette voie.

En effet, la carapace limite la taille du corps. Or, nous savons que l'intelligence exige de gros cerveaux, donc de grands corps. Les plus grands arthropodes ne dépassent pas trente centimètres de longueur sur terre (un phasme philippin) et un mètre dans l'eau (le homard). Au-delà de ces limites le poids de la carapace devient une entrave à la liberté de se déplacer. En effet celui-ci s'accroît proportionnellement non pas à la longueur mais à la surface du corps laquelle augmente comme le carré de la longueur.

D'autre part, l'arthropode ne peut sortir du petit cercle de mouvements que lui permettent les articulations de sa carapace, faite d'une substance rigide. Il est donc nativement enfermé dans un comportement stéréotypé qui caractérise l'instinct mais exclut l'innovation, qui est au principe même de l'intelligence.

Ainsi se serait terminée l'histoire de la vie, avec les plus aboutis des instincts - ceux de l'abeille et des fourmis, qui sont supérieurement élaborés, et cependant toujours aussi figés - si un petit groupe d'irréductibles n'avait pas, dès l'origine, choisi de résister à la pesanteur qui tendait à les plaquer sur le fond. Comme l'ont fait les ancêtres des céphalopodes - mais trop tard - ils se sont fabriqué un flotteur, non pas rigide et externe, mais souple et intégré au sein de leur corps (une vessie natatoire). Ainsi allégés, ils se déplaçaient sans peine dans ce milieu fluide, en imprimant à leur corps fuselé de légères ondulations.

N'ayant pas eu à développer d'organes locomoteurs ventraux, ils ont formé leurs centres nerveux moteurs dans le prolongement de leur proto-cerveau, en position dorsale par rapport à leur tube digestif. De la sorte, rien, plus tard, ne s'opposera à une condensation, dans la région céphalique, du système nerveux en un super-centre sensori-moteur, un vrai cerveau, donc. (fig. 17)

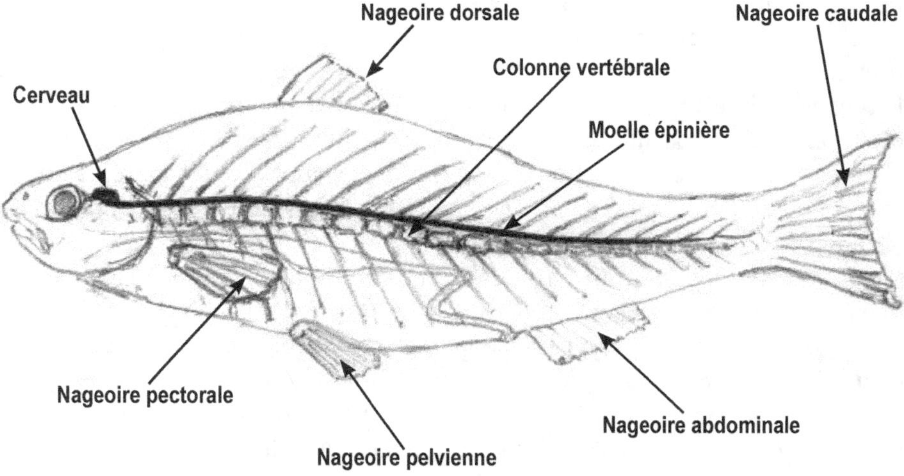

Fig. 17 : Le système nerveux d'un épineurien primitif.

Ainsi commença, il y a environ cinq cents millions d'années, l'histoire de l'embranchement des Vertébrés. Plusieurs innovations majeures l'ont marquée, avant que ne soient réunies les conditions d'émergence du cerveau humain.

- ***L'invention de l'os*** : Ce tissu, dont les vertébrés, à partir des poissons osseux, ont fait leur squelette, est structuré comme un matériau composite moderne : des fibres de collagène (protéine fibreuse, propre aux vertébrés, dont on fait le cuir par tannage et la gélatine par cuisson prolongée) pour la résistance à l'étirement et des cristaux de carbonate et de phosphate de calcium pour la résistance à la compression. Contrairement à la carapace, le squelette interne grandit avec l'animal et se prête à former des articulations souples, autorisant des gestes variés. Les qualités mécaniques de l'os lui permettent en outre de supporter des pressions considérables : les grands dinosaures du secondaire pouvaient peser jusqu'à quatre-vingts tonnes.

- ***L'invention de la tétrapodie*** : il y a trois cent cinquante millions d'années, certains poissons, dont le célèbre Cœlacanthe est un lointain descendant, transformèrent leurs nageoires paires (nageoires pectorales et pelviennes) en pattes. Ainsi naquirent les batraciens aussi appelés Amphibiens parce qu'ils n'ont pas réussi à se dégager totalement du milieu aquatique.

Ils y retournent pour se reproduire et le jeune têtard, ayant mené pour un temps la vie d'un poisson, devra subir des métamorphoses qui lui feront pousser des pattes et troquer ses branchies contre une paire de poumons. L'adulte ne peut s'éloigner durablement des lieux humides, tant sa peau, restée perméable, est sujette à la dessiccation, en dépit du mucus, dont il la recouvre en permanence.

- ***L'invention de la corne*** : Il y a trois cents millions d'années certains vertébrés terrestres apprennent à fabriquer une protéine dure et imperméable - la corne - dont ils enduisent leur peau. Les voici maintenant garantis contre l'action desséchante de l'air. La corne leur sert aussi à pourvoir leurs doigts de griffes, ce qui va leur permettre de se déplacer sur toutes sortes de terrains, et, pour certains d'entre eux, de saisir leurs proies avec leurs pattes antérieures.

Plus tard, ce matériau sera pour les oiseaux et les mammifères, une vraie providence. Ils s'en feront, sous forme de plumes ou de poils, un épais manteau apte à garder la chaleur du corps par tous les temps et en tous lieux (animaux à sang chaud, ou homéothermes)

- ***L'invention de l'œuf à amnios*** : L'obligation de retourner à l'eau pour se reproduire est un handicap pour un animal terrestre. Et cependant toute vie commence dans l'eau. Il fallait donc fabriquer un œuf qui puisse offrir à l'embryon, dans un espace clos - l'amnios - un substitut de milieu aquatique jusqu'à son complet développement, c'est-à-dire sa métamorphose en animal terrestre. Cela impliquait qu'il disposât sur place d'une réserve de nourriture suffisante.

Cet œuf - celui des reptiles et des oiseaux - est donc nécessairement de grande taille. Il est protégé par une coquille faite de cristaux de calcaire disposés perpendiculairement à sa surface pour permettre les échanges gazeux respiratoires de l'embryon.

La fécondation doit évidemment se faire dans les voies génitales de la femelle, avant la formation de la coquille de l'œuf. La fécondation interne - avec les organes qu'elle implique : pénis et vagin - est donc la règle chez ces animaux.

Splendeur et déclin des reptiles.

Telles ont été les innovations qui ont permis, dès le début de l'ère secondaire, aux premiers reptiles (bien mal nommés, en vérité : la reptation du serpent n'est en rien représentative du mode de locomotion des reptiles de cette époque) devenus parfaitement autonomes, de conquérir tous les milieux de vie, au point qu'on a pu nommer l'ère secondaire l'ère des grands reptiles. Reptiles végétariens, reptiles carnivores, reptiles marcheurs (quadrupèdes ou bipèdes), reptiles sauteurs, reptiles grimpeurs, reptiles nageurs, reptiles volants... Jamais la planète n'avait connu un tel débordement de vie ; jamais non plus son sol n'avait été foulé par d'aussi puissants animaux (les plus grands dinosaures pouvaient mesurer jusqu'à 40 m de long).

Toutefois, le gigantisme fragilise les espèces. Aucun de ces grands reptiles n'a survécu aux bouleversements climatiques de la fin du secondaire (il y a soixante-cinq millions d'années). Seules ont subsisté de petites espèces reptiliennes, ancêtres des lézards, serpents, tortues et crocodiles actuels, ainsi que deux groupes de petits vertébrés qui, dans le cours de l'ère secondaire, s'étaient détachés de la lignée reptilienne : les mammifères qui ont émergé dès la fin du Trias (il y a cent quatre-vingts millions d'années) et les oiseaux, descendants directs de petits dinosaures emplumés et grimpeurs du Jurassique (il y a cent cinquante millions d'années).

Le succès des oiseaux et des mammifères.

Dans la période qui a suivi - au tertiaire et au quaternaire - les reptiles survivants n'ont jamais réussi à reconquérir la place qu'avaient laissée vacante leurs ancêtres. C'est que désormais ils avaient de redoutables concurrents. Oiseaux et mammifères étaient en train d'envahir tous les grands espaces. Nul milieu de vie, terrestre, marin ou aérien ne leur restait totalement fermé. Cette supériorité, ils la devaient aux performances, inégalées jusque-là, de leur appareil sensori-moteur. Leurs sens aiguisés, leurs gestes rapides, précis et bien coordonnés révélaient la présence d'un cerveau remarquablement développé. En outre, l'aptitude à réguler leur température interne les rendait capables de rester actifs en toutes saisons et de supporter les climats les plus rudes.

La corrélation entre développement cérébral et dépendance des jeunes.

Cependant cette supériorité a un prix. Les cerveaux les plus complexes sont aussi les plus longs à fabriquer. Si le jeune reptile est capable, dès l'éclosion, de survivre de manière autonome, ce n'est pas le cas de l'oisillon sortant de l'œuf, dont le cerveau est encore immature. Il aura besoin des soins maternels (ou parentaux) les plus attentifs pour accéder à l'autonomie et pour apprendre à voler.

Les mammifères franchissent un pas de plus dans ce sens : leur cerveau encore plus gros exige, pour mener à bien son développement, une durée d'incubation et un apport régulier de substances fraîches qui dépassent les possibilités de l'oviparité. Très vite, les mammifères adoptent la viviparité placentaire, qu'ils complètent par la nutrition lactée des jeunes. Ainsi, l'embryon est libre de prolonger son séjour intra-utérin aussi longtemps que nécessaire pour que se mettent en place tous les neurones de son cerveau.

Après la naissance, le lait maternel lui apportera en proportions idéales tous les nutriments propres à soutenir le développement de son cerveau. Cette dépendance du jeune atteint, dans l'espèce humaine, un record absolu.

Après une croissance intra-utérine de neuf mois, le nouveau-né humain ne pèse que trois kilos (en comparaison, le veau pèse à la naissance vingt kilos pour une durée de gestation équivalente). Son cerveau est très immature. Trois années seront nécessaires pour que les centres de la sensori-motricité soient tous fonctionnels.

Quant aux centres cérébraux associatifs de la pensée cognitive, leur maturation s'échelonnera sur encore au moins quinze années de plus.

L'évolution de la sensorialité des vertébrés.

Parallèlement au développement de leur cerveau, les vertébrés terrestres perfectionnent les organes des sens qu'ils ont hérités de leurs ancêtres les poissons. Il fallait toutefois commencer par les adapter au milieu aérien.

Cette transition a été facile pour le goût et l'odorat qui ne sont, après tout, que deux variantes de toucher : on pourrait les qualifier de sensibilité au contact chimique.

En revanche, les organes de la vue et de l'ouïe ont exigé des ajustements imposés par les propriétés physiques de l'air qui ne sont pas les mêmes que celles de l'eau.

La vue.

L'œil du poisson, on le sait, est construit comme un appareil photographique. Une lentille convergente, le cristallin, donne sur une membrane photosensible, la rétine, une image renversée de tous les objets qui sont dans son champ.

Or, l'air est moins réfringent que l'eau : la lumière s'y propage plus vite. Pour compenser cet abaissement de réfringence, le cristallin a dû atténuer sa courbure afin de ramener sur la rétine une image qui, sans cela, se serait formée en avant de cette membrane photosensible, vouant ainsi tous les vertébrés terrestres à la myopie.

Ce sens n'a cessé de se perfectionner dans la série des vertébrés. Chez les oiseaux et les mammifères, les mouvements des globes oculaires s'amplifient tandis que la sensibilité de la rétine centrale - c'est-à-dire située dans l'axe optique de l'œil - s'affine considérablement. C'est ainsi que ces animaux développent la faculté - devenue capitale dans l'espèce humaine - de fixer avec précision leur regard sur un seul objet et d'en discerner les moindres détails.

La vision des couleurs s'améliore aussi. La rétine se dote de pigments sensibles à certaines couleurs qualifiées de primaires. En combinant ces impressions colorées élémentaires, le sens visuel est capable de distinguer un grand nombre de couleurs composées. Ainsi, nos trois couleurs primaires (trichromie) nous permettent de discerner plusieurs milliers de nuances colorées. Sur ce terrain, nous ne sommes battus que par certaines espèces d'oiseaux qui voient en quadrichromie.

L'ouïe.

Le sens auditif a exigé des remaniements plus radicaux. Chez le poisson, ce qui tient lieu d'organe auditif se réduit à deux lignes (les lignes latérales) qui parcourent son corps de chaque côté dans toute sa longueur, de la tête à la queue.

Au microscope on y voit des cellules ciliées dont le cil, incapable de se mouvoir par lui-même, détecte les moindres vibrations de l'eau. Ce sens est précieux pour le poisson parce qu'il lui permet de localiser à distance (les vibrations se déplacent à très grande vitesse dans l'eau) non seulement la présence de ses congénères mais aussi l'approche des prédateurs, tout en lui laissant le temps de préparer sa réaction.

Il est évident que cet organe ne pouvait fonctionner tel quel dans l'air. Pour en faire un détecteur de vibrations aériennes il a fallu le réduire à sa portion céphalique, enclaver ce qui en restait dans un espace clos plein d'eau et y adjoindre un dispositif propre à transmettre à cette eau les vibrations de l'air.

Pour ce faire, une membrane tendue comme une peau de tambour (le tympan) recueille les vibrations aériennes et, les concentrant pour en augmenter la puissance, les communique à l'eau par l'intermédiaire d'un petit os extrêmement léger.

Les mammifères améliorent l'acuité de ce sens en remplaçant ce petit os par une série de trois osselets, mieux adaptés à cette fonction, et en ajoutant, en avant du tympan, le pavillon de l'oreille externe, dont le rôle est de faire converger sur la membrane tympanique les ondes sonores, à la manière d'un cornet acoustique. Parallèlement, la cavité pleine d'eau de l'oreille interne s'allonge et s'enroule comme un limaçon, de manière à distinguer plus finement les sons selon leur hauteur et à mieux en apprécier le timbre.

Notons que la vue et l'ouïe ne cesseront de prendre de l'importance dans la série des vertébrés, pour enfin supplanter chez les oiseaux, chez les mammifères évolués et tout particulièrement chez l'homme, les sens de l'odorat et du goût qui pourtant, sont, dans le règne animal, les formes primordiales de la sensibilité.

Cette constatation appelle une remarque.

L'odorat et le goût, nous l'avons dit, peuvent être considérés comme des modalités du sens tactile. Ils sont un tact chimique : ils nous livrent une parcelle de l'objet lui-même, ils nous présentent l'objet.

La vue et l'ouïe ne nous donnent, de leur objet, qu'une connaissance médiate, par le truchement de l'empreinte que cet objet a laissée sur l'onde lumineuse ou sonore. Cette connaissance repose sur l'interprétation de certaines particularités de ces vibrations, saisies, à travers des organes savamment construits, comme des signes de la présence d'un objet plus ou moins éloigné.

La vue et l'ouïe ne font que représenter l'objet, c'est-à-dire, rendre présent ce qui ne l'est pas. Représenter, c'est se déplacer dans l'espace et le temps. Cela, seul l'esprit sait le faire.

Seul l'esprit sait interpréter, donner du sens, aller chercher, derrière la matérialité du signe, l'objet qu'il représente. Et cela s'apprend. Seul l'esprit peut relier, à travers l'espace et le temps, le même au même, comme nous le verrons à propos des réflexes conditionnés.

Voilà pourquoi ces deux modes de sensibilité à distance se sont tout naturellement ouverts aux signes du langage et pourquoi ils se sont révélés si propres à nous apporter l'émotion esthétique. C'est que, d'emblée, ils nous transportent dans le monde de l'esprit.

En fait, ils n'en sont jamais sortis. Il y a plus d'un siècle, Bergson a montré pourquoi la genèse, dans les espèces, d'un organe complexe comme l'œil, dont chaque partie doit remplir la fonction que lui assigne sa place dans le tout, ne peut pas s'expliquer par le jeu fortuit de mutations aléatoires.

Nous l'avons vu sur d'autres exemples : nulle construction appelée à remplir une fonction ne peut se monter hors d'une intentionnalité, si fruste soit-elle.

La formation des organes des sens dans l'embryon.

Tâchons de remonter à la source de cette intentionnalité et pour ce faire, regardons comment naît un œil dans un embryon de vertébré.

Au stade "neurula", le futur système nerveux central se met en place à partir de l'ectoderme - le feuillet externe de l'embryon - dont la région dorso-médiane s'invagine d'abord en gouttière, puis se referme en un tube qui deviendra dans sa partie troncale la moelle épinière, tandis que son extrémité céphalique s'hypertrophiera pour former le cerveau.

C'est alors qu'on voit émerger de ce proto-cerveau deux expansions ventrales (les vésicules optiques primitives) qui se croisent avant d'aller se creuser en cupules sous la peau de l'extrémité antérieure de l'embryon. La peau située au-dessus de ces cupules s'épaissit alors avant de s'invaginer pour former les cristallins.

Tandis que ces cupules se différencient en rétines, des cellules mobiles (dites mésenchymateuses) viennent se regrouper autour d'elles pour former les enveloppes des globes oculaires et leurs muscles moteurs. Enfin, la peau, qui s'est refermée au-dessus des cristallins, se différencie en cornées et forme les replis des paupières.

Si, dans un embryon de batracien, on détache du futur cerveau une vésicule optique primitive pour la greffer sous la peau du flanc, on y voit apparaître, dans les jours qui suivent, un œil complet.

On explique ce processus par l'intervention de substances dites inductrices, agissant en cascade : les vésicules optiques secrètent une substance qui active, dans les cellules ectodermiques voisines, les gènes responsables de leur évolution en cellules cristalliniennes; le cristallin, à son tour, induira la formation d'une cornée... etc.

Si l'on remonte cette cascade d'inductions, on aboutit donc à l'ébauche cérébrale. C'est elle qui prend l'initiative d'émettre vers l'extérieur des prolongements - à fonction visuelle, mais aussi à fonction auditive - qui vont contraindre les tissus superficiels à produire les organes propres à capter les ondes lumineuses ou sonores pour les livrer à ses cellules sensibles.

N'est-il pas étrange de voir ce cerveau juvénile, tout juste enclavé à l'intérieur du corps, s'empresser d'ouvrir sur le monde des lucarnes, renouant ainsi, de manière médiate, la relation dont il jouissait jusqu'alors de manière directe ? N'oublions pas que c'est l'ectoderme, d'où le cerveau s'est détaché, qui assure, chez les animaux les plus archaïques (cf. l'hydre) cette relation avec l'extérieur, grâce à ses cellules sensibles et à ses cellules contractiles.

Inclus dans une enveloppe corporelle faite pour le servir, le nourrir et le protéger, déchargé des tâches matérielles qui l'auraient contraint à éclater en structures membraneuses, voilà le cerveau, libre de développer, dans les trois dimensions de l'espace, cet inextricable entrelacs de fibres et de connexions grâce auquel il portera à son faîte l'œuvre constructrice de la nature.

Qu'il s'agisse bien là d'un acte libérateur, une découverte récente le confirme : les cellules épidermiques embryonnaires ont une tendance spontanée à se neuraliser ; cultivées in vitro séparément, elles se différencient en neurones. Pour qu'elles deviennent des cellules épidermiques, il faut qu'une substance inductrice inhibe cette disposition naturelle[24].

À n'en pas douter, l'organe cérébral est l'œuvre d'un être enfin libre de construire sa demeure selon ses aspirations.

S'il est vrai que l'histoire des espèces vivantes enveloppe quelque dessein obscur - et nos investigations précédentes tendent à le confirmer - c'est dans l'évolution du cerveau des animaux qu'il faut aller en chercher le sens, et dans son fonctionnement, la clé du mystère.

---

24. Expérience de A.-M. Duprat et collab., 1989. Rapporté par N. Le Douarin dans : *Des chimères, des clones et des gènes*, Paris, éd. Odile Jacob, 2000.

Le cerveau à la rencontre de deux mondes : celui du sujet et celui de l'objet.

Le cerveau n'apparaît que tardivement dans l'histoire des animaux. C'est dans la lignée des Épineuriens - nous en avons vu la raison - qu'il trouve enfin le moyen d'atteindre à son plein développement.

L'élément constitutif du cerveau est la cellule nerveuse, ou neurone. Sa spécialité est la communication à distance entre deux cellules non contiguës. On la voit apparaître chez les métazoaires les plus archaïques, éponges et cœlentérés.

En effet, même chez les plus simples des métazoaires la forme première de la communication intercellulaire, purement chimique, s'avère insuffisante. Trop lente et trop diffuse, elle se double d'une forme de communication plus rapide et plus ciblée : la communication nerveuse (fig. 18).

Dès lors, ces deux formes de communication coexisteront chez tous les métazoaires, tant elles vont se révéler d'une merveilleuse complémentarité.

La communication chimique, par simple voisinage, première dans l'histoire des espèces, l'est aussi dans celle des individus. C'est elle, en effet, qui gère toute l'embryogenèse, en particulier la mise en place des cellules qui deviendront les neurones.

Plus tard elle pourra aussi se généraliser à tout l'organisme de manière à coordonner durablement l'activité des organes éloignés : dans ce cas, la molécule messagère, appelée hormone, circule dans le sang.

La communication nerveuse, subordonnée à la maturation du système nerveux, ne s'installe que progressivement chez l'embryon.

Les neurones s'intercalent entre les organes de la sensibilité et ceux de la motricité, les muscles. Ils se regroupent en centres nerveux, au sein desquels ils se connectent entre eux, ce qui leur permet de coordonner leur action. Tel est le câblage nerveux le plus simple, celui qui engendre la réaction primordiale chez tous les métazoaires : le réflexe.

Toutefois, le système nerveux conservera, dans toute la série des animaux, la double vocation qu'on lui a vu esquisser chez l'hydre.

Outre son implication dans les fonctions dites de relation, qui ouvrent l'organisme au monde, il gérera l'activité des organes affectés aux fonctions de nutrition (digestion, respiration, circulation sanguine, excrétion) de manière qu'à chaque instant tout organe, tout tissu, toute cellule dispose des ressources nécessaires à accomplir sa tâche.

En sorte que le système nerveux, chez tous les animaux, se partage en deux sous-systèmes de polarités opposées.

L'un est tourné vers l'extérieur. Il est affecté à la sensori-motricité. C'est le système cérébro-spinal des vertébrés. Il a pour rôle de déclencher à chaque instant une réponse motrice adaptée à la situation présente, telle qu'elle est perçue. Ses circuits s'intercalent donc entre organes des sens et muscles.

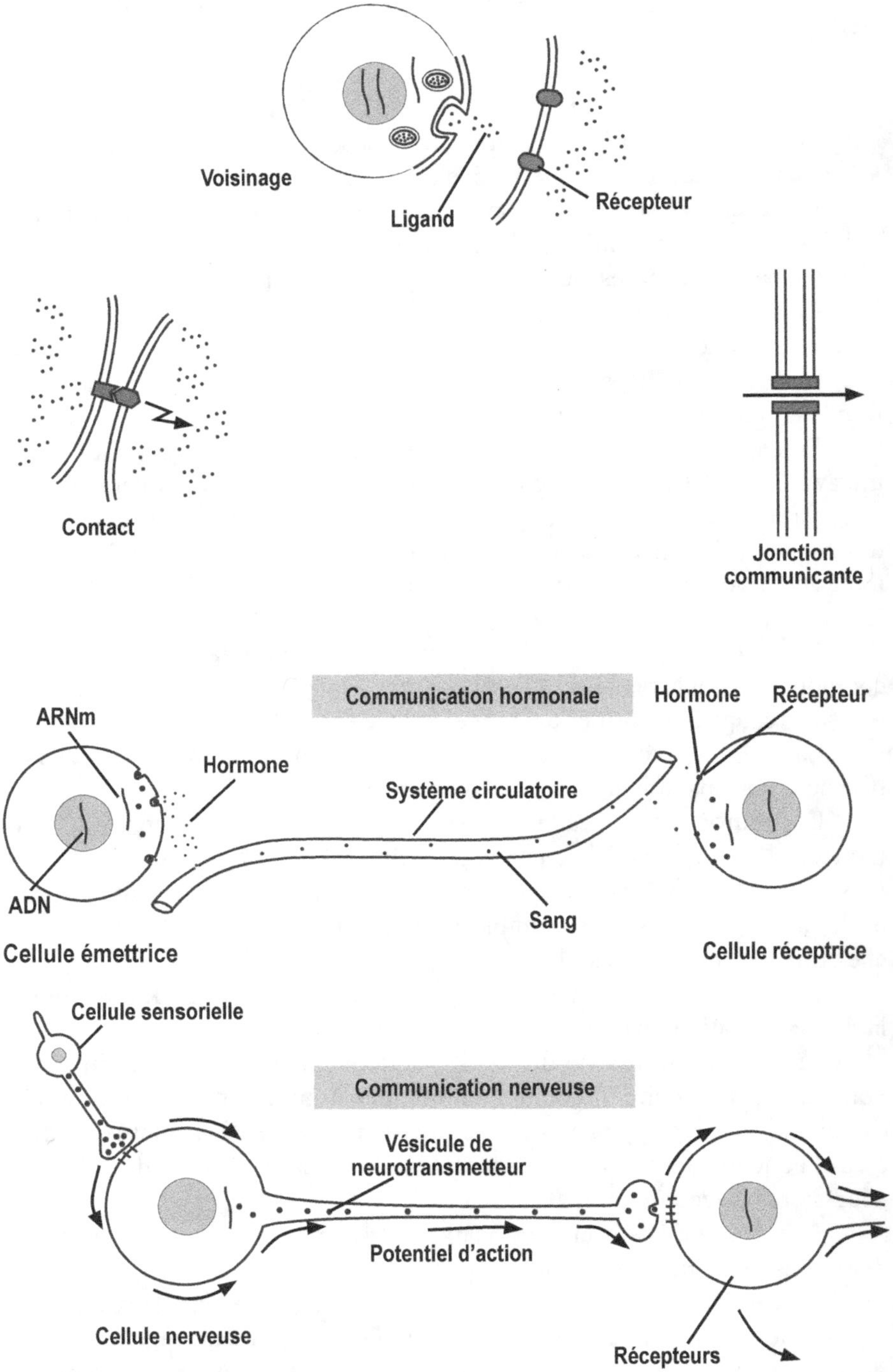

Fig.18 : Les différentes formes de communication intercellulaire.

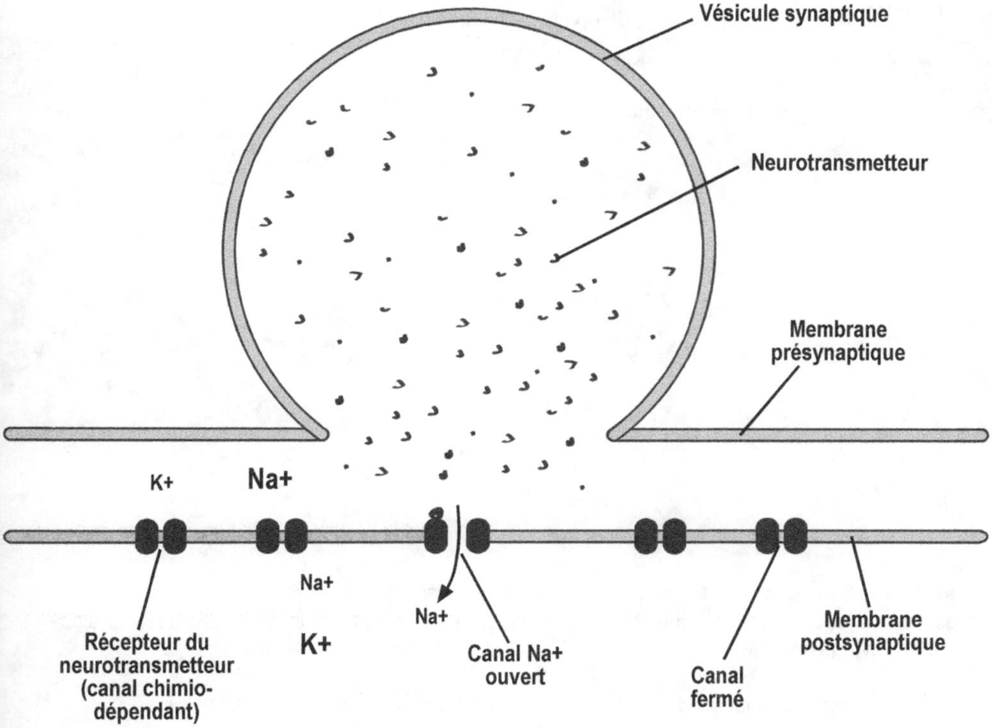

Fig.19 : Exocytose d'une vésicule synaptique (synapse excitatrice).

L'ouverture des canaux chimio-dépendants Na+ provoque l'entrée d'ions sodium positifs, ce qui a pour effet de faire diminuer le potentiel de membrane et de le rapprocher du seuil de déclenchement d'un potentiel d'action.
Pour les synapses inhibitrices, ce sont des canaux K+ chimio-dépendants qui s'ouvrent. Comme l'ion K+ est plus concentré à l'intérieur du neurone qu'à l'extérieur, il sort, ce quihyperpolarise la membrane, et l'éloigne du seuil de déclenchement d'un potentiel d'action.

De la complexité et du nombre de ces circuits dépendra la finesse de cette adaptation. Telle sera leur évolution dans la lignée des vertébrés, en concomitance avec l'extension des formations corticales cérébrale et cérébelleuse.

L'autre est tournée vers l'intérieur. C'est le système neurovégétatif. Il a pour mission de régir l'activité des viscères et plus généralement toutes les réactions qui échappent à la volonté, telles que vasomotricité, sécrétion de sueur, réflexes de la miction, de la défécation, de l'érection, de l'éjaculation…

Cette opposition affecte ces sous-systèmes jusque dans leurs constituants cellulaires : les neurones.

Les neurones du système cérébro-spinal montrent une activité prioritairement

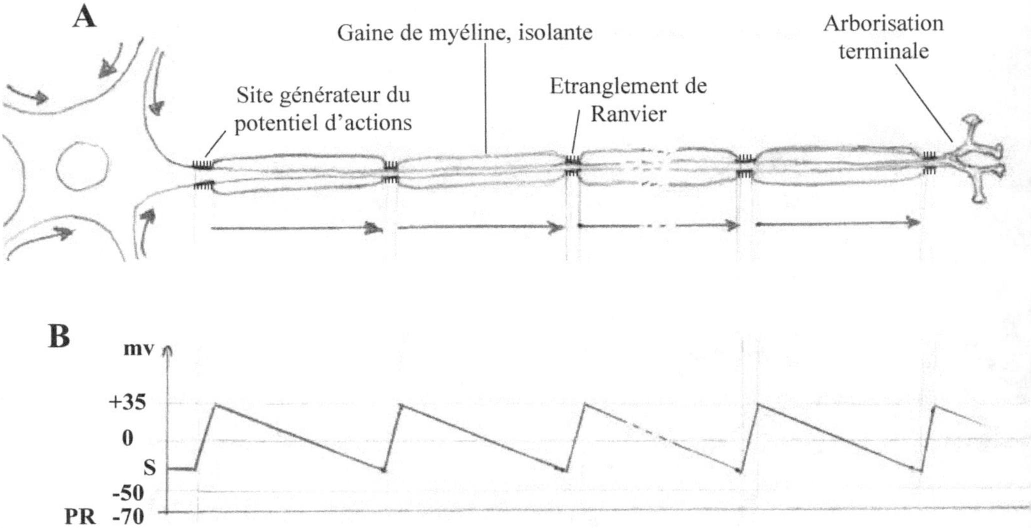

Fig. A : les flèches rouges indiquent la propagation des variations du potentiel de membrane. cette conduction a les caractères du courant électrique : elle est quasi instantanée, mais elle atténue l'amplitude du signal avec la distance.

Fig. B : Variations de l'intensité du potentiel d'action (courbe rouge) le long de l'axone myélinisé. (P.R. : potentiel de repos. S : seuil d'ouverture des canaux Na+ électriques)

ıııııı Membrane pourvue de canaux Na+ électriques

La présence de canaux Na+ électriques a pour effet de faire remonter le potentiel de membrane à +35 mv : les étranglements de ranvier jouent le rôle de relais amplificateurs.

Fig. 20 : La conduction du signal nerveux dans une fibre myélinisée.

soumise aux circonstances extérieures. Ils ne débitent des potentiels d'action - on appelle ainsi les brèves impulsions électriques constituant l'influx nerveux - que s'ils sont sollicités par au moins une autre cellule, sensorielle ou nerveuse. La fréquence de leurs potentiels d'action, qui peut atteindre des valeurs élevées (plus de cent par seconde) est fonction de l'intensité, soit de l'excitant capté par une cellule sensorielle, soit de la contraction de la fibre musculaire effectrice.

Rappelons en outre que la sensibilité des connexions neuroniques - nommées synapses - du système cérébro-spinal varie dans le temps. Les synapses fréquemment sollicitées augmentent leur sensibilité en multipliant, en amont leurs vésicules de neurotransmetteur, en aval leurs récepteurs. Celles qui ne sont pas sollicitées s'affaiblissent.

Enfin les fibres nerveuses de ces neurones sont, chez les vertébrés, revêtues d'un isolant électrique - la myéline - grâce auquel leur vitesse de conduction est centuplée : elle peut dépasser cent mètres par seconde.

En revanche, cette plasticité n'existe pas pour les neurones du système végétatif dont l'activité est beaucoup plus autonome. Ils ont en effet le pouvoir de produire spontanément des potentiels d'action, à un rythme lent (quelques potentiels d'action par seconde) adapté à la contractilité involontaire des muscles viscéraux, moins violente et plus progressive. Leur automatisme peut être modulé par des réflexes inconscients et partant, eux aussi involontaires, qui trouvent leur origine dans une forme de sensibilité dite intéroceptive, car entièrement tournée vers le milieu intérieur. Il importe, en effet, qu'à aucun moment, les teneurs de ce milieu de vie en substances utiles (oxygène, glucose...) ou nuisibles (dioxyde de carbone...) ne sortent - par le bas, dans le premier cas, par le haut, dans le deuxième - des limites acceptables.

Cela dit, ces deux sous-systèmes ne travaillent pas indépendamment. Le système végétatif se raccorde, en effet, au système cérébro-spinal tout au long de la moelle épinière (rameaux communicants gris) et au bulbe rachidien via les nerfs viscéraux. Voilà pourquoi une émotion fait battre le cœur plus vite.

Dans l'axe du système cérébro-spinal s'étend un cordon de substance nerveuse non différenciée en substance grise et substance blanche, et considéré pour cette raison comme archaïque. Appelée substance réticulée, elle produit spontanément des potentiels d'action qui y circulent dans tous les sens. Partie du bas de la moelle épinière, elle se termine dans les noyaux thalamiques, au cœur des hémisphères cérébraux, après être passée par le tronc cérébral et l'hypothalamus.

L'hypothalamus, situé, comme son nom l'indique, sous le thalamus, surmonte l'hypophyse. Il unit, par conséquent, le système nerveux central au système hormonal dont l'hypophyse est le grand maître. Il contrôle les besoins vitaux tels que la faim, la soif, le sommeil, la sexualité, la thermogenèse.

Ainsi l'être conscient se situe à la rencontre de deux dynamismes, liés à des formes de conscience opposées en tous points.

L'un est tourné vers le monde extérieur, auquel il est connecté, à l'entrée par les organes des sens et à la sortie par les muscles. Il se met à l'unisson de la juxtaposition des objets dans l'espace et de leur mouvance dans le temps. Aussi, la forme de conscience qui lui est attachée, tournée vers l'extériorité de l'objet, est-elle vécue comme une succession d'états distincts les uns des autres, dont les discontinuités sont à l'image de celles des choses dans l'espace et de celles des actes dans le temps.

Sa logique, qui vise à l'efficacité, révèle sa fonction : l'adaptation au monde tel qu'il est.

L'autre dynamisme est celui de la vie végétative. Tourné vers l'intérieur, il ramasse dans un même mouvement les automatismes vitaux pour en faire remonter l'élan, de proche en proche, jusqu'aux couches du cerveau susceptibles de s'éclairer de conscience.

Il est l'expression de l'activité des organes internes, tendue vers le maintien des fonctions vitales. Il agit donc sous le signe de la continuité et de la permanence, à l'image de l'unité du sujet.

Grâce à lui, l'être vivant prend conscience de ce qui manque à son corps pour continuer d'exister. C'est ce qu'on appelle le sentiment du besoin. Ce sentiment unit dans la durée nos états de conscience tournés vers l'action, en leur donnant une coloration affective sourde et diffuse, où transparaît déjà le plaisir anticipé de l'accouplement du corps avec l'objet recherché.

En effet, la perspective du plaisir est la seule motivation pour agir chez l'animal - et trop souvent aussi chez l'homme. Le système neurovégétatif est la source d'une sensibilité interne - dite intéroceptive - qui peut apporter les plus hautes jouissances - telles que le plaisir sexuel - mais infliger aussi les douleurs les plus intolérables : "maux de ventre", douleur des coliques néphrétiques, ou de l'enfantement.

Le propre de ces sensations, c'est l'imprécision de leur localisation et leur propension à irradier dans tous les viscères (c'est la raison pour laquelle le principal nerf viscéral du système neurovégétatif s'appelle le nerf vague). Poussées à leur paroxysme, elles peuvent nous conduire, dans un cas, à l'ivresse de l'orgasme, dans l'autre, au bord du suicide.

Ces sensations puissantes laissent des traces durables dans la vie mentale du sujet, de sorte qu'il sera enclin à reproduire les comportements associés au plaisir et à fuir les situations ressenties comme angoissantes, parce qu'elles sont liées à un souvenir douloureux.

La force de ces élans, qu'ils soient attractifs ou répulsifs, nous montre à quel point ils sont essentiels au mouvement vital : c'est eux déjà que nous avons vus à l'œuvre dans ce que nous appelions les tactismes du protozoaire.

Avec, cependant, une différence capitale : dans le cas des tactismes, la réaction motrice se déclenche automatiquement en réponse à la stimulation. Elle lui est donc mécaniquement liée, alors que, dans celui d'une réaction volontaire, ce lien est infiniment plus souple : il s'est construit au sein d'une conscience, elle-même attachée à un cerveau, en fonction d'une expérience acquise.

Nous avons vu, toutefois, que, si l'automatisme des tactismes pouvait être considéré comme un simple mécanisme, celui-ci n'avait pas pu se monter mécaniquement parce que toute sensibilité, si fruste soit-elle, implique la superposition, au sein d'une "instance", d'au moins deux états successifs d'un mouvement, pour que, précisément, ce mouvement y prenne sens (ainsi se rejoignent les deux sens du mot : "sens").

Or, le temps de la mécanique est incompatible avec la survivance d'un passé dans le présent.

D'où l'hypothèse que nous nous proposons d'examiner: la construction d'un cerveau dans l'histoire des espèces animales ne serait-elle pas l'œuvre d'un esprit cherchant à se dégager des déterminismes de la matière ?

Et l'émergence de la conscience ne signerait-elle pas le succès de cette entreprise ?

Le cerveau, demeure privilégiée de l'être en tant qu'esprit.

Nous avons vu comment, il y a six cents millions d'années, le règne animal s'était définitivement scindé en deux lignées : les invertébrés, ou Hyponeuriens, et les vertébrés, ou Épineuriens. Depuis, ces deux lignées ont fait leur chemin séparément pour aboutir, l'une aux insectes, l'autre aux mammifères.

L'évolution des insectes a culminé, il y a cent millions d'années avec la famille des Hyménoptères (abeilles et fourmis), tandis que les mammifères continuaient à évoluer pour aboutir à l'espèce humaine, il y a deux cent mille ans.

Si on considère que le critère de réussite pour un groupe zoologique est son pouvoir de proliférer et d'essaimer en tous lieux, il est certain que les humains et les fourmis sont les champions en la matière. On a pu dire que la surface du sol de la planète appartient aux hommes tout comme son sous-sol appartient aux fourmis.

Mais il est un autre critère qu'il convient de considérer ; les abeilles et les humains détiennent un autre record, chacun dans sa catégorie : celui de la taille du cerveau. Le cerveau de l'abeille peut comporter jusqu'à un million de neurones : le cerveau humain, au bas mot, cent mille fois plus.

C'est dire que l'évolution animale est toujours allée, globalement, dans la direction des plus gros cerveaux.

Remarquons toutefois que cette propension à amplifier cet organe n'affecte que les lignées qui ont su développer un mode de locomotion efficace, leur donnant le plus haut degré de liberté compatible avec leur conformation.

Ainsi les vertébrés descendent des animaux qui ont opté pour la nage, tandis que les invertébrés sont tous issus d'animaux marcheurs: une mobilité dans les trois directions de l'espace pour le premier cas, dans deux directions seulement, pour le deuxième.

Les abeilles font partie de ces Insectes qui ont su conquérir la troisième dimension en se fabriquant deux paires d'ailes.

Quant à l'espèce humaine, elle descend d'un petit groupe de mammifères arboricoles qui, trop gros pour voler avec leurs membres supérieurs transformés en ailes, ont choisi de les muer en organes de préhension pour voler de branche en branche, dans les arbres.

En somme, si l'on s'en tient à ce qu'on voit, on ne peut manquer de constater que le développement du cerveau est toujours allé de pair avec un gain de liberté dans la mobilité des corps.

Autre point commun entre l'abeille et l'homme : ce sont deux espèces sociales, dont les individus ont appris à correspondre par signes.

Indéniablement, la faculté d'accéder à un territoire vaste, riche et varié a été pour les espèces animales l'incitation décisive à développer leur cerveau. Et l'on sait jusqu'où peut aller cette expansion cérébrale, lorsqu'elle n'est pas limitée, comme chez les insectes, par la présence d'une carapace, puisqu'on a vu cet organe tripler de volume en moins de deux millions d'années dans la lignée humaine.

En fait, cette expansion du cerveau, qu'on observe chez les espèces parvenues au terme d'une longue évolution (nous en avons vu un autre exemple chez les Céphalopodes), et qui a commencé par une libération physique des corps, correspond à une mutation majeure dans l'histoire des espèces animales : celle d'une libération des comportements.

Le cas de l'abeille est exemplaire à cet égard.

Jusqu'au seizième jour de sa vie d'adulte, l'ouvrière ne sort pas de la ruche. Son activité y est rigoureusement codifiée par des automatismes innés, et ponctuée par des sécrétions adaptées, ce qui montre que celle-ci est enracinée dans le patrimoine héréditaire de l'espèce. Ainsi l'on peut voir la jeune ouvrière, du quatrième au dixième jour de sa vie, nourrir les larves de la gelée royale produite par ses glandes pharyngiennes ; puis du onzième au seizième, façonner les alvéoles avec la cire fournie par ses glandes abdominales.

Alors seulement elle se risque à l'extérieur. Pendant quatre ou cinq jours elle assure le rôle de gardienne, à l'entrée de la ruche, puis elle s'élance en compagnie de butineuses expérimentées à la découverte du territoire à exploiter. Elle est alors capable de mémoriser des repères balisant des itinéraires qui rayonnent jusqu'à trois kilomètres de la ruche. Ces itinéraires ne sont pas immuables. Ils changent selon les sources de nourriture, indiquées par les "éclaireuses" au moyen d'une "danse" dont Karl Von Frisch a découvert le code en 1944. En outre, la butineuse révèle une grande facilité à mémoriser l'association d'une forme, d'une couleur ou d'une odeur à une source de nourriture.

Ce type de comportement par apprentissage, rarement poussé si loin chez les insectes, est lié au développement d'une partie du cerveau de l'abeille, appelée corps pédonculés, vers laquelle convergent des fibres provenant de tous les autres centres cérébraux, notamment des centres visuels et olfactifs (ces derniers sont connectés aux antennes).

Ces corps pédonculés seraient donc l'équivalent du cortex cérébral humain.

Cet exemple, où l'on voit l'apprentissage, c'est-à-dire l'acquisition d'habitudes, prendre le relais de l'instinct, va nous permettre de préciser le rapport entre ces deux automatismes comportementaux.

On dit que l'instinct est inné parce que l'individu le reçoit à sa naissance dans le même état d'achèvement que celui de ses propres organes. C'est donc qu'il est inscrit dans ses gènes au même titre que ses caractères physiques.

On sait cependant que les automatismes comportementaux instinctifs ont été acquis par les espèces au fil de leur histoire. Ainsi, on trouve, chez les nombreuses espèces d'abeilles sauvages, tous les intermédiaires entre le comportement instinctif assez simple d'une espèce solitaire, et celui, beaucoup plus élaboré, de l'abeille domestique.

L'habitude, au contraire, est dite acquise parce qu'elle est contractée par l'individu, conformément à sa propre expérience. Elle s'inscrit dans certaines zones du cerveau spécialement dévolues à cette fonction. (Rappelons que les synapses se consolident et se sensibilisent dans la mesure où elles sont sollicitées. Cette "facilitation" des synapses a été constatée aussi chez l'abeille).

Dans ce cas, l'hérédité ne joue que pour conférer à l'individu l'aptitude à former des habitudes - sans présumer de la nature de celles-ci - en programmant le développement de son cerveau.

En fait, tout automatisme émane d'un mécanisme.

L'automatisme instinctif est implanté dans la mécanique génétique. Une mécanique terriblement rigide. Chaque gène est indéfectiblement lié à une molécule. Même si l'expression des gènes peut se moduler dans le temps selon l'âge de l'individu, ses besoins et même en fonction de l'environnement (on sait maintenant que 40 % des gènes de l'abeille modifient leur expression quand celle-ci accède au statut de butineuse), il n'en reste pas moins que la vitesse de ces adaptations sera limitée à celle de la diffusion de molécules messagères dans le milieu intérieur des individus (c'est le cas des hormones) ou dans le milieu confiné des colonies que ces individus peuvent former (c'est le cas des phéromones).

En revanche, l'automatisme de l'habitude s'inscrit dans la mécanique cérébrale. Sa mise en œuvre se fait donc à la vitesse de l'influx nerveux. Une vitesse incommensurablement plus élevée que celle de la diffusion physique des molécules. Si bien qu'on peut dire que le progrès apporté par l'habitude est comparable à celui qu'a amené la télégraphie dans les communications humaines.

L'avènement de l'habitude dans l'histoire des animaux est une vraie révolution. Alors que l'instinct enferme l'individu dans un petit cercle d'actions stéréotypées, fixées au passé selon le vécu de l'espèce, l'habitude l'ouvre sur l'avenir, en lui proposant de fixer lui-même le cercle de son activité, dont il est libre d'accroître indéfiniment le rayon.

Toutefois, cette libération n'est que partielle pour l'abeille butineuse. En effet, si, dans sa quête de nectar et de pollen, l'aptitude à contracter des habitudes lui donne le choix des moyens, elle ne lui en laisse pas celui de la fin, qui reste intégralement fixée par l'instinct.

Cependant, cette libération, exceptionnelle chez les insectes, devient la règle chez les mammifères. Il faut dire que ces grands vertébrés, dont les ancêtres n'ont pas connu les contraintes physiques d'une carapace, se sont engagés dans une voie évolutive radicalement différente de celle des insectes. Cela leur a permis de développer leur cerveau dont les mécanismes se sont progressivement substitués à la mécanique génétique pour transférer aux individus un pouvoir jusque-là dévolu aux espèces : celui d'inventer des comportements nouveaux.

C'est ainsi qu'on voit dans le comportement des mammifères grandir la part de l'apprentissage aux dépens de celle de l'instinct : la souplesse de l'acquis se substitue à la rigidité de l'inné.

Il est temps d'examiner de plus près la nature de cette conversion.

Instinct et habitude.

L'instinct est figé et inné. Il convient aux animaux de petite taille et à vie courte, destinés à vivre dans un environnement réduit et immuable. Leur comportement stéréotypé les attache irrévocablement à une niche écologique unique et restreinte. Les insectes en sont l'exemple parfait.

L'habitude est labile et apprise. Elle permet une adaptation souple des individus aux circonstances changeantes d'un milieu élargi. Mais elle exige un cerveau puissant et mature. Voilà pourquoi elle supplée l'instinct, dans le temps, chez les jeunes humains, et dans les espèces, dès lors que la longévité des individus et que la taille de leur cerveau deviennent compatibles avec les exigences d'un apprentissage de la vie.

Ces conditions ne sont pleinement remplies que dans un groupe de vertébrés : celui des mammifères, et c'est l'espèce humaine qui les a portées à leur plus haut degré d'accomplissement.

Instinct et habitude ne sont donc que deux formes complémentaires de l'expression des tendances vitales.

Plutôt que de donner à cette distinction plus d'importance qu'elle n'en a, demandons-nous pourquoi les tendances vitales doivent absolument recourir aux automatismes, pour s'exprimer et prendre corps.

Comme nous l'avons vu (p. 31-32), monter un mécanisme revient à intercaler entre la cause et l'effet un puissant levier amplificateur. Un organisme est un empilement de mécanismes emboîtés. Leur rôle est de canaliser et de coordonner les infimes mouvements qui font palpiter les atomes pour les hausser à la dimension des grosses molécules (protéines fonctionnelles déjà présentes chez les êtres les plus archaïques, comme les bactéries) puis celle des cellules entières (animaux et végétaux unicellulaires) enfin à celle de tout un organisme qui, dès lors, peut se mouvoir.

Tant que ces mouvements restent circonscrits à l'intérieur des limites physiques des organismes, ils sont affectés à des besognes de subsistance. Agissant dans le milieu intérieur, qui est stable, ils sont entièrement automatisés. Leur rôle est de neutraliser les effets destructeurs des mouvements extrinsèques liés à l'agitation thermique.

Le premier attribut de l'être étant la permanence, on comprend qu'il est capital pour la vie de pérenniser ses constructions. Encore faut-il alimenter cette machinerie. Les animaux se nourrissent de matières organiques qu'ils doivent aller chercher là où elles se trouvent : chez les autres êtres vivants.

Voilà pourquoi la mobilité leur est essentielle (les seuls animaux fixés sont aquatiques. Ils ont troqué leur mobilité contre celle du milieu ambiant : c'est l'eau qui leur apporte les particules dont ils se nourrissent). Et comme ils interagissent avec un milieu extérieur instable, ils sont contraints de s'adapter en permanence à des conditions changeantes. Pour ce faire, leurs mouvements sont connectés à une sensorialité dont le rôle est d'apprécier ces conditions.

Chez les protozoaires, dont le corps n'est fait que d'une cellule, cette sensorialité encore embryonnaire est toute de simple contact. La réaction - attrait ou fuite - est immédiate et automatique. Bien que ces tactismes semblent relever du simple mécanisme, nous avons montré pourquoi ils ne sauraient s'y réduire.

Chez les métazoaires, en revanche, les cellules se spécialisent et se regroupent en organes aux performances renforcées : les mouvements s'amplifient, et, corrélativement, s'accroît la portée de la sensorialité. C'est au système nerveux qu'incombe la tâche de collecter et de centraliser les informations captées par les organes des sens avant d'envoyer aux muscles les signaux déclencheurs de leurs contractions.

Cette connexion entre les entrées sensorielles et les sorties motrices peut se faire de trois façons :

1) Directement, dans un centre nerveux extra-cérébral, comme la moelle épinière chez les vertébrés. Ce sont les réflexes innés simples, tels que le réflexe rotulien chez l'homme. Leur automatisme est total.

2) Indirectement, par l'intermédiaire de circuits nerveux intracérébraux, montés d'avance, selon les instructions portées de l'ADN germinal. C'est le cas des comportements instinctifs destinés à accomplir une tâche simple. Ils sont constitués d'un enchaînement immuable de réflexes innés.

Ces comportements figés reproduisent un petit nombre de schémas propres à chaque espèce et longuement mûris au fil de leur histoire. Ils conviennent tout particulièrement aux petits animaux à rayon d'action réduit, qui exploitent des niches écologiques restreintes et peu variées, comme chez les insectes et les araignées.

3) Indirectement, par l'intermédiaire de circuits nerveux intracérébraux que l'ADN germinal n'a fait qu'ébaucher. Cette stratégie amorcée chez les oiseaux s'épanouit chez les mammifères et tout particulièrement dans la lignée humaine.

Les petits viennent au monde avec un gros cerveau immature. Seuls sont montés d'avance les réflexes nécessaires à leur survie immédiate. En revanche, leur énorme réserve de neurones les rend capables d'acquérir, particulièrement dans leur jeune âge, des réflexes nouveaux, en réponse aux diverses sollicitations venues de leur milieu de vie.

Ainsi ils peuvent s'adapter, au fil de leurs découvertes, aux environnements les plus divers, qu'ils soient naturels ou même culturels.

Ces automatismes acquis présentent l'avantage, sur les autres automatismes, qu'ils soient instinctifs ou organogènes, d'être accessibles à l'investigation expérimentale. C'est l'occasion de saisir, à la fine pointe du mouvement vital, cet instant décisif où s'affrontent autonomie et automatisme, spontanéité et déterminisme, et enfin de découvrir, preuve à l'appui, quel est dans la grande aventure de la vie, le vrai meneur de jeu : la matière ou l'esprit ?

Apprentissage et réflexes acquis.

On appelle apprentissage l'effet de la répétition sur le comportement d'un sujet. Il y a trois formes élémentaires d'apprentissage.

1) Par **sensibilisation** : la même stimulation répétée produit des réponses d'intensité croissante. C'est le cas des stimulations non neutres, qu'elles soient bénéfiques ou nocives.

2) Par **accoutumance** : les réponses à la même stimulation répétée vont s'atténuant. Dans ce cas, la stimulation est neutre.

3) Par **association** : une stimulation neutre est immédiatement suivie d'une stimulation non neutre. Après plusieurs répétitions ayant eu pour effet une sensibilisation, la stimulation neutre seule suffit à provoquer la même réaction que la stimulation non neutre.

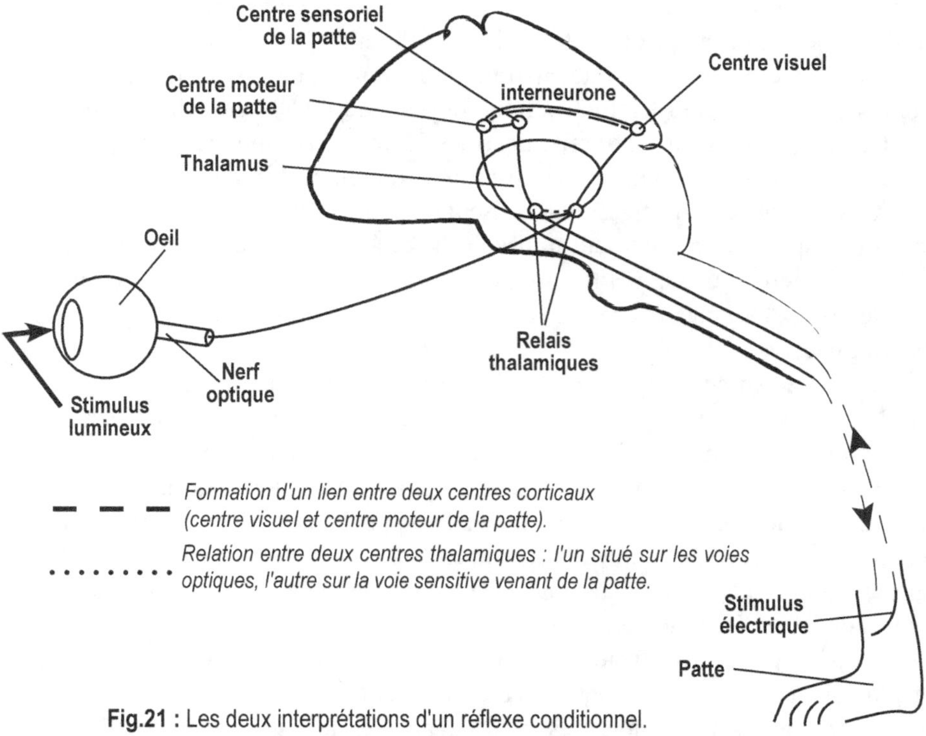

Fig.21 : Les deux interprétations d'un réflexe conditionnel.
(Expérience de conditionnement chez le chat décrite p. 133-134)

Cependant cette stimulation neutre perd son pouvoir si elle est reproduite plusieurs fois sans être accompagnée de la stimulation non neutre.

L'apprentissage par association a été découvert au début du XXe siècle par le neurophysiologiste russe Pavlov. Ce chercheur étudiait la sécrétion salivaire chez le chien en réponse à l'ingestion d'aliments.

Un jour, il vit l'un de ses chiens saliver en l'absence de tout aliment, à la seule vue du garçon de laboratoire qui d'ordinaire venait le nourrir. Il comprit qu'il venait d'assister à la naissance d'un nouveau genre de réflexe, inconnu jusqu'alors. Les nombreuses expériences qu'il fit par la suite montrèrent qu'on pouvait dresser des chiens à saliver en réponse à des stimulations qui n'ont par elles-mêmes rien à voir avec l'aliment, comme, par exemple, le son rythmé d'un métronome, pour peu qu'elles eussent été plusieurs fois associées à la nourriture.

Pavlov nomma d'abord ce phénomène réflexe psychique parce qu'il estimait que l'état mental de l'animal était impliqué dans ce type d'accommodation. Puis, se laissant sans doute gagner par le scientisme alors omniprésent, il se ravisa et opta pour une appellation plus neutre et objective : celle de réflexe conditionnel.

On expliquait alors les réflexes conditionnels par la formation d'une liaison nerveuse nouvelle entre les centres encéphaliques impliqués : par exemple, le centre auditif et le centre de la salivation.

Plus tard, on découvrit le phénomène de facilitation : une synapse sollicitée de façon répétitive se renforce et répond plus vite et plus intensément aux stimulations qu'elle reçoit. Les trois apprentissages élémentaires s'expliquaient alors tout simplement :

- ***La sensibilisation*** par le renforcement d'une synapse excitatrice.
- ***L'accoutumance*** par le renforcement d'une synapse inhibitrice
- ***L'association***, c'est-à-dire le réflexe conditionnel par le renforcement des synapses d'un interneurone reliant les centres nerveux correspondant aux stimulations associées.

Cependant, à la lumière d'investigations plus poussées et plus précises, on s'aperçut que les choses n'étaient pas si simples, et que le premier sentiment de Pavlov n'était peut-être pas tout à fait déraisonnable.

On découvrit d'abord que le délai de réponse au stimulus neutre, chez l'animal conditionné, était exactement le même, au millième de seconde près, que celui de la réponse au stimulus non neutre chez cet animal avant son conditionnement. Or, selon l'explication précédente, les circuits nerveux impliqués diffèrent dans les deux cas : ils ne comportent pas le même nombre de synapses.

Une expérience, cruelle mais décisive, allait apporter une autre précision : l'animal privé chirurgicalement de cortex cérébral[25] est incapable d'acquérir de nouveaux conditionnements mais conserve ceux qu'il avait préalablement contractés.

---

25. Il s'agit ici de ce que les spécialistes appellent néocortex, par opposition à l'archicortex et au paléocortex.

Force est de reconnaître qu'un réflexe conditionnel se constitue en deux opérations distinctes qui ne concernent pas les mêmes formations cérébrales.

La première consiste à apprendre à détecter de manière distincte une stimulation nouvelle. C'est le rôle du cortex cérébral dont nous savons l'implication dans les apprentissages en général.

La seconde, qui consiste à lier cette stimulation à la stimulation non neutre ne concerne donc pas le cortex.

Le Thalamus, cerveau du sujet.

Si l'on suit dans leur cheminement les voies sensorielles issues des organes des sens, on s'aperçoit qu'avant d'atteindre le cortex cérébral, elles font un relais dans une formation située au centre des hémisphères cérébraux : le thalamus.

Comme elles n'ont par ailleurs aucun autre contact, on en déduit que c'est le thalamus qui détient le pouvoir d'unir deux sensations qui n'ont en commun qu'une proximité temporelle.

Le thalamus s'oppose en tous points au cortex : par sa situation centrale, par sa structure massive, par sa couleur uniformément grisâtre, enfin par sa texture faite de neurones et de fibres entremêlées.

On ne s'étonnera pas que son rôle soit à l'opposé de celui du cortex.

Celui-ci, comme nous l'avons vu, est tourné vers l'extériorité du monde. Il s'est donc construit à l'image de sa diversité. Au contraire, c'est à l'image de l'unité et de la permanence du sujet que s'est construit le thalamus, parce qu'il est tourné vers l'intériorité de l'être.

Si l'on voulait résumer d'un mot la fonction du cortex, ce serait par le verbe : distinguer.

Pour le rôle du thalamus ce serait le verbe : unir, dans l'espace et dans le temps.

Dans l'espace : le thalamus est à la croisée de toutes les voies sensorielles et de toutes les voies de la motricité volontaire et involontaire.

Même les aires associatives corticales s'y projettent point par point, si bien qu'au fil de l'évolution des mammifères, néocortex et thalamus (dans ses parties dorsale et postérieure) se sont développés corrélativement[26].

Le thalamus voisine avec le système limbique auquel il est étroitement connecté.

Le système limbique est formé de la partie la plus archaïque du cortex cérébral et de noyaux sous-corticaux (amygdale et septum).

---

26. Avec toutefois une exception, propre à l'espèce humaine : une région du néocortex située à l'extrémité du lobe temporal reste déconnectée du thalamus. Elle correspond au néocortex le plus récemment apparu dans la lignée humaine. Il s'agit de centres associatifs situés au plus haut de la hiérarchie des associations corticales. Ils sont vraisemblablement impliqués dans une forme de pensée particulièrement généralisante et abstraite.

Ce cortex ancien (archi- et paléocortex) s'est développé chez les mammifères primitifs dans le prolongement du cortex olfactif, seul cortex présent chez les premiers vertébrés, comme les poissons. Il s'étend sur la face interne des hémisphères cérébraux autour de la zone par laquelle ils sont reliés au tronc cérébral.

C'est la présence de ce système limbique - appelé aussi parfois cerveau paléomammalien - qui a permis aux mammifères de développer leur aptitude à l'apprentissage. Il regroupe en effet, dans les noyaux sous-corticaux, les centres du plaisir (ou de la récompense) et de la punition (ou de stress) et, dans l'hippocampe, celui de la mémorisation.

Ces centres travaillent en synergie : c'est dans la mesure où un événement l'a affectivement marqué qu'un mammifère le mémorise facilement et durablement.

Ainsi Pavlov ne comprenait pas pourquoi il avait les plus grandes difficultés à travailler avec l'un de ses chiens, saisi de panique dès qu'il entendait de l'eau couler quelque part, jusqu'à ce qu'il apprenne que cet animal avait failli périr, l'année précédente, dans les grandes inondations de Saint-Pétersbourg.

Les constatations de Pavlov révèlent le mode de fonctionnement de ce cerveau sous-cortical constitué par l'ensemble thalamus - système limbique : il associe dans le même ressenti ce qui se ressemble (c'est le cas dans l'exemple précédent) ou ce qui se succède, comme dans les expériences de Pavlov : le conditionnement ne survient que si l'excitant neutre précède immédiatement l'excitant non neutre.

Autrement dit, le cerveau sous-cortical confond identité et ressemblance ou contiguïté temporelle. Il faut dire que cette confusion sert l'animal dans son apprentissage de la vie : les mêmes causes produisent généralement les mêmes effets et de plus la cause précède toujours son effet. Cette confusion lui permet donc de détecter les signes avant-coureurs des événements qui risquent de l'affecter en bien ou en mal et aussi de pressentir les conséquences - heureuses ou malheureuses - de ses actes.

Cependant, les causes qui se ressemblent ne produisent pas nécessairement les mêmes effets, et, réciproquement, les causes produisant les mêmes effets ne se ressemblent pas nécessairement (tout le monde connaît le proverbe : "Chat échaudé craint l'eau froide")...

D'autre part, quand deux événements se succèdent plusieurs fois de suite, le premier n'est pas nécessairement la cause du second. Le thalamus n'a pas les moyens de distinguer parmi toutes les ressemblances et les contiguïtés celles qui recèlent un lien de causalité.

Voilà pourquoi il s'est adjoint, chez les mammifères, un organe capable de faire cette distinction. Telle est l'origine du néocortex.

Tout animal doit, pour survivre, mettre son activité au service de ses besoins. Nous savons que cela fait partie de la condition animale. Ce sera le rôle dévolu au thalamus, dans toute la série des vertébrés, dès son apparition avec les premiers poissons, il y a cinq cents millions d'années.

Il ne se doublera du néocortex que chez les mammifères, soit quelque trois cents millions d'années plus tard.

Cette antériorité phylogénétique du thalamus a laissé des traces jusque dans le développement du fœtus humain : l'électro-encéphalographe n'a jamais détecté d'activité corticale chez les prématurés âgés de moins de vingt-trois semaines de grossesse. Des observations histologiques ont montré que c'est justement le moment où le thalamus envoie dans le cortex encore immature des fibres qui s'y connectent.

C'est donc en réponse aux stimulations thalamiques que le cortex achèvera sa maturation et commencera à fonctionner.

Cette prééminence du thalamus s'observe aussi chez le mammifère adulte. C'est toujours le sentiment du besoin ou la crainte du danger qui le sort de sa torpeur et le poussent à agir. L'état d'appétition, comme disent les spécialistes, met tous les sens en éveil. Cependant, l'action du thalamus ne saurait suffire.

Ainsi Pavlov rapporte l'expérience suivante : il conditionne un chien à saliver à l'audition d'un son dont la hauteur est fixée à six cents vibrations par seconde. L'animal apprend vite à distinguer ce son de sons plus graves ou plus aigus qui ne sont jamais suivis de dons de nourriture.

Progressivement, Pavlov diminue l'écart entre les sons annonciateurs de nourriture et ceux qui ne le sont pas. Au terme de ce dressage, l'animal pouvait distinguer un son de six cents vibrations par seconde d'un son plus grave ou plus aigu à cinq vibrations par seconde près, ce qui correspond à une excellente oreille musicale !

Ainsi apparaît la complémentarité du thalamus et du cortex dans la gestion du comportement d'un mammifère.

Au premier, échoit la tâche de sensibiliser l'animal à certaines sensations en ravivant le lien qu'elles ont noué dans le passé, par l'entremise du système limbique, avec la perspective d'une récompense ou la menace d'une punition.

Le cortex, de son côté, assume le rôle de distinguer avec précision la sensation identique à celle qui a été, au moins une fois déjà, porteuse de tels avertissements, ce qui permet d'éviter des confusions ne pouvant conduire qu'à de cruelles déconvenues.

On pourrait dire, en somme, que l'ensemble thalamus - système limbique représente le cerveau du sujet, par opposition au néocortex qui serait le cerveau de l'objet.

Le premier de ces deux cerveaux est celui d'un sujet qui, tout frémissant encore des forces qui l'ont construit dans la durée, celle de sa phylogénie et celle de son ontogénie, travaille à s'enrichir de l'expérience que l'autre cerveau, celui de l'objet, fait à chaque instant du monde extérieur, qui, lui, s'étend dans l'espace.

Quand les deux cerveaux collaborent dans l'harmonie, leur action se révèle d'une remarquable efficacité. Elle permet à l'animal d'apprendre à détecter dans la nature à quels signes il peut se fier pour assouvir ses besoins tout en évitant les dangers et par conséquent pour mettre de son côté toutes les chances de conserver la vie et de la transmettre.

Malheureusement, cette harmonie est fragile. Elle ne peut s'épanouir que dans la sérénité car le néo-cortex ne sait pas travailler dans l'urgence. Rappelons que cet organe est voué à l'apprentissage. Les opérations complexes qu'il réalise n'atteignent leur pleine efficacité que de manière progressive.

Le thalamus, connecté aux voies sensorielles avant qu'elles n'atteignent le cortex, et aux voies motrices après qu'elles l'ont quitté, a le moyen de court-circuiter le cortex et de déclencher des réactions réflexes bien plus promptes que ne le seraient des réponses volontaires, avec toutefois le risque de faire de grossières erreurs quant à la signification réelle de la situation. Nous en avons vu un exemple avec la réaction de panique du chien de Pavlov, traumatisé par l'inondation de Saint-Pétersbourg.

Cette dysharmonie dans le fonctionnement interne du cerveau prend chez l'homme, qui est un être raisonnable, une importance considérable. Lorsque la réaction dictée dans l'urgence par l'émotion n'est pas reconnue comme sienne par la raison, il se produit dans le moi-sujet un clivage très préjudiciable à son adaptation au monde.

Ce clivage, passager dans l'émotion, devient chronique chez le névrosé. Il y a névrose lorsque les injonctions d'un sur-moi (une instance inconsciente capable de court-circuiter la volonté) construit sur de faux-semblants, contreviennent aux avis de la raison.

Le pas décisif de l'hominisation.

À la lumière de ce qui a été dit précédemment, l'hominisation nous apparaît comme l'aboutissement d'un long processus qui a commencé avec la vie elle-même.

C'est la main, avons-nous dit, qui a fait l'homme. Un organe préhensif, né chez des primates arboricoles, devenu organe de fabrication d'outils.

L'apparition de l'outil représente, dans l'histoire des animaux, une révolution sans précédent. Ce qui pousse l'animal à agir, c'est le pressentiment du plaisir qu'il aura à consommer l'objet dont il ressent le besoin. Tout au long de sa quête, il est hanté par l'image de son corps s'accouplant à cet objet (aliment ou partenaire sexuel).

L'animal, dans son imaginaire rudimentaire, n'est pas capable de dissocier l'objet du sujet. Dès qu'un primate eut l'idée de faire un outil pour se procurer l'objet convoité, ce lien se rompit. C'était le premier maillon d'une chaîne qui pouvait s'allonger indéfiniment : on peut faire un outil à fabriquer un outil.

Voilà que l'objet en tant que tel existe dans l'imaginaire humain. D'autre part, nous avons montré l'importance qu'avait prise l'apprentissage dans la lignée des mammifères.

Cet apprentissage consiste à répondre à chaque situation par un enchaînement, devenu automatique, de réflexes appropriés.

Cependant, rien n'est jamais pareil dans la nature et chaque situation est unique. Nécessairement, entre l'instant où l'animal saisit la situation où il se trouve et celui où il commence à réagir, s'intercale un moment d'hésitation : parmi toutes les stratégies possibles, laquelle choisir ? En ce court instant de balancement entre images perçues et images remémorées de schèmes moteurs, la conscience se réfléchit et se dévoile à elle-même.

C'est là qu'on peut voir le chat, sûr de son fait, différer le coup de dent fatal pour s'adonner au plaisir de jouer avec sa proie. Cet instant du choix, lorsqu'il n'y a point urgence, est toujours vécu dans un sentiment agréable de liberté conquise.

Avec son gros cerveau, l'homme a acquis le pouvoir de prolonger à loisir ce moment d'expectative. Sa conscience, se ramassant sur elle-même, s'est dédoublée en conscience-objet productrice d'images et conscience-sujet, spectatrice de ces images[27].

Cette faculté, unique dans l'histoire des espèces, s'appelle l'imagination. Pour la première fois des êtres vivants parvenaient à se dégager de l'emprise du besoin pour accéder avec ravissement au monde merveilleux de l'imaginaire. L'image n'est plus simplement représentative du réel, mais elle peut aussi rendre présent le virtuel.

Images d'ici, images d'ailleurs, images d'hier et d'aujourd'hui, images perçues, images remémorées, images inventées... Tout devenait possible en ce monde sans frontières d'espace ni de temps.

Désormais, les humains n'eurent point de cesse que de faire passer ces images, déjà mentalement objectivées, dans le monde sensible. De là les peintures rupestres dont nous voyons les vestiges sur les parois des cavernes jadis habitées par nos ancêtres.

Cependant, le lien de ressemblance entre forme mentale et forme sensible va progressivement se relâcher (l'image représentative devient alors symbole) ou même disparaître tout à fait pour ne plus être que de coutume (l'image représentative, visuelle ou sonore devient un signe).

Dans le second cas, la correspondance entre le signe et son concomitant mental est purement conventionnelle, donc arbitraire. Tel est le principe d'un langage authentique, qui peut tout dire, puisque plus rien de concret n'attache le signifiant au signifié. Si le signifiant, en tant que signe, reste attaché au monde sensible, rien n'empêche le signifié d'émigrer dans le monde intelligible.

L'homme, généreusement pourvu en centres associatifs corticaux, analyse les objets réels jusqu'à les décomposer en éléments. Cela lui permet de concevoir

27. Michel Navratil. *Les tendances constitutives de la pensée vivante*, Paris, PUF, 1954.

des objets virtuels formés des éléments communs à toute une classe d'objets réels. Cette opération d'abstraction conduit à l'idée générale et à la pensée réfléchie. Les mots qui recouvrent ces concepts se substituent, pour l'intelligence discursive, aux objets réels.

Cette forme de pensée permet le jugement et ouvre à la raison. Dans le domaine de l'action, elle autorise la délibération intérieure, prélude nécessaire à toute décision éclairée, et, donc, au libre exercice de la volonté.

Comment, cependant, rendre compte d'une idée, nécessairement personnelle, donc singulière, avec des mots qui sont communs à tout un peuple ?

C'est là qu'intervient la fonction symbolique : à la raideur toute mécanique du codage digital elle ajoute la souplesse de la relation analogique.

En premier lieu, l'analogie peut porter sur le signifiant. C'est le cas des onomatopées, mais aussi de toutes les figures de style qui jouent avec la sonorité des mots. Citons à ce propos les fameux vers de Verlaine, qui nous font entendre physiquement les sanglots du poète :

Il pleure dans mon cœur
Comme il pleut sur la ville.

Elle peut aussi porter sur le signifié : l'image évoquée, se reportant sur une autre image, peut lui donner une couleur qu'elle n'avait pas. Il en est ainsi, de manière explicite dans les vers cités plus haut. Remarquons aussi qu'un simple rapprochement insolite de mots peut suffire à faire image. Ici, l'emploi inusité du verbe pleurer au mode impersonnel annonce, de manière allusive, l'image qui va suivre.

Le procédé est si courant qu'il est le plus souvent implicite. Quand on parle de la "racine du mal" par exemple le mot racine est employé dans un sens qualifié, précisément, de "figuré". Ainsi le langage humain est bien plus qu'un système de signes : la métaphore, qu'elle soit explicite ou non, y est partout présente. En donnant du mou au lien qui unit signifiant et signifié, elle permet à chaque terme de s'adapter exactement au contexte et à la phrase de serrer au plus juste l'idée.

On peut dire que grâce à son langage, l'homme a réussi une prouesse unique : fixer, transmettre et reproduire ce qu'il y a au monde de plus volatil, de plus évanescent et de plus insaisissable, mais aussi de plus riche et de plus singulier, potentiellement tout au moins: sa propre pensée.

La conscience dans ses rapports avec la mécanique cérébrale.

Revenons à une expérience de conditionnement.

On fait jaillir un éclair lumineux devant un chat. L'animal, surpris, fait un mouvement de recul. Cependant, après plusieurs stimulations identiques, la réaction s'atténue, puis disparaît : l'animal s'est accoutumé à cette stimulation neutre.

Faisons suivre maintenant l'éclair lumineux d'une légère décharge électrique appliquée sur la patte arrière gauche de l'animal. Celui-ci réagit à la deuxième stimulation, ressentie comme désagréable, en retirant sa patte et en miaulant pour exprimer son mécontentement.

Réitérons plusieurs fois cette double stimulation : l'animal se met à réagir à la stimulation lumineuse exactement comme il le faisait à la décharge électrique, au point qu'on peut dès lors supprimer celle-ci : la stimulation lumineuse a perdu, pour cet animal, sa neutralité originelle.

La question qui se pose alors est la suivante : comment l'animal conditionné ressent-il l'éclair lumineux ? Comme l'avertissement d'une douleur à venir ou comme cette douleur elle-même ?

Une observation attentive du comportement de l'animal en cours de conditionnement permet de répondre à cette question. Lorsque les deux stimulations sont encore associées et que l'animal commence à répondre négativement au signal lumineux, on le voit réagir avec une acuité redoublée à la stimulation électrique, comme si celle-ci lui infligeait un surcroît de douleur. C'est donc bien la seconde hypothèse qui est la bonne. Il y aurait donc, en fait, confusion des sensations.

Le chat conditionné, à la vue de l'éclair lumineux, sent réellement une décharge électrique sur sa patte arrière gauche.

Ainsi se précise cette liaison que nous avons attribuée au système thalamo-limbique. La subconscience qui lui est attachée aurait le pouvoir surprenant de nous faire sentir des choses qui ne sont plus, au seul motif qu'elles ont été, dans le passé, associées à des choses qui continuent d'exister et qui, partant, restent perceptibles.

L'investigation expérimentale rejoint ainsi la conclusion à laquelle Marcel Proust est parvenu en utilisant une méthode toute différente, celle de l'introspection : il existe une mémoire instinctive qui est capable de faire renaître le passé pour le réintégrer au présent. Cela est en contradiction flagrante avec les lois de la mécanique, suivant lesquelles le passé est à jamais révolu.

Faut-il y voir la preuve que, ce qui est premier dans le mouvement générateur de conscience n'est pas le mécanisme cérébral, comme le voudrait la science classique, mais l'esprit lui-même ? Autrement dit, la mécanique cérébrale peut-elle répondre à l'appel de l'esprit ?

Les plus récentes découvertes montrent que cela n'est pas inconcevable.

L'étude fine du cortex des mammifères a révélé l'existence de synapses très différenciées dans lesquelles les vésicules contenant le neurotransmetteur se regroupent en réseau au contact même de la membrane présynaptique. La sensibilité de telles synapses s'en trouve grandement renforcée au point qu'un seul quantum d'énergie suffirait à provoquer l'expulsion de la quantité de neurotransmetteur nécessaire à produire un potentiel d'action[28].

En second lieu, les neurones corticaux ne fonctionnent pas individuellement, mais en faisceaux. Un grand neurone cortical peut nouer jusqu'à dix mille contacts synaptiques avec ses voisins. À chaque instant, il fait la somme algébrique des impulsions électriques qu'il reçoit (elles peuvent être positives ou négatives) et ne débite un potentiel d'action que si le total atteint un seuil critique.

Dans ce contexte, il faut voir ce que nous avons appelé la facilitation des synapses d'une façon beaucoup plus large. Elle ne se réduit pas aux deux neurones directement impliqués, mais concerne toute la nébuleuse des neurones qui leur sont connectés.

Il y a renforcement d'une synapse entre deux neurones lorsque par le jeu cumulé de toutes les influences qu'ils reçoivent, le neurone post-synaptique est excité, à plusieurs reprises, moins d'un centième de seconde après le neurone présynaptique.

Dans le cas contraire, lorsque c'est le neurone présynaptique qui est excité répétitivement moins d'un centième de seconde après le neurone post-synaptique la synapse est affaiblie.

On a montré récemment que la facilitation des synapses, qui joue un rôle majeur dans l'apprentissage, a pour effet de synchroniser les potentiels d'action des neurones habitués à travailler ensemble, même s'ils ne voisinent pas dans le cortex, en ondes d'une fréquence comprise entre trente et quatre-vingts hertz (ondes gamma).

Ces remarques tendent à montrer que les mécanismes cérébraux peuvent être sensibles à des influences extrêmement ténues, de l'ordre de grandeur de ces phénomènes quantiques dont nous avons vu qu'ils sont compatibles avec la mobilité de l'esprit, une mobilité qui transcende à la fois l'espace et le temps.

On comprendrait alors que l'association soit œuvre d'esprit et que la facilitation de la synapse en soit non la cause, mais la conséquence.

Au reste, mettre un mécanisme neuronique qui se développe dans la durée à l'origine de toute forme de mémoire implique une absurdité. Il existe en effet, une mémoire instantanée qui fait partie du fonctionnement normal de la conscience. N'avons-nous pas dit que la compréhension du langage exige que dans un seul instant de la conscience restent présents des sons qui ne sont émis et saisis que dans la succession ?

En fait, la mémoire est consubstantielle à l'esprit, puisque, par définition, l'esprit, c'est l'Un (dans l'espace et le temps) par opposition au Multiple.

L'être est esprit, un esprit qui s'est inséré dans la matière pour en faire sa demeure. Mais la matière est mouvante et morcelée. Il lui a donc fallu commencer par monter des mécanismes stabilisateurs et centralisateurs : telle

---

28. D'après le neurophysiologiste américain J. C.Eccles : *Comment la conscience contrôle le cerveau, Paris,* Flammarion, 1997.

fut la première étape de son action dans l'histoire des espèces. L'organisation des corps vivants en est sortie, solidement arrimée à la molécule d'ADN, où se sont pour toujours gravés les acquis successifs de cette longue quête.

Toutefois, une demeure se construit à l'image de son occupant, et l'esprit ne pouvait se reconnaître dans ces automatismes invétérés et rigides, incompatibles avec sa spontanéité.

Alors, sur ce socle lourdement lesté de matière, il a édifié une structure plus légère, infiniment plus réactive. La mécanique nerveuse va se révéler capable d'épouser de plus en plus près le va-et-vient de la vie quotidienne. À la mémoire morte (comme on dit en informatique) de l'ADN, elle ajoute la mémoire vive d'un cerveau, une mémoire individuelle capable, avec la plus grande souplesse, soit d'étendre son empreinte à la vie entière, soit de la réduire à l'instant présent, selon les circonstances et les besoins du sujet.

Ainsi se mettent en place, chez les jeunes mammifères, les automatismes moteurs qui leur permettront de s'adapter efficacement à leur environnement.

Chose moins connue, ces apprentissages juvéniles concernent aussi les fonctions perceptives. Nous avons vu plus haut comment une perception peut, à l'insu du sujet, envelopper des réminiscences qui l'enrichissent d'un passé vécu dans des circonstances similaires. Ce processus inconscient joue, dès les premiers mois de la vie, un rôle majeur dans l'éducation des sens, comme l'attestent les constatations suivantes :

- L'aveugle de naissance, à qui le chirurgien fait recouvrer la vue, commence à voir les objets collés à son œil, avant que son sens visuel n'acquière, progressivement, le pouvoir de les mettre à leur place.
- L'enfant, sourd de naissance, à qui on place un implant cochléaire[29], développe un sens auditif suffisant pour comprendre le langage parlé, bien que cet implant ait été connecté aléatoirement aux neurones du centre auditif.
- L'amputé d'un bras ou d'une jambe continue à sentir, dans les mois qui suivent l'opération, le membre manquant, avant que cette illusion ne disparaisse peu à peu.

En fait, la conscience a, en droit, le pouvoir de transgresser toutes les limitations d'espace et de temps, afin d'unir dans le présent ce qui l'a été dans le passé. Pour ce faire, elle n'attend pas de la mécanique cérébrale qu'elle lui apporte le contenu de ce passé puisqu'il n'est pas mort pour elle, mais qu'elle reproduise fidèlement le déclic auquel le souvenir se lia jadis.

Dès lors, on peut concevoir que les faits de voyance, de télépathie, de prémonition, bien réels et cependant si décriés par la science officielle au nom de leur inconstance, ne sont que des instants d'exacerbation occasionnelle des pouvoirs normaux de la conscience.

---

29. La cochlée est dans l'oreille la partie la plus interne. Elle contient les filets nerveux sensibles aux vibrations sonores.

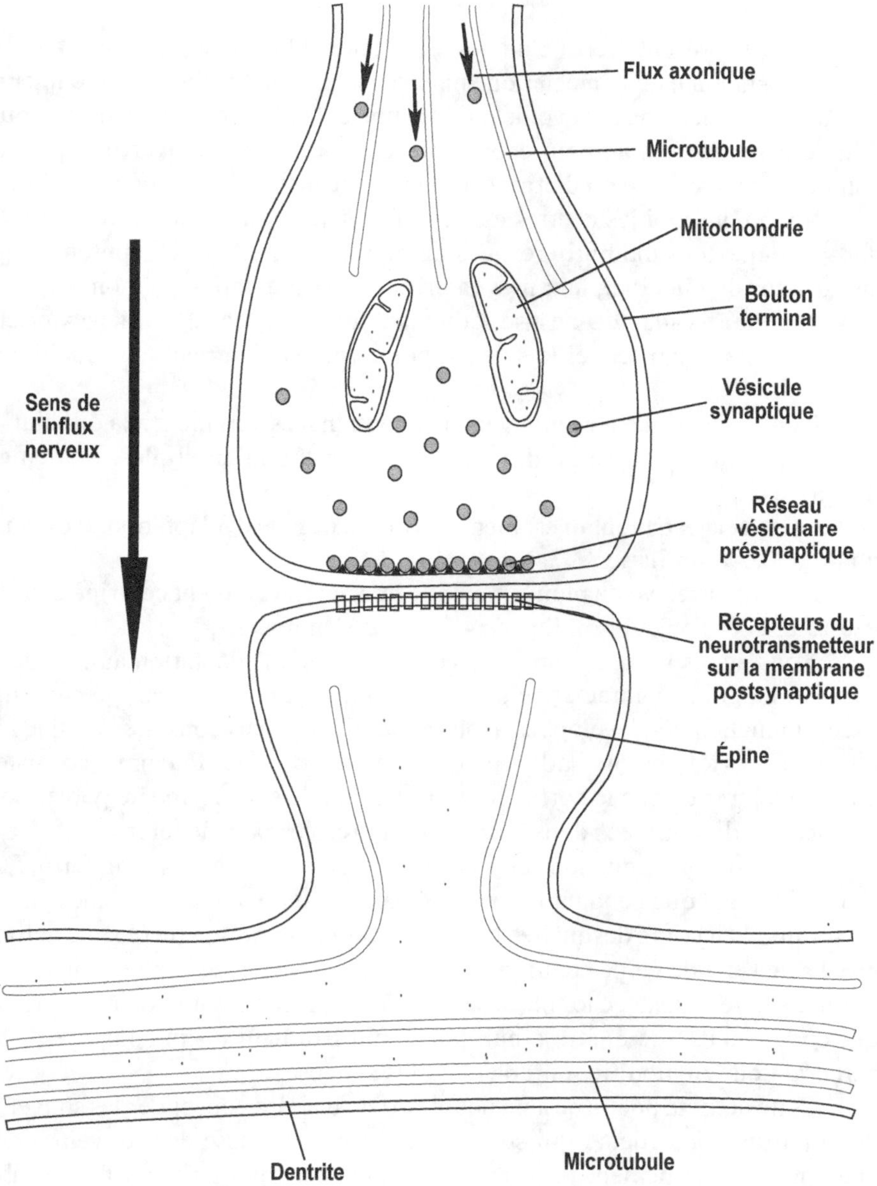

Réseau vésiculaire présynaptique : vue de face.

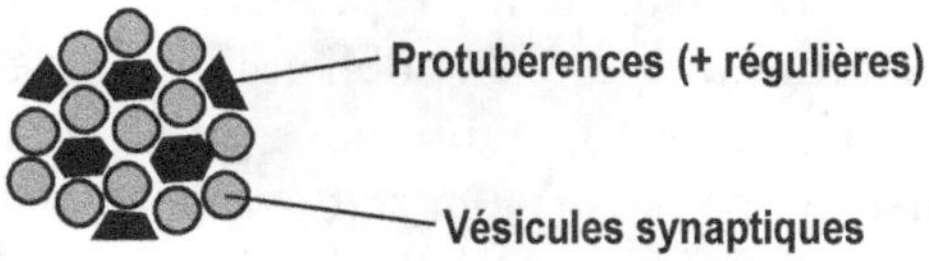

Fig. 22 : Synapse du cortex cérébral de mammifère.

Entre le présent-éternité du pur esprit, dont elle participe en droit, et le présent instantané de la mécanique matérielle, à laquelle elle doit s'adapter en fait, la conscience vivante évolue dans un présent élargi, grossi de juste ce qu'il faut de passé remémoré pour éclairer le futur pressenti : convertir la relation coutumière en relation prédictive est au principe même de son fonctionnement.

Voilà pourquoi les centres associatifs corticaux n'ont cessé de proliférer dans la lignée des mammifères, ces animaux qui ont fait de l'apprentissage, aux dépens de l'instinct, leur moyen privilégié d'adaptation au monde...

Toutefois, s'adapter, c'est se soumettre aux exigences du milieu extérieur. Ce mouvement, par lequel le sujet se porte vers l'objet, peut être qualifié de centrifuge.

Donner le primat à ce mouvement aboutit nécessairement à la dissolution du sujet, qui finit par se perdre dans ces adaptations multiples, fatalement disparates.

Or, le cerveau humain est bien plus qu'un organe d'adaptation, il est aussi un organe d'assimilation.

Assimiler relève du mouvement inverse, un mouvement centripète, donc. C'est ramener l'objet à soi, l'incorporer pour s'en nourrir.

Nous avons vu que, outre son cortex, organe d'adaptation au monde, le cerveau humain se caractérise par un thalamus et un hippocampe eux aussi exceptionnellement développés. Nous avons d'autre part constaté que si le rôle ultime du cortex ressortit à l'acte de distinguer, celui du thalamus consiste à unir, à intégrer ce que le cortex lui livre du monde sous forme de perceptions et d'actions disséminées dans l'espace et morcelées dans le temps.

L'hippocampe, quant à lui, est l'organe de la mémoire à long terme. On sait maintenant que pendant le sommeil paradoxal (on appelle ainsi les phases du sommeil au cours desquelles l'électroencéphalogramme révèle une activité proche de l'état de veille et qui se succèdent tout au long de la nuit à intervalles réguliers, alternant avec les phases de sommeil profond) l'hippocampe produit des ondes lentes (de quatre à huit hertz) qui irradient jusque dans le cortex cérébral pour en modifier durablement les synapses.

Cette activité nocturne a un double effet : d'abord consolider les souvenirs de la journée précédente qui sont intégrables à la masse des souvenirs déjà engrangés conformément aux orientations adoptées par le sujet, ensuite affaiblir la trace des événements qui ne pourraient s'intégrer à cet ensemble sans en compromettre l'unité.

Certains souvenirs, cependant, se montrent rebelles à ce traitement, parce qu'ils refusent à la fois l'oubli et l'intégration.

- Ils refusent l'oubli parce qu'ils sont puissamment lestés d'affectivité (plaisir ou déplaisir). On sait que le système thalamo-limbique est impliqué dans cette fonction. Or cette structure est étroitement connectée aux centres automatiques de la régulation neuro-végétative. Voilà pourquoi tout ce qui se teinte d'affectivité dans la vie psychologique est voué à réapparaître de manière récurrente, en sorte qu'on peut dire que l'affect révèle par sa répétitivité les liens qui le retiennent à la mécanique physiologique.

- Ils refusent l'intégration parce qu'ils enveloppent le sentiment - réel ou imaginaire - d'un risque mortel et que l'unité à laquelle ils devraient s'intégrer est celle d'un être vivant, dont tout le dynamisme est orienté dans le sens de la vie.

Ces souvenirs rétifs sont à la source des névroses. Nous en avons vu un exemple avec le chien de Pavlov, saisi de la phobie de l'eau. L'homme est particulièrement exposé à ce dysfonctionnement psychologique. En élargissant le besoin en désir, son imagination le conduit à multiplier les raisons d'espérer ou de craindre et le porte, en outre, à redouter plus encore la mort sociale que la mort physique.

On sait depuis Freud que le développement d'une névrose conduit à une scission du moi, qui, dès lors, devient incapable de s'adapter au monde tel qu'il est.

On voit, par cet exemple, combien adaptation et assimilation, ces mouvements opposés de l'âme, sont tous deux, par leur complémentarité, nécessaires au développement harmonieux de l'être.

En vérité, la portée de cette constatation doit être étendue à la totalité du mouvement vital : en construisant le cerveau humain, ce mouvement n'a pu manquer de faire entrer dans la conscience et de transposer en termes psychologiques les procédés par lesquels il a depuis toujours œuvré à fabriquer des corps.

Les deux tropismes du mouvement vital.

Le corps d'un être vivant est un ensemble d'organes (du grec : *organon* = outil) c'est-à-dire d'outils spécialisés destinés à agir sur de la matière pour assurer la survie de ce corps. Or, il n'y a qu'une façon d'agir sur la matière : par des moyens mécaniques. Pour le mouvement vital, le recours aux automatismes est donc une nécessité. Ce mouvement n'aurait jamais pu naître ni subsister s'il n'avait commencé par monter des mécanismes. Voilà pourquoi les constructions vivantes apparaissent à l'observateur superficiel comme de purs mécanismes voués à l'automatisme.

En réalité l'automatisme n'est qu'une caricature d'un mouvement vital sclérosé par la nécessité où il s'est trouvé de s'adapter à l'inertie de la matière. On peut s'en convaincre en observant comment se construit un embryon de vertébré, comment il prend, progressivement, la forme qui fera de lui un authentique représentant de l'espèce et même de la race à laquelle appartenaient ses géniteurs.

Cette morphogenèse incombe exclusivement à des cellules - dites mésenchymateuses - qui ont recouvré la liberté de leurs mouvements après s'être détachées soit du mésoderme, soit de l'ectoderme[30]. Dans le jeune embryon, elles migrent suivant un itinéraire rigoureusement balisé par des marqueurs moléculaires fixés à la surface des cellules sédentaires. Tout au long de leur parcours elles se spécialisent progressivement pour finalement acquérir les aptitudes à produire les structures correspondant à leur destination. C'est alors qu'elles sont susceptibles d'édifier l'armature fibreuse, cartilagineuse ou osseuse des futurs organes.

Quant aux cellules mésenchymateuses égarées, leur sort est immanquablement scellé : elles se suicident selon un rituel programmé d'avance (Apoptose).

Ce qui reste des trois feuillets primordiaux (ectoderme, mésoderme et endoderme) ne donnera que des épithéliums - digestifs, respiratoires, sécréteurs ou cutanés, selon les cas - destinés à tapisser les ébauches d'organes façonnées par les cellules mésenchymateuses (à l'exception du système nerveux central, qui est un cas particulier).

Ainsi les cellules restées prisonnières des feuillets primordiaux sont inéluctablement vouées à faire la transition entre les deux milieux qu'elles délimitent et donc à orienter leur activité dans une seule direction.

En somme, seules les cellules embryonnaires, ayant recouvré la liberté de leurs mouvements, se montrent capables de maîtriser les trois directions de l'espace afin de donner aux organes les formes créées pour eux par les espèces au fil de leur long apprentissage de la vie. Redisons-le après Bergson : pour la vie, toute forme est un mouvement arrivé à son terme.

Or, c'est par le mouvement que l'être vivant exprime sa spontanéité. Si quelque chose de la vie peut être porteur d'esprit, c'est bien le mouvement, celui que nous avons qualifié d'intrinsèque et dont la nature, précisément, échappe aux analyses de la science.

Il n'y a donc pas d'hiatus entre le mouvement morphogène de la cellule mésenchymateuse, le mouvement instinctif de l'insecte et le mouvement habituel des mammifères.

Tous trois expriment un acquis révélateur d'une histoire, que ce soit celle de l'espèce dans les deux premiers cas ou celle de l'individu dans le troisième, puisque seul l'esprit sait faire revivre le passé. Tous trois n'attendent de la mécanique vivante (génétique ou cérébrale) qu'un signe pour se déclencher au bon moment.

Un signe dont la matérialité ne fera que s'amenuiser dans l'histoire des

---

30. Ces cellules mésenchymateuses d'origine ectodermique proviennent de la crête neurale, c'est-à-dire des bords de la gouttière neurale quand celle-ci vient de se détacher de l'ectoderme et avant qu'elle ne se referme en tube.
Elles sont destinées à produire des organes (os de la face, du crâne, poils, plumes, dents...) ou des cellules (cellules de Schwann, neurones sensitifs, cellules pigmentaires de la peau...) plus ou moins directement impliqués dans la relation de l'être vivant avec son milieu de vie.
La mésenchyme d'origine mésodermique produit les organes affectés aux fonctions de nutrition ainsi qu'au squelette et aux muscles du tronc et des membres.

espèces jusqu'à ne plus tenir qu'à la cohérence d'un "paquet" d'ondes cérébrales synchronisées par d'impondérables influences.

En somme, l'émergence de chacun de ces mouvements représente une étape décisive dans l'histoire de la vie, un progrès de la spontanéité sur l'inertie, une conquête de la liberté sur le déterminisme et pour tout dire une victoire de l'esprit sur la matière.

Critique de la conception classique de l'habitude.

Rendre à la vie l'initiative du mouvement qui la porte, un mouvement de va-et-vient entre l'objet dont elle se nourrit (adaptation) et le sujet qu'elle construit (assimilation) est donc tout à fait licite dès lors qu'il est admis que l'être déborde, dans l'espace et dans le temps, les limites matérielles de sa demeure.

Toutefois, la science classique oppose une fin de non-recevoir à cette conception de la vie parce qu'elle a toujours fait au nom de la loi de séparation du soma et du germen, une distinction radicale entre la mémoire individuelle, qu'elle rapporte à la mécanique cérébrale et la mémoire des espèces qu'elle cantonne à la mécanique génétique. C'est au nom de cette distinction qu'elle dénie aux espèces le pouvoir de gérer leur devenir et qu'elle voue celui-ci au seul jeu aléatoire des accidents de naissance et des nécessités de la survie.

En conséquence, il convient d'examiner cette distinction d'un œil critique. Rappelons en effet que la démarche expérimentale classique, issue de la méthode analytique, est plus encline à distinguer qu'à unir. Comme nous l'avons vu, la synthèse a posteriori est impuissante à renouer certains liens rompus par l'analyse.

L'argument de la séparation du soma et du germen.

Chez les animaux pluricellulaires (Métazoaires) organisés, les cellules reproductrices, qui composent le germen, échappent à la différenciation spécialisante qui touche toutes les cellules appelées à construire les organes du corps, encore appelé soma.

Depuis qu'à la fin du XIXe siècle Weismann a constaté que ces deux types de cellules formaient des lignées distinctes dès les premiers stades embryonnaires, la science officielle a fait de la "loi" de séparation du soma et du germen un véritable dogme.

Dès lors, il devient impossible d'admettre que les besoins, qui affectent, par les habitudes qu'ils génèrent, les organes somatiques, puissent avoir la moindre influence sur les cellules germinales qui détiennent le monopole de la transmission des gènes à la descendance. En conséquence, rien de ce que les individus peuvent acquérir au cours de leur vie ne peut s'inscrire dans leur hérédité.

En somme, l'argumentation soutenue par la science tient dans le syllogisme suivant :

1. - Les habitudes ne concernent que les organes du soma

2. - Or, au moment où les habitudes sont acquises, le germen s'est déjà séparé du soma.

3. - Donc les habitudes ne peuvent s'inscrire dans le germen.

Ce raisonnement repose donc sur une distinction tranchée entre soma et germen, dans l'espace (première prémisse) et dans le temps (deuxième prémisse).

Passons au crible les affirmations contenues dans ce syllogisme : nous verrons qu'elles ne résistent pas à un examen approfondi.

Commençons par la deuxième prémisse : la séparation totale du soma et du germen dans le temps.

Il est vrai que les lignées germinales se séparent très tôt, dans l'embryogenèse, des lignées de cellules somatiques, et que, dès lors, les premières maintiennent leurs gènes au repos.

Cependant, dès que les cellules somatiques auront édifié l'armature des glandes sexuelles de l'embryon, les cellules germinales viendront s'y installer, et là, elles vont se connecter à des cellules somatiques (cellules de Sertoli pour les cellules-mères des spermatozoïdes - ou spermatocytes ; cellules folliculeuses pour les ovocytes) qui fabriqueront pour elles toutes les substances nécessaires à leur survie, et qu'elles ne peuvent produire puisque leurs gènes sont au repos.

Ces substances vont se retrouver dans les gamètes, surtout dans l'ovule, qui est plus gros. Ce sont elles, par exemple, qui détermineront l'axe dorso-ventral de l'embryon.

Or, nous savons que l'expression des gènes dépend de substances présentes dans la cellule. Ces substances peuvent soit déclencher cette expression (substances inductrices) soit la bloquer (substances répressives).

Par ce biais, le soma peut fort bien influencer le fonctionnement, sinon des gènes de structure (rappelons qu'ils ne représentent que 2 % de l'ADN humain), du moins celui des gènes régulateurs[31].

Passons à la première prémisse. Elle affirme que les habitudes ne concernent que les organes somatiques.

Certes les habitudes émanent du système nerveux central et mettent en jeu des muscles, voire des glandes, qui sont tous des organes somatiques.

Cependant, le cerveau n'est pas qu'un centre nerveux relationnel. Il a aussi pour mission de centraliser et d'harmoniser, par l'intermédiaire du système

31. Depuis le début des années 2000 on sait que l'ADN et les protéines qui lui sont associées peuvent subir des modifications (méthylations ou acétylations) induites par des facteurs environnementaux. Or, ces modifications, transmissibles à la descendance, agissent sur l'expression des gènes, soit en la facilitant, soit en l'inhibant.
Ces constatations remettent en question la loi de séparation du soma et du germen. Elles ont conduit certains biologistes à envisager l'éventualité d'une hérédité de l'acquis, ce qu'ils appellent une hérédité épigénétique.

nerveux végétatif et du système hormonal, l'ensemble des fonctions vitales, y compris la fonction reproductrice. Est-il bien raisonnable d'affirmer que le soma demeure, toute la vie, totalement séparé du germen quand on sait, par exemple, que certains refoulements sexuels peuvent se traduire par des aménorrhées chez la femme et par de l'infertilité chez l'homme par manque de spermatozoïdes ?

Comment peut-on être assuré que le psychisme n'a aucune influence sur les cellules germinales, via leurs cellules nourricières ?

Une argumentation boiteuse ne peut aboutir qu'à une conclusion douteuse. C'est le cas de celle de notre syllogisme, dont la validité nous semble sérieusement compromise par certaines constatations, par exemple celle qui concerne l'expression du gène de la lactase dans l'espèce humaine.

Tous les mammifères expriment ce gène dès la naissance puisqu'ils se nourrissent du lait maternel. Après le sevrage, toutefois, ce gène, devenu inutile, est réprimé.

Cependant le gène de la lactase reste actif tout au long de la vie chez la plupart des Européens du Nord, dont les ancêtres ont pris l'habitude, depuis plus de 5000 ans, de consommer le lait frais de leurs bêtes, sans le traiter au préalable par la présure, qui contient, précisément, de la lactase.

Après ce qui a été dit plus haut, on comprend pourquoi la science officielle n'admet à cette exception qu'une seule explication : une mutation aléatoire aurait affecté et rendu inactif le gène régulateur contrôlant la fabrication de lactase. Il suffit, en effet, que le répresseur produit par ce gène change tant soit peu de forme pour qu'il ne puisse plus s'adapter au site initiateur du gène de la lactase et qu'il perde le pouvoir de le réprimer.

Cependant, deux faits plaident en défaveur de cette hypothèse : d'abord, la promptitude de cette adaptation : quelques milliers d'années, c'est bien peu pour qu'apparaisse fortuitement sur un gène déterminé une mutation non neutre. Ensuite le fait qu'une telle mutation se soit si vite répandue dans une population entière alors qu'elle ne présente qu'un faible pouvoir sélectif : nombreuses sont les peuplades d'Asie, d'Afrique et d'Amérique du Sud qui ont parfaitement survécu en ne consommant le lait qu'à l'état caillé.

Ces objections jettent un doute sérieux sur la thèse de la non-héritabilité des habitudes, et, par conséquent, sur le "dogme" de la séparation du soma et du germen.

En fait, cette distinction n'a rien d'absolu.

Aux origines, le mouvement vital n'a-t-il pas été porté et soutenu par des êtres unicellulaires pour lesquels soma et germen ne faisaient qu'un ?

Chez de nombreux Invertébrés primitifs et chez la plupart des végétaux capables de se reproduire par scission suivie de régénération les cellules somatiques n'ont pas perdu leur pouvoir germinatif. La séparation précoce du germen et du soma ne s'observe, dans la série des espèces animales, qu'à partir des Annélides, ces vers dont l'organisation préfigure celle de tous les animaux supérieurs. Cette ségrégation doit donc être vue comme une conséquence de l'agencement du corps des animaux en organes différenciés et spécialisés.

Dans cette distribution des tâches, il échoit au germen celle de conserver et de transmettre intact à la descendance, le patrimoine génétique qu'il détient.

Pour ce faire, le germen doit absolument échapper à la spécialisation - le chemin de la spécialisation conduit inéluctablement à la mort - et aussi se tenir à l'écart des lignées somatiques dont l'intense activité constructrice ne manquerait de léser le précieux ADN germinal.

C'est tout le sens qu'il faut donner à la séparation du soma et du germen. Les distinguer de manière radicale, c'est mettre entre l'individu et l'espèce une barrière qui n'existe pas. C'est rompre l'unité du mouvement vital, briser son élan, et le livrer sans recours possible aux contingences du hasard et de la nécessité. C'est vouer le vivant à toujours subir sans jamais pouvoir opter. Bref, c'est lui dénier le statut du sujet et le ravaler à celui d'objet.

En fait, le postulat de la non-héritabilité des habitudes repose, comme Maurice Pradines[32] l'a fort bien vu, sur un sophisme.

D'abord, on convient d'appeler habitudes les automatismes acquis dans le cadre des apprentissages individuels. Comme ceux-ci ne se transmettent jamais à la descendance, on en déduit que les habitudes, en général, ne relèvent que de la mécanique cérébrale et ne peuvent en aucun cas s'inscrire dans l'hérédité.

Ensuite on déclare que les autres automatismes - réflexes innés, instinct et même organogenèse - sont d'une autre nature que l'habitude parce qu'ils sont héréditaires, et qu'en conséquence, ils ne relèvent que de la mécanique génétique.

Moyennant quoi on s'estime autorisé à dissocier totalement le soma (le cerveau en fait partie) du germen.

Le vice de ce raisonnement tient au sens trop restreint qu'on donne au mot habitude. On ne veut voir, dans ce vocable, que des manières individuelles d'agir ou de penser devenues routinières, c'est-à-dire ayant gagné en automatisme ce qu'elles ont perdu de présence à la conscience. Cette facilitation consécutive à la répétition s'appelle frayage.

Cependant, toutes les habitudes ne sont pas individuelles. Il arrive qu'une population entière, sous la pression du milieu ou par simple imitation, acquière une habitude collective. Si cette habitude subsiste pendant de nombreuses générations, il n'est pas déraisonnable d'admettre qu'un frayage ainsi généralisé à toute une espèce puisse finir par s'imprimer dans son hérédité. Pour l'espèce humaine, ce serait le cas du gène de la lactase. Nous avons vu sur cet exemple que les protéines régulatrices de l'expression des gènes agissaient sur le mode analogique et nous avons montré pourquoi la relation analogique était nécessairement compatible avec le rétrocontrôle de l'effet sur la cause. Ce n'est donc pas une hypothèse gratuite.

32. Maurice Pradines : *L'Aventure de l'esprit dans les espèces*, Paris, éd. Flammarion, 1955, p.50.

Citons un autre exemple, plus probant encore : celui des callosités carpiennes du phacochère, un sanglier africain.

Cet animal a l'habitude de s'appuyer au sol sur ses poignets pour y chercher sa nourriture, à l'aide de l'organe fouisseur qu'est son groin. On peut voir que la peau qui recouvre ses poignets est épaissie dans son derme et son épiderme, pour former un cal protecteur.

Or ce cal existe déjà chez le phacochère nouveau-né. Il s'est donc formé pendant la vie intra-utérine, selon un processus inscrit dans l'hérédité de l'espèce.

La science officielle explique la chose de la manière suivante : un jour, un phacochère est venu au monde avec des callosités carpiennes déjà formées, en raison d'une mutation fortuite. Les mutations étant héréditaires, cet individu a engendré une lignée de phacochères mieux nourris en raison de leur aptitude à s'appuyer sur leurs poignets pour fouir le sol. Plus robustes et plus féconds, ils ont progressivement éliminé les individus qui n'avaient pas eu la chance de bénéficier de cette commodité alimentaire dès leur âge le plus tendre.

Cette argumentation est critiquable sur deux points. D'abord, ce n'est pas une mutation fortuite qui pourrait produire ce cal, mais la conjonction de deux mutations fortuites. Le derme et l'épiderme qui constituent ce cal dérivent, en effet, de deux feuillets embryonnaires (le mésoderme et l'ectoderme) qui se séparent, chez l'embryon, bien avant la formation de ce cal. Si la probabilité d'une mutation fortuite portant sur un gène déterminé est 1/n (n étant le nombre total de gènes) la conjonction de deux mutations fortuites n'a qu'une chance sur n^2 de se produire, soit, à peu près, une chance sur un milliard.

Ensuite, on peut douter de l'avantage sélectif que confère l'acquisition précoce de cette callosité : le jeune phacochère se nourrit du lait maternel et ne se met en quête de nourriture qu'à son gré et selon ses forces, ce qui lui laisserait tout le temps de former lui-même les cals de ses poignets.

En dépit de telles constatations, la science classique persiste à exclure l'éventualité d'un lien entre habitude et hérédité, au prétexte qu'elle n'a jamais pu mettre en évidence une telle relation dans ses expériences.

Par exemple celle qui a consisté à couper la queue d'une lignée de souriceaux sur de nombreuses générations successives sans jamais parvenir à produire une race de souris à queue écourtée. (Remarquons qu'il aurait été possible de faire l'économie de cette expérience cruelle en considérant que chez les peuples qui pratiquent depuis plusieurs millénaires la circoncision rituelle, les petits garçons viennent toujours au monde avec un prépuce normalement développé).

Conclure d'une telle expérience qu'en aucun cas un caractère acquis ne peut s'inscrire dans l'hérédité des espèces relève de l'imposture.

D'abord, une amputation traumatique ne peut être qualifiée de caractère : un caractère est une particularité propre à l'identité d'une espèce. Ensuite, il y a tromperie sur le sens du mot "acquis". Acquérir une callosité en réponse à un mode d'alimentation choisi n'est pas la même chose qu'acquérir une queue écourtée par l'action d'un scalpel. Entre vouloir et subir, l'opposition est totale.

Nous touchons là à l'une des limites de la méthode expérimentale appliquée à l'étude de la vie. Il est des phénomènes vitaux qui sortent du cadre de l'espace et du temps inhérent à l'expérimentation humaine. Nulle expérience ne peut atteindre la dimension d'une population entière ni porter sur des durées de plusieurs millénaires.

L'expérimentation ne peut refaire toutes les choses que la nature a faites, et il n'est même pas certain que nous les referions comme la nature les a faites. Sachons donc les prendre telles qu'elles sont, et, à partir de là, tenter de découvrir comment elles n'ont pu manquer de se faire.

Qu'il y ait continuité entre mémoire génétique et mémoire cérébrale ne doit, par ailleurs, pas nous surprendre. N'avons nous pas vu que le développement d'un cerveau dans la lignée des vertébrés a eu pour effet de transférer aux individus des pouvoirs déjà conquis par les espèces ? Et la mémoire n'est-elle pas le plus primordial de ces pouvoirs puisque la vie n'a commencé sur Terre qu'avec une molécule mémoire appelée ADN ?

La vie, entreprise de l'esprit.

Ainsi, la mémoire est consubstantielle à la vie tout entière. Lorsqu'on sait que les lois de la mécanique sont incompatibles avec la survivance du passé, on ne peut omettre de poser la question suivante : la succession des formes vivantes telles qu'elle s'est produite sur notre planète de manière ininterrompue depuis quatre milliards d'années, n'est-elle pas l'expression de l'effort obstiné d'un esprit qui ne passe pas pour s'insérer dans une matière qui ne dure pas ?

Nous avons déjà montré que l'histoire des animaux pouvait se voir comme la traduction d'un long effort, routinier et besogneux, ayant finalement abouti, après un milliard d'années de tâtonnements, à produire, contre toutes les résistances que lui opposait la matière inerte, un organe d'où enfin pouvait émerger une conscience libérée.

Ne faut-il pas voir dans cette émergence libératrice la victoire décisive de l'esprit qui, depuis toujours, se serait investi dans cette gigantesque entreprise qu'est la vie ?

Contrairement à l'évolution du règne animal qui peut être clairement vue comme allant vers la production des plus grands cerveaux, celle du règne végétal n'a développé aucun des organes de la sensori-motricité.

Le bref aperçu de l'histoire des végétaux qui suit est destiné à montrer que, si l'empreinte de l'esprit y est moins voyante, elle n'en est pas moins réelle.

UNE BRÈVE HISTOIRE DU RÈGNE VÉGÉTAL.

On sait comment le règne végétal a été voué à l'immobilité. Tel a été le destin inéluctable des eucaryotes ayant opté pour la photosynthèse. Ne prélevant dans leur milieu de vie que de petites molécules minérales et de l'énergie solaire, il ne leur a point été nécessaire de développer, comme l'ont fait les animaux, un appareil sensori-moteur.

Cela ne les pas empêchés d'envahir les mers et de recouvrir les continents d'une multitude d'espèces dont la variété n'a rien à envier à celle du règne animal.

Cette incontestable réussite prouve que l'immobilité des individus ne limite guère le dynamisme créateur de la vie.

Remarquons tout d'abord que l'immobilité n'est pas, chez les végétaux, aussi absolue qu'il y paraît. Cette réactivité sélective, si caractéristique de la vie eucaryote, que nous avons appelée tactisme, y est omniprésente. Même quand elle ne se traduit pas en mouvements manifestes, comme chez la sensitive ou certaines plantes carnivores[33], elle oriente toujours la croissance des organes vers leurs sources de vie.

Accélérez le cours du temps par la cinématographie, et vous verrez aussitôt les plantes s'animer : la tige déployer ses feuilles vers le soleil, la racine s'enfoncer dans le sol, la vrille s'allonger vers son support et s'y arrimer d'une prise à la fois ferme et souple, la fleur ouvrir son éclatante corolle et tendre aux pollinisateurs étamines et pistil...

Ces mouvements, appelés tropismes, se distinguent des tactismes par leur irréversibilité. Ils en gardent cependant la finalité : la recherche active de ce qui est bénéfique à l'individu et à l'espèce. Ce caractère ne doit point nous étonner, puisqu'il est, comme nous l'avons vu, une condition de la vie eucaryote tout entière.

Les premiers végétaux étaient aquatiques.

Les premiers végétaux apparus sur notre planète, il y a plus d'un milliard d'années, sont aussi les plus simples : ce sont les algues.

Leur appareil végétatif peut se réduire à une cellule chlorophyllienne (algues unicellulaires). Lorsqu'il est formé de plusieurs cellules, celles-ci peu différenciées, s'assemblent en filaments ou en lames, soit libres de flotter entre deux eaux, soit fixés sur le fond.

Leur nutrition se fait très simplement par diffusion dans leurs cellules des sels minéraux et du dioxyde de carbone dissous dans l'eau environnante. Elles ne peuvent prospérer qu'à des profondeurs accessibles aux rayons solaires, inférieures à deux cents mètres.

---

33. Végétaux capables de replier leurs feuilles au moindre attouchement.

Elles se reproduisent soit végétativement, par fragments détachés de l'algue-mère, soit sur le mode sexuel : les gamètes sont tout simplement libérés dans l'eau, où le chimiotactisme pourvoira à leur rencontre ; l'ovule, immobile, émet une substance soluble capable d'attirer les spermatozoïdes, petites cellules flagellées, donc mobiles. L'œuf, pourvu de chloroplastes, se développe de manière autonome à partir des sels minéraux omniprésents dans ce milieu.

La conquête du milieu terrestre.

La conquête du milieu terrestre a posé aux végétaux de nombreux problèmes, qu'ils ont résolus en plusieurs étapes.

Certes, quelques algues unicellulaires peuvent vivre sur terre, dans des lieux humides comme les sous-bois ou les entrées de grotte, mais on ne peut considérer cela comme une adaptation au milieu terrestre. Ce qui caractérise en effet ce milieu, c'est la séparation des sources de matières premières : l'eau et les sels minéraux dans le sol ; le dioxyde de carbone dans l'atmosphère.

La nutrition des plantes terrestres doit donc se faire en deux temps. D'abord, l'absorption dans le sol, donc à l'obscurité, de ce qui va devenir la sève brute. Puis, dans les organes aériens chlorophylliens, la fabrication – à partir de la sève brute, du dioxyde de carbone atmosphérique et de l'énergie solaire – des molécules organiques de la sève élaborée. Voilà pourquoi les végétaux terrestres tant soit peu développés (mousses et champignons éludent ce problème, les premières par leur petite taille, les seconds par leur hétérotrophie) ont dû mettre en place un double système de canaux transporteurs de sèves. Aussi les appelle-t-on végétaux vasculaires.

Si ce transport ne pose aucun problème pour la sève élaborée, qui peut circuler dans les cellules vivantes du liber, ce n'est pas le cas de la sève brute. Celle-ci est une solution aqueuse, très diluée, de sels minéraux, donc fortement hypotonique par rapport aux sucs cellulaires enrichis en substances organiques. Au contact direct de la sève brute, le cytoplasme se gonflerait d'eau et se désorganiserait. Ce sont donc des cellules mortes, vidées de leur contenu et disposées bout à bout qui vont former les vaisseaux conducteurs de sève brute.

Ces vaisseaux ne pourraient cependant fonctionner tels quels. À travers leur paroi cellulosique, souple et perméable, l'eau qu'ils contiennent a tendance à fuir vers les tissus environnants, restés vivants. Sous la pression de ceux-ci, les vaisseaux s'aplatiraient.

Il a donc fallu les renforcer pour qu'ils restent ouverts malgré cette pression externe. Ce sera le rôle d'une substance nouvelle, la lignine[34] (du latin *lignis* :

---

34. La lignine est un matériau composite fait de filaments de cellulose noyés dans des polyphénols solides. Comme tous les matériaux de ce type (c'est aussi le cas de l'os des vertébrés), la lignine associe deux qualités mécaniques qui en font un matériau de soutien idéal : la rigidité et l'élasticité. C'est le constituant principal du bois.

bois) qui, doublant la cellulose des vaisseaux, leur donnera une armature rigide. En outre, ces vaisseaux lignifiés, groupés en faisceaux rigides, vont jouer, en sus de leur fonction conductrice, un rôle de soutien pour les plus grands végétaux. Ainsi, les plantes arborescentes qui, chaque année, ajoutent un cerne à leur bois, forment des troncs assez puissants pour porter leurs frondaisons jusqu'à une hauteur qui peut atteindre cent mètres.

À vrai dire, ce problème a été assez vite résolu puisqu'on connaît des végétaux ligneux de l'époque carbonifère dont le tronc n'a rien à envier à celui de nos sapins.

La reproduction des végétaux terrestres.

En revanche, la fonction reproductrice a posé aux végétaux terrestres des difficultés qu'il leur a fallu beaucoup plus de temps à résoudre. Certes, leur facilité à produire marcottes, boutures, bulbilles, stolons, etc., est bien connue.

Cependant si ce mode de prolifération, de proche en proche, est approprié lorsqu'il s'agit de couvrir le sol d'un manteau végétal continu, il se prête très mal à l'essaimage des espèces sur des terres nouvelles. Pour ce faire, et partant surmonter le handicap de la fixité, il leur a fallu produire des germes assez petits et résistants pour se prêter aux aléas d'une dissémination confiée à des agents extérieurs.

Comme la reproduction sexuelle impose un passage à l'état unicellulaire, c'est évidemment cette phase du cycle vital qui se prête le mieux à cette fonction. Cependant, contrairement à ce qui se passe chez les algues, il n'est pas question, pour un végétal terrestre, de confier cette tâche à ses propres gamètes : ces cellules, nécessairement nues, puisqu'elles sont destinées à fusionner deux à deux, perdraient dans l'air en quelques instants l'eau qui leur est vitale.

Les premiers végétaux qui, au début de l'ère primaire, ont quitté les mers pour s'installer sur les rivages, ont donc été amenés à confier la fonction disséminatrice aux cellules-mères des gamètes, celles qui sont issues de la méiose[35]. Il suffit pour cela que ces cellules haploïdes, de très petite taille, se déshydratent et s'entourent d'une membrane protectrice.

Elles peuvent, dans cet état de dormance, garder leur pouvoir germinatif assez longtemps pour franchir, portées par le vent comme des grains de poussière (d'où leur nom de spores, du grec *sporein* = poussière) des distances considérables.

Au contact d'un sol humide, elles reprennent vie et grâce à la photosynthèse, engendrent une petite lame verte (le prothalle) capable de produire les deux sortes de gamètes et d'abriter la fécondation. C'est en parasite du prothalle que l'œuf commence son développement, jusqu'à ce que sa première racine et sa première feuille en fassent un végétal autonome.

---

35. Voir dans notre appendice : "Les cellules eucaryotes".

Ces végétaux archaïques, appelés Cryptogames (fécondation cachée) connurent un grand développement dans la forêt carbonifère, avec les lépidodendrons, sigillaires, calamites... Ils survivent actuellement plus modestement sous forme de lycopodes, sélaginelles, prèles et fougères.

Chez la sélaginelle, les spores sont elles-mêmes sexuées (on dit que cette espèce est hétérosporée). Elles se distinguent par leur taille. Les plus grosses, peu nombreuses, sont destinées à donner des prothalles producteurs de gamètes femelles ; les petites, très nombreuses, sont vouées à engendrer des microprothalles à spermatozoïdes. L'intérêt de ce dispositif est évidemment de favoriser l'allogamie, dont nous avons souligné les avantages.

Cependant, ce n'est qu'au stade suivant de cette évolution que les végétaux feront un pas décisif dans la conquête des continents. La cryptogamie exige en effet des sols très humides, ce qui limite l'extension du couvert végétal aux zones marécageuses ou littorales.

Les premières plantes à graines : les Gymnospermes archaïques.

Dès le milieu de l'ère primaire apparaissent des végétaux hétérosporés chez qui les prothalles se développent sur la plante-mère, à la manière de parasites. Dégagés des servitudes liées à la photosynthèse, ils se réduisent, progressivement à leur plus simple expression : pour le prothalle femelle, un petit massif cellulaire enclavé dans un organe ovoïde produit par la plante-mère : c'est l'ovule ; quant au prothalle mâle, il se réduit à une cellule plurinucléée, entourée d'une membrane protectrice : c'est le grain de pollen.

Libéré en grosse quantité et transporté par le vent, le pollen assure la fécondation des gamètes femelles avec les meilleures chances d'allogamie.

Chez les Gymnospermes les plus archaïques, comme les fougères à graines du carbonifère, c'est le prothalle femelle avec son œuf tout juste fécondé qui est libéré, après déshydratation et enrobage protecteur. C'est à cette graine primitive qu'échoit donc maintenant la charge de propager l'espèce, puisque les spores ne sont plus libérées.

La germination de cette graine archaïque est, cependant, assez lente. Elle ne peut se faire en effet qu'au terme d'une longue maturation au cours de laquelle le prothalle femelle digère les tissus maternels contenus dans l'ovule pour servir lui-même d'aliment à l'embryon.

Les vraies graines apparaissent chez les Gymnospermes de l'ère secondaire. Elles se détachent de la plante-mère à un stade plus avancé de leur évolution. Elles contiennent alors une plantule parfaitement reconnaissable, mais dont la croissance est temporairement suspendue, et un tissu riche en réserves nutritives.

La germination est dès lors beaucoup plus rapide : il suffit que la graine tombe en un lieu favorable. Après quelques jours de réhydratation elle reprend vie. Alors, très vite, la plantule, puisant dans ses réserves, allonge sa racine vers le bas et la fait pénétrer dans le sol.

La voilà régulièrement ravitaillée en eau. Il ne lui reste plus qu'à déployer ses premières feuilles : la photosynthèse est prête à prendre le relais, dès l'épuisement des réserves de la graine.

On ne s'étonnera pas que ces premiers végétaux à graines aient colonisé tous les continents, les couvrant à l'ère secondaire d'épaisses forêts dont les grands dinosaures herbivores firent leur régal.

Cette végétation, cependant, nous aurait paru bien étrange. Point de fleurs ni de fruits pour rompre, de leur touche colorée, le vert monotone des feuillages ; que des arbres et des arbustes avec cette raideur de port qu'on connaît à nos sapins actuels. Enfin, dans les clairières, nul brin d'herbe ne venant disputer aux mousses et aux fougères le soin de couvrir le sol…

Les Angiospermes.

Ce n'est qu'à la fin de l'ère secondaire, il y a seulement quatre-vingts millions d'années, que le règne végétal atteint, avec les plantes à fleurs, encore appelées Angiospermes (du grec : *angio* = caché et *sperma* = graine : les graines sont cachées dans un fruit) le stade ultime de son évolution.

C'est alors une explosion sans précédent de formes et de couleurs. Sous toutes les latitudes, sur les terres les plus ingrates, il n'est aucun recoin où ne s'épanouisse aux beaux jours quelque délicate corolle.

Entre la frêle graminée et l'arbre le plus puissant, l'éventail des formes est complet. Jamais groupe vivant ne s'est montré plus multiforme et ubiquiste. D'où lui vient cette formidable vitalité ? Des deux organes dont il a l'exclusivité : la fleur et le fruit.

La fleur. La fleur est en fait un organe reproducteur étonnamment efficace.

La corolle, formée d'un verticille de feuilles vivement colorées appelées pétales, entoure les organes sexuels regroupés au sommet du pédoncule : les ovules dans une poche appelée ovaire ; le pollen dans un sac, à l'extrémité des étamines. L'autofécondation est souvent, cependant, rendue impossible par un obstacle, soit dans l'espace (conformation des pièces florales) soit dans le temps (maturation du pollen plus précoce que celle des ovules).

La pollinisation croisée est donc obligatoirement le fait d'un agent extérieur. Ce peut être le vent, comme chez l'anémone ou le coquelicot. Dans ce cas, la fleur, située au sommet d'une longue tige souple et dressée, oscille au moindre souffle. Les nombreuses étamines au grêle filet amplifiant ce mouvement libèrent en abondance un léger pollen que l'air emporte comme fine poussière.

Ce peut être encore un insecte pollinisateur (abeille ou papillon) ou même l'un de ces petits oiseaux des pays chauds qu'on appelle colibris. On observe alors une étonnante connivence entre la fleur et son pollinisateur.

D'abord, celle-ci se signale de loin aux pollinisateurs diurnes par sa couleur éclatante, qui tranche sur le fond du feuillage, et aussi parfois aux pollinisateurs nocturnes par un puissant parfum. Dans ce cas, elle est d'un blanc éclatant comme chez le lis ou le chèvrefeuille, pour être visible la nuit.

Ce mode de pollinisation exige évidemment une correspondance étroite entre les morphologies des deux protagonistes, et l'on a pu voir des espèces, introduites par l'homme sur de nouveaux territoires, incapables de s'y naturaliser faute du pollinisateur adéquat.

Cette coaptation entre fleur et insecte peut aller très loin chez les espèces d'Angiospermes récentes, qu'on peut donc considérer comme les plus évoluées.

La fleur de sauge, par exemple, porte deux curieuses étamines articulées qui libèrent leur pollen avant que le pistil n'ait épanoui son stigmate. L'autofécondation est donc impossible. Lorsque l'insecte pollinisateur (un hyménoptère : bourdon ou abeille) en quête de nectar s'introduit dans une jeune fleur, il fait basculer l'article terminal des étamines, qui vient alors déposer son pollen sur le dos de l'insecte à la place exacte que viendra lécher, lors de la visite d'une fleur plus âgée, le stigmate du pistil parvenu à maturité.

Certaines orchidées, du groupe des Ophrys, poussent encore plus loin la ruse. Ne laissant à l'insecte d'autre rôle à jouer que celui de dupe, elles font l'économie du nectar.

Elles fleurissent au printemps, juste au moment où les mâles de l'espèce des Bourdons sur laquelle elles ont jeté leur dévolu sortent de l'état nymphal, en avance de quelques jours sur les femelles. Or, leurs fleurs imitent à s'y méprendre ces femelles absentes, allant même jusqu'à émettre leur phéromone, substance odorante exerçant un puissant attrait sur le mâle.

On imagine avec quelle frénésie notre célibataire forcé se précipite sur l'engageante contrefaçon ! Dans son élan, il donne de la tête sur l'unique étamine de la fleur. L'histoire ne dit pas jusqu'où va cette tentative d'accouplement. Ce qui est sûr, toutefois c'est que notre amoureux dupé s'en tire… avec une paire de cornes !

Les deux pollinies de l'étamine se sont en effet collées à son front par leur base gluante. D'abord dressées, elles se recourbent en avant à mesure que leur petite hampe se dessèche. Or, les insectes ne savent pas profiter de l'expérience vécue. Mus par un instinct figé, cent fois, ils se laissent prendre au même piège.

Ainsi notre héros cornu, poussé par une ardeur génésique toujours aguichée, jamais assouvie, promène-t-il de fleur en fleur ses pollinies, qui, dans leur nouvelle position, déposent en chacune d'elles quelques grains de pollen juste à pied d'œuvre pour qu'ils remplissent leur office.

Le fruit. La caractéristique des Angiospermes - qui leur a valu leur nom - est qu'elles enferment leurs graines dans un fruit. En conséquence, dans leurs fleurs, les ovules (les futures graines) sont inclus dans un sac situé à la base du pistil : l'ovaire (le futur fruit).

On peut se demander, dès lors, comment les spermatozoïdes libérés par le grain de pollen peuvent atteindre l'ovule pour le féconder. En fait, dès que le grain du pollen entre au contact des papilles gluantes du stigmate situé à l'extrémité du pistil, il émet un long tube qui, pénétrant dans l'ovaire, conduit jusqu'à l'un des ovules deux spermatozoïdes. Des deux produits de cette double fécondation, un seul donnera un embryon destiné à devenir plantule. L'autre n'engendrera qu'un massif cellulaire informe (l'albumen) qui servira de nourriture à la plantule.

Pendant que la graine prend forme, la paroi de l'ovaire s'épaissit. Ainsi naît le fruit.

Il joue pour la graine plusieurs rôles. Protection, bien sûr, mais aussi dissémination et même parfois aide à la germination.

La dissémination. N'oublions pas que pour tous les végétaux terrestres, qui sont fixés au sol, la dissémination est une nécessité absolue.

Elle peut se faire tout simplement par le vent. Tout monde connaît les fruits ailés - appelés samares - de l'érable, ou encore les fruits à aigrette du pissenlit.

Elle peut se faire aussi par des moyens mécaniques. Qui n'a pas entendu dans la garrigue, par une chaude journée d'été, crépiter les gousses du genêt ? C'est ainsi que, par son ouverture explosive, ce fruit propulse au loin les graines qu'il contient.

Citons encore l'*Ecballium* ou cornichon d'âne, qui vous projette inopinément au visage une volée de graines accompagnées d'un liquide amer, pour peu qu'en vous promenant vous ayez du pied troublé sa quiétude. Ses fruits oblongs et dressés accumulent à maturité un gaz dont la pression produit, au moindre choc, à la fois leur détachement et leur brutale évacuation.

Mais que dire de ces fruits comestibles qui, flattant tous les sens par leur couleur, leur parfum, leur velouté, leur saveur, excellent à exercer sur nombre d'animaux - et nous en faisons partie - un irrésistible attrait, sinon que la nature a inventé, bien avant nos as du marketing, l'emballage-cadeau ? Le promeneur qui, passant près d'un pommier, lui vole un fruit, le mange, puis en jette le trognon, se doute-t-il qu'en cette affaire, c'est l'arbre qui est son débiteur puisqu'il lui a, sans le savoir, rendu le plus grand service en disséminant ses pépins ?

Cette aide à leur propagation, certaines plantes l'obtiennent sans contrepartie. Quand, au retour de la promenade, vous débarrassez le poil de votre chien des débris végétaux qui y adhèrent, vous faites le jeu de nombreuses graminées et de certains trèfles dont les fruits hérissés de crochets n'attendent que le passage d'un animal pour faire de conserve, confortablement fichés dans sa toison, un petit bout de chemin.

On pourrait remplir un livre de toutes les astuces utilisées par les plantes à fleurs pour faciliter leur reproduction et aider à leur propagation. Cependant, c'est chez les espèces les plus évoluées, donc les plus récemment apparues, que l'opportunisme est poussé le plus loin. Les orchidées, par exemple, dont les étranges fleurs ont toujours fasciné les hommes, produisent par millions des graines qui détiennent le record de petitesse. On en connaît qui pèsent moins d'un milliardième de gramme !

Elles se réduisent à un rudiment d'embryon : quelques dizaines de cellules indifférenciées incluses dans une fine enveloppe comme dans un vêtement trop ample. Libérées par le fruit même, elles peuvent franchir, portées par le vent, des distances de plusieurs kilomètres.

Leur légèreté, cependant, les rend plus vulnérables aux attaques des bactéries et des moisissures du sol. Beaucoup y succombent, sauf celles qui, par chance, sont parasitées par un certain champignon (Rhizoctonia) dont elles sont capables de se nourrir. Alors s'installe, entre l'hôte et son parasite, un modus vivendi : la graine abrite les filaments du champignon; celui-ci fournit à la graine les substances qui lui sont nécessaires pour se développer.

Tel est donc le stade ultime de l'évolution de la graine : des deux fonctions qui lui sont habituellement dévolues – nutrition et dissémination du germe, la première est finalement sacrifiée à la seconde.

L'aide à la germination. Les graines de la plupart des Angiospermes contiennent soit dans ce qui leur reste d'albumen, soit dans les premières feuilles de la plantule (cotylédons) des réserves nutritives suffisantes pour permettre à la jeune plante d'accéder à l'autonomie en peu de temps.

Les fruits dits déhiscents (coquelicot, genêt) s'ouvrent à maturité pour abandonner leurs graines à leur sort. En revanche, les fruits indéhiscents (samare de l'Érable, groseille, pomme, pêche...) prolongent jusqu'au moment de la germination l'action protectrice qu'ils exercent pour leurs graines, après avoir contribué à leur dissémination.

Cette prévenance du fruit à l'égard de sa graine atteint un sommet pour ces baies comestibles comme la groseille, dont les graines sont assez petites pour être absorbées par le frugivore. Rejetées après avoir traversé le tube digestif de l'animal, loin de la plante-mère, elles bénéficieront pour germer d'un sol enrichi des excréments dans lesquels elles furent abandonnées.

Il n'est pas nécessaire de multiplier les exemples.

Il se dégage de cette brève histoire du règne végétal le sentiment général que l'évolution de ces êtres apparemment privés de sensibilité répond à deux tendances qui ne se sont jamais démenties sur une durée de plusieurs centaines de millions d'années.

- L'une vise à l'universalité par la diversification des adaptations. Partis de la mer, les végétaux ont appris à coloniser la quasi-totalité des milieux de vie que leur offrait la planète. Et pour ce faire, ils ont su échapper à l'immobilisme auquel risquait de les vouer leur mode de vie, en empruntant soit au vent, soit à l'animal, le mouvement qu'ils ne pouvaient pas produire eux-mêmes pour disperser leurs semences sur des terres nouvelles. Et aussi pour transporter de fleur en fleur leur pollen, car seule l'allogamie leur permettait de créer des combinaisons géniques inédites, capables de répondre à des exigences nouvelles.

- L'autre s'attache à assurer à la jeune génération une protection toujours plus avancée. Tandis que les cryptogames abandonnent leurs spores dans la nature, laissant la fécondation se faire à l'extérieur, les plantes à graines retiennent leurs spores dans leurs tissus jusqu'à ce que celles-ci produisent des gamètes. Elles pourvoient ensuite aux besoins de l'embryon et ne s'en séparent qu'après l'avoir doté, en guise de viatique, d'une réserve de nourriture directement assimilable.

On peut remarquer, pour finir, que dans l'espace limité de liberté qui est le leur, les espèces végétales trouvent le moyen de manifester une étonnante créativité dans la forme de leurs organes aériens, marquant ainsi de manière visible leur singularité. Cela est vrai de leurs feuilles, mais plus encore du dernier organe apparu dans leur histoire : la fleur. Il est vrai que cet organe, dévolu à la reproduction sexuée, n'est pas assujetti à la photosynthèse, ce qui lui donne une liberté de forme et d'orientation interdite à la feuille.

Les premiers botanistes ne s'y sont pas trompés : c'est sur l'ordonnance des pièces florales qu'ils ont fondé, dans ses grandes lignes, leur classification des Angiospermes.

À ce sujet, deux remarques s'imposent.

La première porte sur l'évolution de cet organe, dont la principale fonction qu'on puisse lui reconnaître est de se faire remarquer de l'insecte pollinisateur. Dans les espèces d'Angiospermes les plus récentes, nous avons vu la fleur s'adapter de plus en plus près à la morphologie de son visiteur coutumier, au point d'en adopter la symétrie bilatérale (fleurs dites zygomorphes de gueules-de-loup, et d'orchidées...). Certaines orchidées vont même jusqu'à contrefaire les femelles de certaines espèces de bourdons pour mieux en attirer les mâles.

La ***deuxième*** remarque concerne la fascination que les fleurs ont toujours exercée sur les humains.

Équilibre et élégance des formes, pureté et délicatesse des couleurs, suavité des parfums : tout, dans la fleur, concourt à cette beauté surnaturelle, propre jusque dans sa fugacité même à frapper l'imagination des hommes et devenir à leurs yeux un symbole de perfection. Le lotus a été divin avant que le lys ne devienne royal. Quant à la rose, elle est depuis toujours la fleur de l'amour. Nul événement marquant de la vie des hommes ne se passe de fleurs.

Est-il bien sûr que la plante a inventé la fleur seulement pour séduire l'insecte ? Comment expliquer la belle couleur écarlate du coquelicot quand on sait que cette fleur est pollinisée par le vent et que les insectes ne voient pas le rouge ?

Quel sens faut-il donner à cette connivence entre des êtres - plantes à fleurs, insectes, hommes - situés, sur l'arbre de la vie, à l'extrémité de trois rameaux ayant divergé depuis plus de cinq cents millions d'années, sinon que les espèces, contrairement aux thèses darwiniennes, n'évoluent pas tout à fait au hasard, et qu'elles sont reliées par des fils invisibles à une toile immense, qui prend dans ses mailles l'univers entier ?

CONCLUSION
DE LA DEUXIÈME PARTIE

Les deux tendances fondamentales de la vie eucaryote.

Le grand ensemble des eucaryotes comprend le règne végétal et le règne animal.

Or les deux tendances qui viennent d'être dégagées de l'histoire des végétaux, caractérisent en fait la vie eucaryote tout entière.

Elles marquent, en effet, et avec plus d'évidence encore, l'histoire des espèces animales : même universalité dans l'expansion territoriale des espèces les plus évoluées (insectes d'une part, oiseaux et mammifères d'autre part), même souci croissant d'assurer aux jeunes, par les moyens les plus divers (nous en avons évoqué plusieurs au chapitre précédent) et le plus longtemps possible, le gîte et le couvert afin de leur permettre de construire, dans un espace protégé, des organes toujours plus complexes, et même, s'il le faut, d'apprendre à en maîtriser le fonctionnement.

Ces deux tendances s'expriment dans les espèces en des lieux et des temps différents.

La première s'épanouit à ciel ouvert, dans les adaptations des adultes à leurs conditions de vie. La seconde œuvre dans le secret d'un espace clos (œuf ou utérus, puis nid ou gîte) à doter les futurs adultes des organes et des savoir-faire propres à leur permettre d'assumer ces adaptations.

Dans le monde réel, ces deux tendances sont donc antinomiques. Elles ne peuvent s'exprimer qu'en alternance, comme le fait la tige d'une plante qui tantôt se hausse au-dessus de la nappe feuillée, tantôt se ramifie pour former une nappe nouvelle.

Voilà pourquoi la forme de l'arbre est si propre à représenter, dans l'espace, le développement du mouvement vital dans le temps.

TROISIÈME PARTIE

VERS UNE AUTHENTIQUE THÉORIE SYNTHÉTIQUE DE L'ÉVOLUTION

Une question cruciale doit maintenant être posée : les deux tendances que nous avons dégagées de l'examen des espèces telles qu'elles nous sont parvenues, ne seraient-elles pas au principe même de leur genèse ? Autrement dit, ne tiendrions-nous pas là le fil conducteur qui nous permettrait de mieux comprendre la nature du mouvement vital ?

Les deux conceptions de l'Évolution.

Depuis que la science a opté pour le transformisme contre le fixisme, le problème de l'origine des espèces a suscité de nombreuses controverses. Les théories qui prétendent résoudre ce problème se partagent entre deux thèses incompatibles.

La thèse de Lamarck[36]

Chronologiquement, la première de ces thèses est celle que Lamarck expose dans sa Philosophie zoologique en 1809.

Pour rendre justice à cet authentique naturaliste, dont les mérites sont trop souvent passés sous silence, précisons qu'on lui doit :

1) ***L'acte de naissance de la Biologie.*** Il écrivait en 1802 : "Tout ce qui est commun aux végétaux et aux animaux comme toutes les facultés qui sont propres à ces êtres sans exception doit constituer l'unique et vaste objet d'une nouvelle science qui n'est pas encore fondée, qui n'a même pas de nom et à laquelle je donnerai le nom de Biologie."

Lamarck avait donc compris qu'il ne serait pas possible de bâtir une science du vivant à partir de "l'histoire naturelle" de ses contemporains, purement descriptive, parce qu'une science doit viser le général et non le particulier.

2) ***Une idée claire de ce qu'on appellera plus tard, en biologie, l'Évolution***[37] et qu'on nommait "transformisme" à l'époque : Il constate d'abord que les caractères éminemment variables sur lesquels sont fondées les distinctions zoologiques les plus fines (espèces, genres, familles) portent sur des organes externes (peau, phanères, membres) soumis au plus haut point à l'action des "circonstances" tandis que les caractères plus stables utilisés pour distinguer les grands ensembles (embranchements, classes) concernent des organes internes (système nerveux, appareil circulatoire,appareil reproducteur) beaucoup moins exposés aux actions externes.

---

36. Jean-Baptiste Monet, chevalier de Lamarck (1744-1829).

37. Ce mot n'apparaît, dans cette acception, qu'à partir de 1870, sous la plume du philosophe anglais Herbert Spencer.

Il en déduit que les changements les plus visibles, ceux qui concernent les organes externes, sont suscités par les efforts que font les animaux pour exploiter au mieux les ressources de leur milieu de vie : les organes les plus sollicités se développent ; ceux qui ne le sont pas s'atrophient. Il précise en outre que ces transformations ne peuvent aboutir que si elles sont transmissibles à la descendance.

Cependant, son hypothèse ne s'arrête pas là.

Il montre en outre que si l'on se réfère à la structure plus stable des organes internes, il est possible de classer les grands groupes d'animaux, depuis les plus simples jusqu'aux plus perfectionnés, selon une série régulière qui pourrait bien révéler l'ordre de leur apparition dans l'histoire de la Terre[38].

Cette tendance à la complexité et au progrès (qu'on appelle orthogenèse) ressortirait, selon Lamarck, à un autre dynamisme bien plus stable dans le temps, inhérent à la nature elle-même, une nature tout empreinte de la présence divine.

L'ÉCLIPSE DU LAMARCKISME DANS LA BIOLOGIE MODERNE.

Il est certain que ce relent de créationnisme n'était pas de nature à plaire aux biologistes modernes dont le projet est de faire tenir le mouvement vital tout entier dans le système rigide des lois de la mécanique.

Mais c'est August Weismann qui a porté le coup le plus rude au Lamarckisme. À partir de 1883 il développe sa théorie de la "continuité du plasma germinatif" d'où sortira la règle de la séparation du soma et du germen, dont les biologistes ont fait leur credo. Dès lors, l'hérédité des caractères acquis devient inenvisageable puisque les habitudes, qui n'affectent que le soma, ne peuvent en aucun cas influencer le germen.

Signalons toutefois que depuis les années 1990, certaines avancées de la recherche moderne plaident en faveur d'un retour en grâce des vues de Lamarck. On sait maintenant que le vécu des individus peut produire des modifications durables et héréditaires touchant à l'expressivité des gènes régulateurs. Ainsi, à la rigidité de l'hérédité génétique viendrait se superposer la souplesse d'une hérédité épigénétique, sensible aux influences environnementales.

LA SECONDE THÈSE : CELLE DE DARWIN.

En 1859, Charles Darwin publie De l'origine des espèces par la sélection naturelle. Il y expose une théorie très nouvelle élaborée à partir des minutieuses

38. Il avait été l'un des premiers à comprendre que notre planète était beaucoup plus ancienne qu'on ne le pensait généralement à son époque. Il avait en effet trouvé des coquilles de mollusques marins fossiles au sommet de certaines montagnes. Il en déduisit que l'écorce terrestre subissait des mouvements verticaux très lents qui pouvaient insensiblement hausser le fond d'une mer jusqu'à une hauteur de plusieurs kilomètres, et qu'un tel phénomène devait exiger des durées non pas de quelques milliers mais de plusieurs millions d'années.

observations qu'il fit sur les pinsons des Îles Galapagos et d'Amérique du Sud au cours de son long voyage sur le "Beagle".

Il avait constaté que les pinsons de ces îles et ceux du continent sud-américain, la terre la plus proche, étaient très semblables. Il en déduisit que, dans le passé, les îles Galapagos avaient été colonisées par l'espèce sud-américaine, qu'on pouvait donc considérer comme la souche commune de toutes les populations de pinsons des Galapagos.

Il remarqua en outre que sur chacune de ces îles, les pinsons présentaient un bec remarquablement bien adapté au régime alimentaire correspondant aux ressources locales : court et trapu chez les granivores, long et fin chez les insectivores…

Par ailleurs, pour avoir élevé lui-même plusieurs races de pigeons domestiques, il connaissait parfaitement le pouvoir de la sélection sur la morphologie des êtres vivants.

L'idée lui vint que la nature avait fort bien pu soumettre ces pinsons à une sélection analogue à celle que les éleveurs imposaient à leurs animaux. Il en conclut que, sur le terrain clos de chaque île, la compétition impitoyable à laquelle s'étaient livrés ces oiseaux pour survivre n'avait épargné que ceux qui avaient eu la chance de naître soit avec un bec plus gros, soit avec un bec plus long, selon la nature de la ressource que leur offraient chichement ces territoires exigus.

D'où la théorie darwinienne :

Les caractères héréditaires des espèces vivantes ne sont pas définitivement fixés. Ils varient insensiblement d'une génération à l'autre. Les individus porteurs de variations tant soit peu avantageuses, mieux nourris, se montrent plus prolifiques et finissent par évincer complètement leurs congénères moins favorisés par la nature.

Darwin ne présumait pas de la nature de ces variations. Elles pouvaient être fortuites, mais elles pouvaient aussi bien résulter des efforts accomplis par certaines lignées animales pour s'adapter aux conditions de leur vie. Darwin ne rejetait donc nullement la thèse lamarckienne.

Toutefois, à la différence de Lamarck, Darwin n'a jamais pris en considération le problème de la direction globale du mouvement vital, ce qu'on appelle aujourd'hui l'orthogenèse.

Le succès du néodarwinisme.

En 1901 Hugo de Vries[39] découvre les mutations : des anomalies brusques et fortuites de certains caractères héréditaires qui se révèlent transmissibles à la descendance.

39. Hugo de Vries, botaniste néerlandais (1848-1935).

On identifia aussitôt ces mutations aux variations "fluctuantes et modulées" postulées par Darwin.

Sa théorie devenait un mutationnisme ou néodarwinisme : toutes les modifications affectant les espèces sont fortuites. La sélection naturelle élimine celles qui sont nuisibles et ne retient que les innovations bénéfiques.

Dans les années 1940 on appellera "théorie synthétique" un néodarwinisme enrichi des données de la paléontologie, de la biochimie et de la génétique des populations.

Le succès du néodarwinisme tient au fait que c'est la seule théorie de l'Évolution qui soit exempte de tout finalisme et, partant, compatible avec une vision mécaniste de la vie.

Discussion.

Chacune de ces deux thèses rencontre des difficultés. (Nous les avons déjà évoquées). Celle du hasard est impuissante à expliquer la coordination des changements qui surviennent dans les espèces hautement organisées.

Et aussi le fait que se dégagent de l'histoire des espèces des tendances générales qui ne se démentent jamais, même sur des durées de plusieurs centaines de millions d'années (orthogenèse).

Ces deux difficultés n'existent pas pour le lamarckisme. En revanche la science n'a jamais constaté la transmission héréditaire des caractères acquis par les individus. En outre, on comprend mal comment cette thèse pourrait s'appliquer aux animaux archaïques dépourvus de cerveau et aux végétaux.

Ici, deux remarques s'imposent. La première a été formulée par Bergson, dans *L'Évolution créatrice.*

- Chacune de ces thèses triomphe là où l'autre échoue.
- Les difficultés de chacune d'elles se situent à un pôle opposé de la série des espèces : pour le néo-darwinisme, au sommet, du côté de la complexité ; pour le lamarckisme, à la base, du côté de l'archaïsme.

Ces remarques doivent nous avertir que ces thèses constituent les deux alternatives d'une authentique dialectique. Pour l'une, en effet, les changements qui affectent les espèces sont subis, pour l'autre, ils sont "voulus".

L'opposition est totale : le néo-darwinisme fait de l'espèce vivante un objet ; le lamarckisme y voit un sujet. Cette contradiction ne pourrait-elle pas se résoudre dans le jeu alterné de mouvements contraires, et nous conduire à une synthèse - authentique, cette fois - au sens où l'entendait le philosophe Hegel ?

S'il en est ainsi, le mouvement évolutif ne doit pas manquer de présenter des hétérogénéités que la science des fossiles (la Paléontologie) doit révéler.

Pédoncules et paliers évolutifs.

Tous les paléontologistes ont constaté que leurs fossiles témoignent bien plus de l'existence d'espèces bien caractérisées que de celle des formes qui font le passage entre ces espèces.

D'où l'impression première que les espèces sont nées telles quelles et se sont succédé brusquement.

C'était la thèse de Cuvier, le fondateur de la Paléontologie. Un siècle plus tard, Pierre Teilhard de Chardin[40], un spécialiste des mammifères du tertiaire, a dénoncé et expliqué cette illusion. Pour lui, si les fossiles témoignent bien plus des "paliers" évolutifs que des "pédoncules" qui les relient, c'est parce que vitesse d'évolution et extension des populations sont en raison inverse. Autrement dit, les populations qui évoluent le plus vite sont aussi les moins nombreuses, d'où ce qu'il appelait l'effet rétrospectif d'effacement des pédoncules.

À vrai dire, la chose est facile à comprendre : si une espèce n'engendre qu'une population réduite, c'est qu'elle n'est pas capable d'exploiter pleinement les ressources du milieu de vie qu'elle s'est donné. Elle est donc à la recherche d'un meilleur équilibre avec son environnement et il lui faut pour cela modifier les caractères fixés dans son hérédité.

On sait que la reproduction sexuée est la source d'une diversité génétique potentiellement infinie. Or, une innovation, même si elle est bénéfique, a plus de chances de s'implanter et de se généraliser quand elle survient au sein d'un groupe peu nombreux. Telles sont les conditions de ce que Teilhard a appelé un pédoncule évolutif.

En revanche, les espèces qui prolifèrent avec luxuriance ont trouvé cet équilibre. L'innovation génétique ne peut leur apporter, dans le meilleur des cas, qu'un bénéfice minime et a, en outre, toutes les chances de se perdre dans la multitude des individus. Nous voici dans un palier évolutif.

Les deux sortes de pédoncules évolutifs.

En fait, les choses ne sont pas si simples : la même dichotomie s'observe à une échelle plus vaste.

Prenons l'exemple du grand ensemble des Mammifères, qui s'est diversifié, pendant toute l'ère tertiaire, en une gerbe d'espèces de toutes tailles et de toutes mœurs, occupant les espaces laissés vacants par la disparition des grands reptiles du secondaire.

En soixante millions d'années à peu près, chaque espèce mammalienne a trouvé sa niche écologique et s'y est parfaitement adaptée, si bien qu'on peut dire de chacune d'elles qu'elle a atteint maintenant un palier évolutif, aboutissement d'un pédoncule évolutif.

---

40. *Le phénomène humain*, Paris, éd. du Seuil. 1955.

Entre la musaraigne et l'éléphant, entre la baleine et la chauve-souris, entre le craintif lapin et le tigre féroce, quel contraste !

Et pourtant, cette faune si disparate descend du même groupe de mammifères archaïques : elle possède deux caractères qui n'ont rien à voir avec son statut de mammifère et qui pourtant la distinguent de tous les autres vertébrés tétrapodes.

D'abord, tous les mammifères (même la girafe) possèdent sept vertèbres cervicales, alors que ce nombre est variable chez les autres vertébrés et proportionnel à la longueur du cou.

Le second caractère porte sur une catégorie de dents que les mammifères sont seuls à posséder, puisqu'ils détiennent le pouvoir exclusif de mâcher leurs aliments : les molaires. Tous les mammifères actuels ont des molaires à trois tubercules, tandis que ce nombre n'est pas fixé dans les autres groupes fossiles de mammifères archaïques.

Cela signifie que le pédoncule évolutif dont la nappe des mammifères est issue n'était représenté, tant à sa naissance qu'à son aboutissement, que par un petit groupe d'individus, génétiquement homogène.

Les paléontologues ont, en effet, trouvé les restes d'au moins cinq groupes de mammifères archaïques ayant vécu au secondaire. Ces petits animaux, pas plus gros que les rats actuels, ont coexisté avec les grands reptiles sans jamais entrer en concurrence avec eux. Seul l'un de ces groupes est donc à l'origine des mammifères actuels.

Or, ces mammifères archaïques se sont détachés de leur souche reptilienne dès la fin du trias. Ce qui signifie que le passage du plan reptilien au plan mammalien a exigé une longue évolution qui s'est étendue sur toute la durée du jurassique et du crétacé, soit sur cent trente millions d'années.

Cet exemple nous apporte un enseignement capital : il y a, en fait deux sortes de pédoncules évolutifs, révélateurs de deux types d'évolution, radicalement différents.

- D'une part, il y a les pédoncules évolutifs qui rayonnent à partir d'une espèce souche peu différenciée, pour engendrer un éventail d'espèces adaptées à autant de niches écologiques particulières. Cette « radiation adaptative », comme disent les spécialistes s'est faite, au sein de la nappe mammalienne en moins de soixante millions d'années. On sait maintenant qu'elle était déjà parfaitement dessinée dix millions d'années seulement après la disparition des grands reptiles.

Nous appellerons ce type de transformation : évolution spécialisante.

- D'autre part, il y a des pédoncules évolutifs qui permettent l'émergence d'un plan d'organisation nouveau et plus riche, à partir d'un plan d'organisation préexistant. Ainsi en a-t-il été du passage de la classe des Reptiles à celle des Mammifères. Il s'agit là d'un tout autre type de transformation, qui relève de ce qu'on pourrait appeler une évolution innovante ou encore : assimilatrice. Cette évolution, plus lente et discrète que l'évolution spécialisante, se fait à l'écart de la compétition à laquelle se livrent les espèces déjà installées, au sein de groupes d'individus peu nombreux et de petite taille, aux besoins modestes.

En effet, les espèces bien adaptées à leurs conditions de vie prolifèrent. Elles engendrent des populations denses au sein desquelles la pression de sélection, élevée, ne laisse passer que des modifications immédiatement rentables.

Or toute innovation, dans la mesure où elle est créatrice, n'est rentable qu'à long terme.

Dans l'immédiat, elle est coûteuse : elle complique la genèse des organismes et allonge la période de vulnérabilité des jeunes. Un organe nouveau ne trouve son plein usage qu'au prix d'ajustements ultérieurs portant sur d'autres organes ou à l'occasion d'un changement du mode de vie.

En somme, l'innovation est un luxe que ne peuvent se permettre que les populations pour lesquelles la rentabilité n'est pas une priorité. C'est le cas des espèces marginalisées, qui sont à la recherche d'un équilibre nouveau. Une longue quête tâtonnante qui, dans le cas du passage des reptiles aux mammifères, a duré cent trente millions d'années.

Tout au contraire, l'évolution spécialisante concerne les espèces florissantes, ayant engendré des populations nombreuses. À mesure que celles-ci se densifient, les conditions de la survie s'y font plus dures. On est contraint d'aller chercher sa nourriture là où il en subsiste encore.

Les dents épaississent leur couronne pour broyer les feuilles les plus abrasives, les cous s'allongent pour porter la bouche jusqu'aux branches les plus hautes, la langue devient filiforme pour happer, jusque dans leur retraite souterraine, fourmis et termites, les membres se changent en nageoires ou en ailes pour traquer le poisson ou l'insecte dans son élément naturel...

À vrai dire, cette évolution ne crée rien de neuf. Elle n'agit que sur des organes préexistants. Elle hypertrophie ou atrophie. Le cheval n'a plus qu'un doigt, considérablement accru, au bout de ses pattes. L'imposante baleine n'a plus ni dents ni membres postérieurs. Ses fanons ne sont que de gros poils soudés en lames. Le lapin a perdu ses canines ; mais ses incisives croissent pendant toute sa vie...

Voilà pourquoi l'évolution spécialisante est relativement rapide : la nappe mammalienne s'est épanouie en espèces spécialisées en "seulement" quelques dizaines de millions d'années.

C'est aussi la raison pour laquelle elle peut conduire au gigantisme. En donnant aux espèces les moyens d'exploiter avec la plus grande efficacité les ressources d'une niche écologique, elle leur permet d'accroître leur taille parfois dans des proportions considérables. Ce que nous observons aujourd'hui chez les mammifères avec la baleine et l'éléphant, s'est produit au secondaire pour les reptiles, avec les grands dinosaures.

Complémentarité de l'innovation et de la spécialisation.

En fait ces deux types d'évolution s'excluent dans leurs exigences mais se complètent dans leurs effets, si bien que la vie balance entre ces deux mouvements : chacun crée les conditions d'émergence de l'autre.

Ainsi depuis toujours va la vie, tiraillée entre deux pôles inconciliables : adaptation et assimilation.

1) ***L'innovation conduit inéluctablement à la spécialisation.***

L'innovation complique l'organisation : un mammifère est indéniablement plus complexe qu'un reptile. Or, cette augmentation de complexité élargit l'éventail des adaptations possibles. Ainsi, les mammifères ont été capables de braver le froid polaire, contrairement aux reptiles.

Pour prendre un exemple dans le règne végétal, le recours aux vaisseaux conducteurs de sève a libéré les végétaux du milieu aquatique, sans pour autant les empêcher d'y retourner (les posidonies sont des végétaux vasculaires marins).

Ainsi, un groupe vivant novateur peut répondre aux exigences de milieux de vie plus variés et, dans chacun de ces milieux, concurrencer victorieusement les espèces indigènes. Il va donc donner naissance, dans tous ces milieux, à des populations nombreuses, au sein desquelles la compétition va s'installer et imposer sa loi d'autant plus durement que ces populations seront denses. Notre groupe va donc éclater en une multitude d'espèces qui finiront par se figer dans leurs spécialités respectives.

2) ***La spécialisation appelle l'innovation.***

Le propre d'un milieu de vie, c'est d'être changeant. Un milieu de vie, ce n'est pas seulement le sol et le climat, c'est aussi l'environnement vivant, avec toutes les interférences - synergiques ou antagonistes - qu'il comporte. C'est dire si un tel milieu est instable. Or les espèces les moins aptes à supporter les changements sont justement les plus spécialisées : l'Évolution ne revient pas en arrière : un organe perdu l'est à jamais.

En outre, les espèces spécialisées, nous l'avons vu, sont portées à augmenter leur taille. Or le gigantisme fragilise. En accroissant leurs besoins, elle rend les espèces particulièrement sensibles aux changements environnementaux. Ainsi, le bouleversement climatique de la fin du secondaire, consécutif à la grande régression marine du crétacé finissant et aggravé par la chute d'une météorite il y a soixante-cinq millions d'années, a été la cause de la disparition de tous les grands reptiles de l'époque.

On a estimé que seuls ont survécu, sur les continents, les animaux d'un poids inférieur à dix kilos, parmi lesquels se trouvaient les ancêtres des reptiles, des oiseaux et des mammifères actuels.

Ainsi toute modification du milieu a pour effet d'éliminer les espèces spécialisées et de faire place nette aux autres espèces, précisément celles qui ont gardé assez de plasticité pour inaugurer un moyen nouveau de survivre dans un environnement auquel elles ne sont pas accoutumées.

Empruntons un autre exemple au monde végétal.

Les lycopodes et les prêles actuels, des végétaux à peine plus grands que des mousses, sont les cousins, restés nains, des lépidodendrons et des calamites qui, dans la forêt houillère, formaient des arbres atteignant trente mètres de hauteur, mais qui n'ont pas survécu aux changements climatiques de la fin du Primaire. Paradoxalement, ce sont donc, au sein du même groupe, les espèces les plus puissantes qui se sont montrées les plus fragiles.

En fait, les espèces défuntes sont celles qui, profitant de circonstances localement favorables, se sont imprudemment laissé aller au gigantisme sans se pourvoir, parallèlement, des organes qui leur eussent permis d'assumer, en d'autres lieux et en d'autres temps, leurs besoins accrus.

Ce qui les a poussées ainsi jusqu'aux limites de leurs possibilités, c'est la concurrence à laquelle elles n'ont pu échapper dès lors qu'elles tentaient d'occuper tout l'espace vital. Il est certain que dans la course à qui irait chercher la lumière plus haut, les espèces capables de former un tronc puissant ont été championnes. Mais ce même progrès, qui leur a donné immédiatement un avantage décisif les a, par la suite, lourdement handicapées : en leur permettant d'augmenter inconsidérément la taille de leur appareil végétatif, il les a conduites à accroître leurs besoins au point qu'elles se sont irréversiblement liées à un seul biotope : celui des marécages limoneux et instables qui se formaient à l'époque carbonifère, à partir des matériaux arrachés par l'érosion aux montagnes hercyniennes.

Ayant gardé un mode de reproduction et un système radiculaire archaïques qui les attachaient aux sols saturés d'eau, ces végétaux n'ont pu survivre à la disparition de leur biotope. Dès la fin du carbonifère, ils ont été supplantés par les fougères à "graines" qui, pourtant, n'atteignaient pas de telles hauteurs.

Dans cet environnement plus sec, les priorités n'étaient pas les mêmes. L'avantage est allé aux plantes qui avaient appris à protéger leur prothalle femelle dans un repli foliaire, et à doter leurs racines de poils absorbants.

Toute l'histoire de la vie eucaryote est ainsi marquée du balancement entre innovation et spécialisation, deux mouvements incompatibles, dont chacun trouve sa ruine dans son achèvement même.

Cette dualité a été fort bien vue par Bergson, il y a plus d'un siècle. Il écrivait alors : "L'acte par lequel la vie s'achemine à la création d'une forme nouvelle et l'acte par lequel cette forme se dessine sont deux mouvements différents, et souvent antagonistes[41] ".

---

41. *L'Évolution créatrice*, Paris, PUF, p.130.

Ces deux mouvements, en effet, s'opposent au moins sur trois points :
- Ils n'agissent pas sur les mêmes organes.
- Ils n'emploient pas les mêmes moyens.
- Ils ne visent pas les mêmes buts.

Les organes-cibles des deux formes d'évolution.

1) ***L'évolution spécialisante.***

Il est une évidence qui n'a pas manqué de frapper Lamarck : l'évolution spécialisante donne lieu à des transformations très visibles, et parfois spectaculaires, parce qu'elles touchent à des organes externes, ceux qui, précisément, sont "soumis aux influences des circonstances extérieures[42] ".

En effet, ce type d'évolution, qui vise à la survie des individus sous la dure loi de la concurrence vitale, porte avant tout sur les organes susceptibles d'améliorer l'accessibilité à l'aliment d'une part, et la défense contre les prédateurs d'autre part.

Cela est vrai dans les deux règnes.

Le végétal modèle son appareil végétatif aérien (tiges et feuilles) de manière à capter au mieux la lumière solaire et à économiser l'eau lorsqu'elle se fait rare. Il l'arme d'épines acérées ou l'enduit de substances répulsives afin de le soustraire à la voracité des herbivores.

L'animal accommode ceux de ses organes qui sont impliqués dans la détection (organes des sens), la recherche (organes locomoteurs), la saisie (griffes et dents ou bec) et la consommation (appareil digestif) des aliments propres à sa niche écologique.

Il se dote en outre des moyens d'échapper à ses prédateurs, soit par la fuite, soit par le camouflage, soit par la menace (défenses, cornes...)

En somme, les organes exposés à ces transformations spécialisantes ont tous en commun le même caractère : celui d'être au contact direct de la matière brute, que ce soit celle sur laquelle l'animal appuie son corps (le sol, l'eau ou l'air, selon qu'il est marcheur, nageur ou volant) ou celle dont il se nourrit (tout corps perçu par l'animal comme une proie possible ou comme la menace d'un danger mortel est dépouillé de son statut d'être vivant et ravalé à l'état de chose ; lorsque, malheureusement, des êtres humains régressent à ce stade, cela les conduit immanquablement à commettre des actes de cruauté et de barbarie.)

La plupart de ces organes sont, chez les vertébrés, des productions de la crête neurale (voir note de la page 140) c'est-à-dire des cellules issues du feuillet embryonnaire le plus externe (l'ectoderme), celui qui constitue l'interface entre le vivant et l'inerte.

Cette constatation appelle deux remarques.

---

42. Lamarck : *Philosophie zoologique*, 1809.

D'abord, elle constitue un argument supplémentaire en faveur de la thèse lamarckienne selon laquelle les transformations adaptatives sont une réponse à l'influence du milieu. On sait maintenant que certaines modifications chimiques de l'ADN génique sont suscitées par l'environnement et qu'elles sont transmissibles à la descendance : c'est ce qu'on appelle une hérédité épigénétique.

Ensuite, cette constatation permet de mieux comprendre la notion de race.

Lorsque deux populations animales, de la même espèce mais génétiquement isolées, commencent à diverger sur des voies adaptatives différentes, les premières transformations qu'elles subissent sont aussi les plus visibles. Elles portent d'abord sur la couleur et l'apparence du pelage ou du plumage, sur la couleur de la peau dans ses parties glabres. Par la suite elles pourront affecter les griffes, le bec des oiseaux, la forme de la face, du crâne, des mâchoires et des dents chez les mammifères.

Tels sont les caractères sur lesquels on s'appuie pour distinguer au sein des espèces de vertébrés des sous-espèces encore interfécondes appelées races.

On notera au passage que tous ces caractères qui s'expriment à la fin du développement embryonnaire concernent des organes produits par des lignées cellulaires issues de la crête neurale. Grâce à eux, l'animal affichera son appartenance à une communauté génétique et souvent aussi à un sexe.

Le cas particulier des races humaines.

Il y a 70 000 ans à peu près, l'homme moderne a quitté son berceau africain pour essaimer en quelques dizaines de milliers d'années sur tous les continents de la planète. Dès lors, ces populations humaines génétiquement isolées et soumises à des conditions de vie dissemblables ont subi des transformations physiques tout à fait conformes à celles qui justifient la dénomination de race.

Prétendre, comme on l'entend trop souvent dire, que les races humaines n'existent pas au motif que les marqueurs sanguins et tissulaires sont les mêmes pour tous les humains est un pur non-sens. Il n'est pas de caractère héréditaire moins soumis aux influences extérieures que ces marqueurs qui sont, pour les cellules d'un même organisme, le moyen de se reconnaître entre elles en tant que congénères.

Il ne faudrait pas cependant donner à cette distinction plus d'importance qu'elle n'en a ni la tenir pour irréversible.

Les moyens de communication modernes ont rompu l'isolement génétique des groupes humains archaïques. Dès lors on peut estimer que les différences raciales au sein de l'espèce humaine ont cessé de s'accroître et finiront par disparaître dans les siècles à venir.

2) ***L'évolution innovante.***

Tout autres sont les organes concernés par l'évolution innovante. Lamarck avait fort bien vu qu'à côté des transformations affectant les organes externes, les développant ou réduisant de manière opportune, il en est d'autres, bien plus lentes à opérer, mais plus régulières et progressives dans leurs effets : elles touchent le "système intérieur d'organisations", qu'elles n'ont cessé, dans le temps, de compliquer et de perfectionner, si bien qu'il est possible de classer les animaux et les végétaux selon une échelle de complexité régulièrement croissante qui correspond à l'ordre de leur apparition dans l'histoire de la vie.

Lamarck ajoute "la série qui constitue l'échelle animale réside essentiellement dans la distribution des masses principales qui la composent et non dans celle des espèces, ni même toujours dans celle des genres".

Autrement dit, et pour parler comme les systématiciens actuels, les caractères servant à définir les espèces, les genres (et même, surtout dans le règne animal, les familles et les ordres) ressortissent à l'évolution spécialisante.

En revanche, les plus grands groupes vivants (embranchements, classes et sous-classes) se déterminent à partir de caractères qui relèvent de l'évolution innovante. Ainsi, les animaux qui possèdent une colonne vertébrale forment l'embranchement des Vertébrés.

Les vertébrés qui allaitent leurs petits constituent la classe des Mammifères. La classe des Mammifères est divisée en trois sous-classes :

- Les Monotrèmes qui sont ovipares (Ornithorynque et Échidné).
- Les Marsupiaux, dont le placenta rudimentaire ne permet qu'une gestation de courte durée. Leur petit naît à l'état de fœtus.
- Les Euthériens, qui sont des mammifères au placenta perfectionné. Ils mettent au monde, après une gestation prolongée, des petits à un stade beaucoup plus avancé de développement.

Dans cet exemple, on constate que les distinctions reposent sur trois organes qui représentent des innovations majeures dans l'histoire des animaux : la vertèbre, donc le squelette, la glande mammaire et le placenta.

À l'inverse, les subdivisions de la sous-classe des Euthériens en ordres, familles, genres, espèces reposent sur des caractères portant sur des organes communs à tous les vrais mammifères, mais dont la morphologie et les performances sont directement impliquées dans le mode de vie : organes des sens, membres, denture, appareil digestif, aspect du pelage, forme de la queue, présence de cornes, de défenses, de trompe…

Les moyens utilisés par ces deux tendances.

Créer du neuf et modifier ce qui existe déjà sont deux actions différentes, qui ne réclament pas les mêmes moyens.

1) ***Les moyens de l'évolution spécialisante.***

Les modifications régies par ce type d'évolution surviennent tard dans le développement de l'embryon, après que les principaux organes ont été mis en place. On constate qu'elles sont l'effet de disparités dans la vitesse de croissance des ébauches d'organes.

Ainsi l'embryon humain possède, à un certain stade de son développement, une queue tout aussi apparente que celle de l'embryon de chien. Toutefois, chez l'homme, cette ébauche cesse prématurément de croître et s'inclut dans les chairs pour devenir un coccyx.

Tout le monde sait que les poules n'ont pas de dents. Cependant, si l'on regarde de près l'embryon du poussin, on peut distinguer dans ses mâchoires des ébauches dentaires.

L'évolution spécialisante agit donc en modulant la croissance des organes embryonnaires, globalement, pour les réduire ou les développer, et dans le détail, afin de les façonner selon l'usage auquel ils sont destinés.

On sait que cette croissance est régie par des gènes régulateurs qu'on appelle gènes de développement. Or, nous l'avons vu, ces gènes fonctionnent sur le mode analogique, lequel autorise un rétrocontrôle de l'effet sur la cause.

Nous avons montré par ailleurs que la prétendue séparation du soma et du germen n'est totale ni dans le temps (cellules somatiques et cellules germinales sont issues de la même cellule-mère), ni dans l'espace (les cellules germinales restent connectées à leurs cellules nourricières, qui appartiennent au soma).

Ainsi tombent une à une les objections que la science officielle oppose à la thèse lamarckienne de l'hérédité de l'acquis. À condition toutefois que cet acquis soit l'expression d'une tendance développée unanimement par une population entière et sur de nombreuses générations.

Cela est en cohérence avec les données de la paléontologie, qui révèlent que la vitesse de l'évolution spécialisante est toujours plus élevée que celle de l'évolution innovante. Rappelons à ce propos qu'il a suffi de dix millions d'années pour que le groupe des mammifères éclate en une gerbe d'espèces représentant toutes les familles actuelles de cette classe des vertébrés.

Le record en la matière est détenu par ces éléphants et ces hippopotames confinés au quaternaire récent sur les îles de Malte et de Sicile, lorsque les eaux de la Méditerranée remontèrent à la suite de l'ouverture du Détroit de Gibraltar. Ils se sont nanifiés en moins de deux cent mille ans, avant de disparaître complètement. Sans doute était-ce, pour ces grands herbivores, le moyen de tenter de s'adapter aux maigres ressources que pouvait leur offrir un territoire trop exigu pour eux.

On voit jusqu'à quel point les transformations spécialisantes sont soumises aux exigences du milieu. Rappelons qu'elles portent toutes sur des organes contraints, par leur fonction, à affronter la matière brute.

Dès lors, apparaissent clairement les limites de l'évolution spécialisante :

son pouvoir créateur est borné par l'inertie d'une matière entièrement soumise aux lois rigides de la mécanique.

2) ***Les moyens de l'évolution innovante.***

L'évolution innovante, avons-nous dit, crée du nouveau : organes, protéines de structure, protéines enzymatiques, hormones…

Ainsi, le tissu osseux comporte une trame fibreuse faite d'une protéine que seuls les vertébrés savent fabriquer : le collagène. La glande mammaire, née de l'hypertrophie d'une glande sébacée, a acquis les enzymes nécessaires à enrichir sa sécrétion jusqu'à en faire l'aliment exclusif du nouveau-né.

Enfin la viviparité, telle que la pratiquent les mammifères euthériens, exige une collaboration rigoureuse entre les organes impliqués (hypophyse, ovaires et utérus) qui ne peut être orchestrée que par des hormones dédiées à cette tâche.

Ces exemples montrent que la transformation novatrice suppose l'intervention de protéines nouvelles et donc la création des gènes de structure correspondants. Or, cette création ne peut être directement suscitée par le besoin: nous savons que, contrairement aux gènes régulateurs, les gènes de structure fonctionnent sur le mode digital, qui interdit la rétroaction de l'effet sur la cause.

Force est donc de s'en remettre au hasard des accidents de la mécanique génétique. Par exemple, il peut arriver qu'un petit décalage dans l'appariement des chromosomes homologues lors de la méiose soit à l'origine d'un *crossing-over*[43] inégal ayant pour effet de dupliquer un gène sur l'un de ces chromosomes. Dès lors, le gène supplémentaire peut muter impunément, donc librement, au fil des générations. Jusqu'au moment où la protéine codée par ce gène, devenue nettement distincte de la protéine ancestrale, est à même de répondre à un besoin nouveau.

Ainsi, les différentes globines impliquées, chez les mammifères, dans le stockage musculaire de l'oxygène ou dans son transport sanguin, sont issues de quatre duplications géniques qui se sont succédé sur plus de quatre cents millions d'années, dans l'histoire des vertébrés. Cette multiplication des globines a été une providence pour les mammifères, gros consommateurs d'oxygène : elle leur a permis de se doter d'une myoglobine et d'hémoglobines idéalement adaptées à leurs besoins.

On voit pourquoi l'apparition d'un gène nouveau est un événement rare dans l'histoire d'une lignée vivante : il suppose une conjonction d'accidents hautement improbable.

Aussi ne faut-il pas s'étonner de la lenteur de l'évolution innovante : elle est suspendue à la survenue d'un événement rarissime, qui en est la condition nécessaire.

Voilà aussi pourquoi ce type d'évolution concerne toujours des populations très peu nombreuses. Un accident de naissance, qui, à l'origine, ne touche qu'un

43. Voir, dans notre appendice, « Les cellules eucaryotes ».

individu et qui ne lui apporte dans l'immédiat aucun avantage sélectif, a fort peu de chances de se répandre au sein d'une population nombreuse, donc soumise à une pression de sélection élevée.

Il ne faut cependant pas surestimer le rôle de ces accidents dans l'origine de la transformation innovante : ils n'en sont pas la cause, mais seulement l'occasion. L'histoire de la genèse des hormones post-hypophysaires chez les vertébrés peut illustrer utilement notre propos.

Ces hormones sont des nonapeptides (très petites protéines formées de seulement neuf acides aminés) dérivées d'une molécule ancestrale (la vasotocine) déjà présente chez les Agnathes, des poissons archaïques apparus sur terre il y a quatre cent cinquante millions d'années. Son rôle était double: d'une part, limiter l'évacuation rénale de l'eau, d'autre part déclencher la ponte en stimulant les contractions de l'oviducte.

Deux duplications successives du gène codant pour cette hormone se sont produites chez les descendants des Agnathes (poissons cartilagineux, puis poissons osseux), portant à trois le nombre des hormones post-hypophysaires. Elles ne différaient entre elles que par les substitutions de deux acides aminés, situés en troisième et huitième position.

Les deux hormones supplémentaires sont devenues chez les mammifères, pour l'une, l'ocytocine dont le rôle est de déclencher la parturition et l'éjection du lait hors de la glande mammaire, et pour l'autre, l'hormone antidiurétique, chargée de régler la réabsorption de l'eau par la portion distale du tubule rénal, en fonction des indications fournies par les osmo-récepteurs hypothalamiques[44].

On voit comment ces molécules, héritées de nos lointains ancêtres les poissons, ont trouvé, quelque deux cents millions d'années plus tard, leur plein emploi chez les mammifères.

Une fois de plus, constatons-nous, la place du hasard dans le mouvement vital est moins celle du maître que celle du serviteur. L'apport du hasard ne prend valeur, pour les espèces, qu'après s'être intégré harmonieusement dans le réseau serré des relations unissant le tout aux parties au sein de leurs constructions.

Or, nous l'avons vu, on ne peut trouver de raison suffisante à cette intégration ni dans la nécessité ni dans le hasard.

Nous voici remontés à la source de l'inadéquation de la démarche néodarwinienne, à laquelle on aboutit inéluctablement dès lors qu'on voue l'intégralité du mouvement vital aux lois de la mécanique, soit qu'elles y triomphent (d'où la nécessité), soit qu'elles y échouent (d'où le hasard).

Cela revient à dénier aux espèces le pouvoir de développer des tendances capables d'orienter leur devenir.

44. Il s'agit de neurones de l'hypothalamus sensibles à la concentration du sang en substances dissoutes.

Les buts visés par les deux tendances vitales.

Tout être vivant, animal ou végétal, a pour caractère essentiel d'essayer de durer dans un monde qui passe. Il doit pour cela se reconstruire au moins aussi vite qu'il se détruit. Il est donc voué à prélever sans cesse énergie et matières premières dans ce qui est son milieu de vie, et partant, de se soumettre à ses exigences. Rester connecté au monde est pour lui une nécessité vitale, et mieux il y parviendra, plus grande sera la place qu'il s'y fera. La thèse darwinienne est dans le vrai quand elle prône les vertus de l'adaptation.

Cependant, si cet être vivant est capable de se reconstruire, c'est qu'il est poussé en cela par cette même force qui, sans jamais se relâcher, a construit ses ancêtres depuis l'origine de la vie. De deux choses l'une :

- Ou cette force s'épuise entièrement dans ce travail et se borne à reconstruire l'être vivant tel qu'il était. Alors, l'espèce cesse d'évoluer. Elle n'a désormais que deux perspectives : disparaître, ou subsister plus ou moins longtemps, selon le degré de stabilité de son milieu de vie. Dans le meilleur des cas elle deviendra ce qu'on appelle une espèce-relique.
- Ou bien cette force possède encore assez d'élan pour pousser un peu plus loin son travail de reconstruction. Dans ce cas, l'espèce va évoluer vers l'une des formes possibles dont cette tendance est grosse.

Si les exigences du milieu sont contraignantes (on dit alors que la pression de sélection est élevée) c'est l'opportunité qui va guider ce choix : les organes préexistants vont se transformer pour exploiter encore plus efficacement les ressources du milieu : l'évolution ira dans le sens de la spécialisation.

L'organe devient alors un outil extraordinairement efficace ; mais il ne peut faire qu'une chose : la spécialisation fixe les espèces à un seul biotope et à un seul mode de vie. Comme l'a dit Teilhard de Chardin : "La spécialisation fige ; l'hyperspécialisation tue."

Si au contraire le milieu se montre plus tolérant comme c'est le cas des populations clairsemées et des espèces aux appétits modestes, ce choix pourra se faire plus librement : telles sont les conditions de l'évolution innovante.

Que constatons-nous alors ? L'apparition, au sein d'un petit groupe vivant, de structures nouvelles - substance, tissu, organe. Ce qui confirme qu'il s'agit bien d'une tendance constructrice à l'œuvre.

Certes, ces structures nouvelles alourdissent le travail de reconstruction des organismes. Elles ont donc un coût. Mais ce coût peut être supporté dans les populations où la sélection est peu sévère. En revanche, il sera largement compensé par les avantages qu'apporteront ces innovations quand elles trouveront leur utilité, dans les populations futures.

En quoi consistent ces avantages ?

Revenons à l'exemple des vertébrés. Leur caractéristique est l'aptitude à produire du tissu osseux, dont ils font la charpente de leur corps. Cette option a, sur la carapace des invertébrés, l'avantage d'autoriser une croissance prolongée. Elle permet de construire des corps plus puissants, capables de vivre plus longtemps. En outre, les articulations osseuses, plus souples, sont aptes à tolérer une liberté de mouvements que ne connaissent pas les animaux enfermés dans leur carapace.

On voit que ces innovations concourent au même but : accroître l'autonomie des espèces et par là, élargir la palette de leurs adaptations possibles.

Dès lors se précisent les orientations des deux tendances opposées qui régissent le mouvement vital.

L'une est tournée vers l'extérieur. Gouvernée par le besoin, elle engage le vivant à se diversifier, à l'image du monde, pour mieux s'en nourrir. Son action conduit à ces radiations adaptatives déjà évoquées. Opportuniste et peu soucieuse du lendemain, elle peut inspirer aux espèces une rapacité débridée qui les jette dans une quête effrénée du profit facile et immédiat. Sous son influence, les corps se déforment et s'empâtent, parfois jusqu'à la caricature ; les espèces finissent alors par sombrer dans des spécialisations outrées et sans retour.

On comprend que cette tendance à l'extraversion pousserait l'être à s'oublier soi-même et à se perdre dans la diversité mouvante du monde, si elle n'était compensée par la tendance inverse, tout aussi essentielle au mouvement vital.

Cette autre tendance œuvre non seulement à préserver l'unité de l'être, mais encore à la porter toujours plus haut, en lui intégrant des matériaux nouveaux, comme on le ferait d'une pyramide dont on amplifierait continûment la base.

Toutefois, l'être se construit dans l'espace-temps, et sa base, c'est son passé. En son unité, que nous avons qualifiée de réciproque, se ramassent à la fois tout l'espace qu'il embrasse et tout le temps de son histoire.

Voilà pourquoi cette tendance constructrice ne perd jamais le contact avec le passé des espèces, inscrit dans leurs gènes. De lui elle tient cet inexplicable élan qui la pousse, chaque fois qu'elle reprend la main, à complexifier un peu plus ses constructions et à produire des espèces riches d'une palette toujours plus large d'adaptations à venir.

Sur le chemin de l'hominisation.

Ce qui caractérise l'homme, c'est évidemment, son cerveau surdimensionné.

Dans l'histoire des animaux, cet organe fait son apparition chez les vers, au moment précis où les progrès de la spécialisation des tissus contraignent le germen à prendre ses distances par rapport au soma.

Depuis lors, la mission de cet organe a été de gérer le comportement de l'animal selon des schémas préfabriqués inscrits dans l'hérédité des espèces. Dans l'histoire des animaux, le cerveau est ainsi apparu comme une annexe aux organes-outils dont la tendance spécialisante dotait les espèces. Un mode d'emploi, en somme.

C'est alors qu'advient une classe d'animaux tout à fait originale : les mammifères. La nouveauté qu'ils apportent, c'est l'association de deux organes : l'utérus et la glande mammaire.

Dès lors, voici le jeune libre de prolonger à loisir sa période de formation, et de la poursuivre même au-delà de sa venue au monde.

Dans cet espace protégé, qui a toujours été son champ d'action électif, la tendance innovante obtient de sa rivale une concession majeure. Qu'elle accepte d'inscrire ses adaptations comportementales non plus dans la rigide mécanique génétique, mais dans une mécanique infiniment plus subtile et déliée : celle du cerveau, puisque désormais, l'allongement de la gestation laisse à cet organe tout le temps de complexifier ses multiples circuits.

C'est alors que le réflexe acquis vient compléter et même suppléer le réflexe inné.

L'apprentissage prend la suite de l'instinct, avant de prendre le pas sur lui.

La réactivité de l'animal gagne en souplesse et en adaptabilité, et même en réversibilité : une habitude peut laisser la place à une autre habitude, si les circonstances l'exigent.

Ainsi s'explique le succès sans précédent de la faune mammalienne, dans tous les lieux de vie possibles que lui a offerts la planète.

L'émergence de l'espèce humaine : un événement unique en son genre.

Toutefois, la conscience animale, même pour les espèces les mieux dotées, reste limitée, d'un côté, par les injonctions, figées et récurrentes, du besoin et de l'autre, par la réalité concrète d'une situation telle qu'elle s'offre, ici et maintenant, à une stricte sensori-motricité.

Voilà pourquoi l'animal ne peut connaître l'ivresse du libre choix, autrement que de manière transitoire, dans le jeu auquel on voit se livrer le jeune mammifère, avant qu'à l'école de la vie, il ne fasse son dressage.

Voilà pourquoi aussi la plupart des lignées mammaliennes, après s'être remarquablement diversifiées et adaptées à toutes sortes de lieux et de modes de vie, ont fini par se figer dans des spécialisations sans retour.

L'une d'entre elles, toutefois, a échappé à ce funeste destin. Il s'agit d'une lignée de petits mammifères omnivores et arboricoles. Un mode de vie dangereux, qui exige des sens aiguisés, toujours en éveil, des membres agiles et d'excellents réflexes, mais qui n'offre en retour que des ressources alimentaires modestes et d'accès malaisé.

Contraints à la frugalité, ces animaux ont échappé aux effets déformants de la spécialisation : ils sont restés anatomiquement proches du type originel d'où sont issues toutes les lignées de mammifères actuels. Leurs mâchoires ont gardé toutes leurs dents et leurs membres tous leurs doigts. Point d'appendices cornus ni de crocs menaçants : la fuite est leur meilleure défense.

Progressivement, leur cerveau se développa et leur crâne s'arrondit. Le trou occipital migra vers le bas tandis que la face se rétractait. Leur colonne vertébrale se redressa, leur bassin, plus trapu, bascula vers l'avant. Leurs fémurs s'allongèrent tandis qu'une voûte plantaire se dessinait.

Les voilà maintenant parfaitement bipèdes et bien adaptés aux déplacements sur le sol, rien ne les retenant plus à leurs forêts natales.

Cependant, ils se fussent sentis bien impuissants et vulnérables dans ces grands espaces découverts s'ils n'avaient eu l'idée de fabriquer eux-mêmes, de leurs propres mains, les outils dont la nature les avait privés. Cet événement eut deux conséquences, décisives pour le passage du singe à l'homme.

La première est d'ordre pratique : contrairement à l'outil naturel, qui est un organe modifié, l'outil artificiel est interchangeable : l'adaptation du vivant à son milieu, nécessaire à sa survie, devenait réversible.

Dès lors, le risque de dissidence entre la tendance spécialisante et la tendance innovante était conjuré.

La seconde est d'ordre psychologique : cette initiative a exigé de ces êtres qu'ils fussent capables d'apercevoir dans un caillou, un morceau de bois ou d'os, au-delà de l'apparence, l'outil qu'ils en pourraient tirer. Et, ce faisant, ils rompaient le dernier fil qui les retenait au concret. Leur conscience libérée s'ouvrait au virtuel.

Dès lors, les choses allèrent très vite.

Nos deux tendances, enfin réconciliées, se penchèrent comme deux bonnes fées sur leur enfant chéri : le cerveau, qui, chose jamais vue, tripla de volume en moins de deux millions d'années.

La tendance spécialisante, toujours tournée vers le monde extérieur, travailla l'organe en surface : elle en développa le cortex, et sa faculté de distinguer, qui gagna en étendue et en finesse.

La tendance innovante, préoccupée avant tout de l'unité de l'être, amplifia la partie centrale du cerveau : le thalamus, dont le pouvoir intégrateur s'étendit corrélativement.

Ainsi, l'antagonisme séculaire des deux tendances vitales se résolvait en un dialogue constructif, par neurones interposés. Au cortex incombe la tâche d'apporter à l'être l'image de la diversité du monde, telle qu'en objets juxtaposés, elle s'étale dans l'espace.

Au thalamus échoit la fonction d'incorporer cette diversité à l'unité d'un être qui se développe dans le temps, porté par cette volonté de vivre lui venant de toutes ses fibres, via les centres nerveux de la vie végétative.

Dans ce cerveau incommensurablement accru, la conscience, dégagée des liens qui la retenaient prisonnière du besoin, s'ouvre à l'imaginaire. Elle devient capable de prendre pour objet, outre la chose présente, l'image de la chose absente. Absente parce que cette chose se situe en un autre lieu, en un autre temps, ou même hors de l'espace-temps, si elle appartient au monde intelligible.

Dès lors, la conscience détient le pouvoir d'élargir son champ à l'infini. Devenue libre d'évoluer dans un monde sans frontières de temps ni d'espace, elle transcende le besoin en désir, l'appétence en amour. Amour du Vrai, amour du Beau, amour du Bien, amour de l'Autre.

Comment ne pas voir dans cette ouverture de la conscience aux valeurs universelles, la victoire définitive de l'esprit sur l'inertie de la matière ?

Sur les traces de l'esprit en marche.

L'esprit est par définition ce qui ne se voit pas, ne se touche pas, bref ce qui échappe à nos sens. En sorte que, si l'on s'en tient aux apparences, on est porté à croire que toute la réalité consiste en ces corps matériels par lesquels nous existons et qui interagissent mécaniquement avec d'autres corps, inertes ou vivants.

L'examen de ces interactions a conduit la science à bâtir un système selon lequel ces corps sont inéluctablement voués à périr et se désagréger pour finir en poussière impalpable voire à s'anéantir dans un "trou noir", et selon lequel la conscience manifestée par certains d'entre eux n'est que la production de la mécanique de leur cerveau, tout comme la bile est celle du foie.

Or, le premier point de cette conclusion est en contradiction flagrante avec ce que nous savons maintenant de l'histoire de la vie.

La vie est apparue sur terre il y a quatre milliards d'années, et depuis lors, des corps vivants s'y sont succédé sans jamais rien perdre de leur complexité interne. Tout au contraire, certains d'entre eux n'ont cessé de compliquer leur organisation en empilant les mécanismes. Leur autonomie accrue leur a permis de se répandre sur toute la surface de notre planète et de survivre dans les milieux les plus divers.

Cette première méprise de la science en implique une autre portant sur le deuxième point.

En effet, si la science n'a pas su voir dans le mouvement vital la force constructrice capable de tenir en échec l'effet destructeur des forces qui agitent la matière inerte, elle n'a pas pu voir, a fortiori, que cette force s'est obstinément attachée à construire des corps toujours plus puissants et autonomes, susceptibles d'abriter, de nourrir et de maintenir en vie, le plus longtemps possible, l'organe d'où émerge la conscience. Et enfin que cette conscience pourrait bien être la forme épurée, dégagée de ses scories matérielles, de cette force constructrice.

Il se trouve que nous, humains, avons la chance de porter le plus puissant cerveau que la nature ait jamais construit. Nous jouissons en conséquence d'une forme de conscience unique, capable de s'observer elle-même par introspection, nous donnant le spectacle de ce que nous appelons des manifestations de l'esprit.

Nous constatons que les faits de conscience n'obéissent pas aux lois qui régissent la matière inerte. Ils échappent à ces limitations de l'espace (l'imagination peut y rendre présent un objet absent) et du temps (la mémoire peut y faire revivre un événement vécu dans le passé) propres à l'univers matériel.

Si l'on se souvient que l'émergence d'un cerveau dans l'histoire du vivant n'a fait que transférer aux individus des attributs déjà dévolus aux espèces, on ne peut éluder cette question. L'esprit n'a-t-il pas toujours été pour moitié dans cette formidable entreprise de construction qu'est la vie ?

Plus fondamentalement encore, l'esprit n'a-t-il pas autant de réalité que la matière, et bien que de nature différente, n'a-t-il pas, tout comme celle-ci, vocation à exister ?

Dans ce cas, les deux tendances que nous avons vues à l'œuvre dans la genèse des formes vivantes doivent nécessairement porter l'empreinte de l'esprit en marche vers la conscience claire et distincte qui est la nôtre.

Adaptation et assimilation : les deux tendances de l'esprit engagé dans l'aventure de la vie.

Remarquons d'abord que la matière inorganisée, livrée aux seules lois de la mécanique, ne pourrait développer une tendance.

Le propre d'une tendance est de se continuer dans le temps, de mettre le temps en tension, ce qui n'est possible que si l'instant est capable de se survivre dans l'instant suivant. Cela est incompatible avec l'action mécanique dans laquelle la cause s'épuise entièrement dans son effet.

Seule la cause déclenchante serait compatible avec la tendance. Dans ce cas, nous l'avons vu, la cause déclenche l'effet sans déterminer sa nature, parce qu'elle agit sur un mécanisme monté d'avance par une action nécessairement coordonnée par une intentionnalité.

Dès lors, la relation causale peut être porteuse d'un dessein.

L'esprit de la tendance spécialisante.

Se spécialiser, c'est se pourvoir des outils et adopter les stratégies nécessaires à agir efficacement dans des circonstances particulières. L'action de l'être vivant ne vise qu'un but : se procurer l'objet de son besoin, c'est-à-dire conquérir ce qui risque de lui faire défaut s'il veut continuer à vivre.

La tendance spécialisante a donc pour rôle d'adapter l'être vivant aux situations qu'il est susceptible de connaître dans sa vie.

Elle exprime la tension (on pourrait aussi écrire : l'attention) de l'individu vis-à-vis d'un monde divers et changeant, qui ne lui accorde qu'avec caprice ce qu'il attend de lui pour survivre.

Les exemples développés dans les pages précédentes montrent assez avec quelle ingéniosité la tendance spécialisante trouve à chaque cas particulier, tant pour la plante que pour l'animal, la solution la plus adéquate pour assurer le succès de cette quête. Si bien qu'on peut voir dans les procédés qu'ont adoptés les espèces, au fil de leur histoire, pour s'adapter à leur biotope, l'œuvre d'une authentique intelligence technicienne, qui n'a rien à envier à celle qui émergera plus tard des cerveaux les plus aboutis.

La ressemblance de l'oreille moyenne des mammifères avec un microphone ou celle d'un œil avec un appareil photographique n'est pas une coïncidence. Elle révèle un lien de parenté entre la tendance spécialisante œuvrant à la genèse des organes dans les espèces et l'intelligence technicienne impliquée dans la fabrication d'instruments par l'homme.

Toutes deux ont recours à une mémoire : mémoire génétique dans un cas ; mémoire cérébrale dans l'autre. Toutes deux font de cette mémoire le même usage : elles y trouvent le moyen de procéder par frayage[45], c'est-à-dire qu'elles y inscrivent les successions, pour peu qu'elles soient vécues de manière coutumière pour les ériger en principes d'action, selon le postulat suivant : ce qui a fonctionné hier fonctionnera de la même façon demain.

Cela révèle la même soumission de ces deux puissances au principe sur lequel se fondent les sciences expérimentales : le principe du déterminisme selon lequel les mêmes causes produisent, toujours et partout, les mêmes effets.

Ainsi l'intelligence technicienne, telle qu'elle émerge du cerveau humain n'est qu'une résurgence à peine transfigurée de la tendance spécialisante qui, elle, est propre au phénomène vivant tout entier. Toutes deux visent le même but : permettre aux êtres vivants de se procurer de la manière la plus efficace ce dont ils ont besoin pour survivre, compte tenu des circonstances.

Cette quête, rappelons-le, se fait nécessairement par des moyens mécaniques. Elle implique donc une attitude d'esprit adaptée aux exigences d'une action qui ne se transmet que dans la contiguïté d'espace et de temps. Telle est, pour l'homme, la source de la connaissance objective et de la logique qui la sous-tend.

Cette logique enveloppe les notions d'un espace vide et d'un temps inefficace, qui ne sont pas ceux de la vraie vie. D'où l'impuissance congénitale de la science classique à élucider le mystère de la vie. La même myopie frappait déjà, dans l'histoire des espèces, la tendance spécialisante. C'est pourquoi on la voit agir dans l'immédiateté, sans le souci des conséquences lointaines de ses options. Une adaptation, si ingénieuse et profitable soit-elle dans le présent, peut se révéler ruineuse dans le futur, lorsque les circonstances auront changé. Rappelons la formule de Teilhard de Chardin : "la spécialisation fige ; l'hyperspécialisation tue".

---

45. Nous avons montré plus haut que la séparation du soma et du germen n'est totale ni en droit ni en fait, et qu'elle doit être vue seulement comme la conséquence inéluctable de la différenciation spécialisante des tissus à l'intérieur d'un organisme. En conséquence, l'hypothèse de l'héritabilité de l'acquis, dans les conditions que nous avons précisées, ne doit pas être écartée.

À moins, évidemment, que cette spécialisation ne soit libre de se faire et se défaire, selon les circonstances.

Cela n'est possible qu'au prix de deux substitutions : celle de l'outil organique, par l'outil fabriqué et celle de la mémoire génétique, par la mémoire cérébrale.

Cette révolution a exigé de la tendance spécialisante un long travail de reconversion qui l'a conduite à délaisser progressivement les organes situés à l'interface du vivant et de l'inerte pour se reporter sur l'organe représentatif de cette interface : le cortex cérébral.

Encore fallait-il que ce cortex commençât d'exister. Cela ne s'est produit que dans la lignée mammalienne, la seule lignée vivante qui ait réuni les conditions de l'émergence d'un organe unique concentrant à lui seul toutes les informations et toutes les commandes propres à insérer l'être vivant dans le monde.

Cette unification a été l'œuvre de l'autre tendance impliquée dans le mouvement vital : la tendance innovante.

En somme, ce qui caractérise l'esprit de la tendance spécialisante, c'est sa soumission aux injonctions du besoin. C'est un esprit resté captif de la nécessité. Il n'aurait pu s'élever jusqu'au niveau de l'intelligence technicienne s'il n'avait été porté par les ailes de la tendance innovante.

L'esprit de la tendance innovante.

Seule, en effet, la tendance innovante a le pouvoir de briser le cercle de la nécessité pour explorer le vaste domaine du possible.

Soutenue par la tendance spécialisante qui assure l'intendance, elle est libre de viser plus loin et plus haut, dans la direction où la porte le mouvement vital lui-même.

Mais cette liberté a un prix. Il faut, pour briser le cercle de la nécessité, commencer par s'affranchir des déterminismes qui régissent le fonctionnement de la matière. La tendance innovante ne pouvait donc agir par les mêmes moyens que la tendance spécialisante : le frayage lui était interdit. Il ne lui restait qu'une ressource : s'en remettre au hasard en s'appropriant, pour les incorporer aux patrimoines génétiques, les nouveautés opportunément produites par des accidents de naissance.

Voilà pourquoi dans l'histoire des espèces, la marche au progrès nous apparaît comme capricieuse, hésitante, voire aléatoire. C'est le cheminement d'une tendance qui laisse à la contingence le choix des moyens d'atteindre son but. Le succès d'une telle démarche n'est jamais assuré, mais reste toujours possible. Il suffit de multiplier à l'infini les tentatives. Cela n'est pas de nature à décourager une tendance portée par un esprit qui a l'éternité pour lui. Aussi, ne doit-on pas s'étonner de voir sur l'arbre de la vie autant de branches mortes.

Les branches maîtresses de cet arbre, toutefois, indiquent clairement une direction générale. C'est la direction qu'a prise le mouvement vital, guidé par l'esprit de la tendance innovante. Un esprit préservé de toute compromission avec les exigences de la matière. Un esprit demeuré libre parce qu'il a su rester désintéressé, laissant à la tendance spécialisante tout souci de rentabilité.

Avec les faibles moyens qui lui restent, compte tenu que le frayage lui est interdit, cet esprit se contente d'agir sur les infimes mouvements qui président à la genèse de ces mécanismes, dans l'intimité du germe. Il veille à la coordination de ces mouvements, et n'y admet la nouveauté qu'à la condition que celle-ci s'intègre harmonieusement au tout.

Ainsi se révèle le sens de l'action de la tendance innovante : préserver, contre les forces désagrégeantes de la matière inerte, l'unité de l'être vivant. Non pas une unité statiquement refermée sur elle-même, mais une unité ouverte sur le monde et capable de se nourrir de la diversité des contacts qu'elle noue avec lui.

Cela ne doit pas nous étonner : l'esprit est là dans son rôle, qui est d'unir. Mais l'esprit est universel. C'est pourquoi son action unificatrice ne se confine pas à l'intérieur des frontières des corps vivants. Elle embrasse l'univers tout entier, dont elle fait "un tout sympathique à lui-même" comme on l'a si souvent répété après le philosophe grec Plotin.

C'est cette harmonie qui transparaît dans ce que nous appelons la beauté des formes vivantes et qui nous donne un vif sentiment d'appartenir à l'esprit du monde.

D'autre part, ne faut-il pas voir dans le zèle que mettent plantes et animaux à materner leur progéniture, l'exigence d'une tendance qui ne peut œuvrer que dans le recueillement, loin de l'agitation du monde ?

La nature a besoin d'un espace protégé pour donner libre cours à ses forces constructrices, et elle le fait savoir dans l'amour qu'elle insuffle à une mère pour son enfant.

C'est en substance ce qu'exprime Henri Bergson à propos du "souffle invisible qui porte les vivants", dans l'un des plus beaux passages de son *Évolution créatrice* :

"Nous avons cette illumination soudaine devant certaines formes de l'amour maternel, si frappant, si touchant aussi chez la plupart des animaux, observable jusque dans la sollicitude de la plante pour sa graine. Cet amour, où quelques-uns ont vu le grand mystère de la vie, nous en livrerait peut-être le secret.

Il nous montre chaque génération penchée sur celle qui la suivra. Il nous laisse entrevoir que l'être vivant est surtout un lieu de passage, et que l'essentiel de la vie tient dans le mouvement qui la transmet".

Nos conclusions rejoignent, à un siècle d'intervalle, l'intuition bergsonienne.

CONCLUSION DE LA TROISIÈME PARTIE

Ce qui frappe de prime abord le regard que le biologiste porte sur le vivant, c'est la sclérose qui fige les espèces dans des adaptations particulières.

Mais là n'est pas l'essentiel de la vie.

Le mouvement vital est en réalité soumis à deux tendances antagonistes dont l'une, qu'on pourrait qualifier de spécialisante, agit à l'interface du vivant et de l'inerte : elle fixe en effet les espèces dans des formes compatibles avec les déterminismes figés de la matière.

L'autre, qu'on pourrait appeler tendance innovante, travaille au contraire dans le secret d'un espace clos : œuf, cocon, utérus, nid ou foyer, là où se construit le jeune être vivant. Elle œuvre à préserver le dynamisme des espèces. Elle les dote de dispositifs propres à accroître leur autonomie et tend à leur donner les moyens de choisir librement leur destin.

Cette liberté, on la voit émerger pas à pas, dans l'histoire des espèces, au rythme des victoires remportées par la tendance innovante sur la tendance spécialisante.

La première de ces victoires s'est traduite par l'émergence des tactismes chez les eucaryotes. Jamais jusqu'alors des cellules vivantes unifiées sur un centre sensori-moteur, n'avaient réussi à maîtriser en toute liberté leurs déplacements.

Les difficultés survinrent lorsque la tendance innovante, forte de cette première victoire, entreprit de mettre cette motricité élémentaire au service de la construction d'organismes pluricellulaires de plus grande taille. Les besoins accrus de ces êtres ne firent que renforcer les exigences de la tendance spécialisante.

Les végétaux y perdirent pour toujours leur autonomie originelle. Pour eux, les tactismes se figèrent en tropismes. Quant aux animaux, ils recouvreront la maîtrise de leurs mouvements grâce à une nouvelle initiative de la tendance innovante : la création d'un système nerveux. Dès lors, la motricité animale, guidée par des sens toujours plus aiguisés, ne cessera de gagner en puissance.

Cependant, sous l'influence de l'insatiable tendance spécialisante, cette marche à la liberté sera le plus souvent vouée à l'impasse : on la verra s'étioler dans l'instinct rigide des insectes et s'enliser dans le gigantisme des corps pour de nombreuses espèces reptiliennes et mammaliennes.

Toutefois la clairvoyante tendance innovante, ayant réussi à soustraire aux appétits de sa rivale une lignée de petits mammifères, travaille à perfectionner son système nerveux. Elle en fait converger toutes les fibres, qu'elles viennent soit du dedans soit du dehors, en un seul organe qui devient dès lors un centre de conscience c'est-à-dire de représentation. Or ce qui est incompatible dans le concret ne l'est plus en image.

Chaque état de conscience se développe entre deux pôles inconciliables qui représentent les aspirations des deux tendances vitales : d'une part les pulsions d'un sujet qui ne peut exister sans agir librement, d'autre part le déterminisme du monde concret dont les objets - parmi lesquels ceux que convoite le sujet pour assouvir ses besoins - sont soumis aux lois rigides de la mécanique. Sur ce terrain nos deux tendances peuvent désormais lutter à armes égales. La tendance spécialisante ne risque plus d'étouffer dans l'œuf les initiatives de la tendance innovante. Ainsi se résout, au terme de l'histoire de la vie, l'antinomie originelle entre l'affinité qui est à la source du dynamisme vital et la répulsion destructrice responsable de la résistance que la matière inerte a toujours opposée à l'action constructrice du mouvement vital.

Ce mouvement, lié dès sa naissance à l'affinité, n'a jamais œuvré autrement qu'en nouant, contre les effets dissolvants de la répulsion, des liens nouveaux au sein du cosmos. Au terme de sa tâche, il réussit à faire converger tous les fils de cette toile immense en un seul organe : le cerveau humain.

Alors, de ce centre, l'affinité portée à l'incandescence s'est mise à rayonner sur le monde.

Quant à l'avènement de l'amour maternel dans l'histoire des espèces, sans doute est-il le signe précurseur de l'effondrement de la muraille qui jusque-là canalisait les forces de la vie dans l'étroit goulet de la nécessité, cachant aux vivants la vraie nature du mouvement qui les porte.

L'amour maternel n'était qu'un prélude. Car l'affinité qui porte deux particules à s'unir devient amour quand, au terme du travail constructeur de la vie, elle émerge enfin des êtres.

Et comme l'amour participe de l'esprit, il ne connaît nulle limite d'espace ni de temps.

Libre aux hommes d'en étendre le rayonnement à l'univers entier.

ÉPILOGUE

Au terme de cette étude, nous espérons avoir convaincu le lecteur qu'il n'est pas possible de percer le mystère de la vie sans reconnaître à l'esprit la part qu'il a prise dans cette grande aventure.

Il se trouve que cette vision spiritualiste du phénomène vivant n'est pas incompatible avec l'image qu'une saine exégèse du texte biblique nous donne de la genèse du monde.

Cependant, le lecteur en conviendra, notre démarche n'a été guidée que par les impératifs de la raison.

Cette convergence montre, une fois de plus, que l'intuition est capable de saisir directement une réalité qui se dérobe à nos sens et qui risque d'échapper à notre entendement si celui-ci ne sait pas s'ouvrir à toutes les ressources de la raison.

Car il n'est pas déraisonnable de mettre de l'esprit dans la nature.

La science astronomique a maintenant établi avec une quasi-certitude que l'univers, en expansion depuis 13,7 milliards d'années, s'est trouvé, à l'instant de sa naissance, tout entier ramassé en une unité d'espace, de temps et de force.

Qui peut sensément affirmer que la substance primordiale, dont l'univers est sorti, s'est entièrement épuisée à produire les particules élémentaires et l'énergie vive qui leur a ouvert l'espace-temps ?

N'en aurait-il point subsisté quelque résidu, naturellement réfractaire à la dilution dans l'espace et le temps et, partant, capable de garder pour toujours l'empreinte vivante de son unité native ?

Quant aux particules matérielles, pourquoi ne seraient-elles pas restées de quelque manière, en tant que témoins figés de l'état premier de l'univers, adhérentes à ce principe unitaire ?

On comprendrait alors d'où vient cette propension, si généralement répandue dans la nature, à produire des organismes toujours plus ramassés sur un centre unificateur.

Et l'on verrait, dans l'émergence d'un cerveau, l'aboutissement ultime des efforts déployés par l'esprit engagé dans ces constructions pour se libérer des entraves du besoin et rejoindre, à travers le dédale des circuits cérébraux, l'esprit libre du monde.

On peut aussi estimer que, dans cette vision de la cosmogonie, le statut de résidu convient mieux à la matière qu'à l'esprit.

Dans ce cas, on serait fondé à donner à cet esprit le nom qui lui revient : celui de Dieu.

APPENDICE

La naissance de l'univers.

Depuis que l'on sait analyser au spectroscope la faible lumière qui nous vient des lointaines galaxies, on sait que celles-ci s'éloignent de notre Voie Lactée à grande vitesse. Impossible, en effet, d'interpréter autrement ce décalage vers le rouge de la raie caractéristique de l'hydrogène, un gaz omniprésent dans le cosmos, aussi loin que portent nos télescopes les plus puissants. Ainsi donc, c'est un fait acquis, notre univers est en expansion.

Ce qui est le plus étonnant, c'est que, pour chacune de ces galaxies, le décalage de la raie de l'hydrogène vers le rouge est proportionnel à la distance qui nous en sépare. Cela veut dire que plus une galaxie est lointaine, plus vite elle s'éloigne de nous. Donc, si le cours du temps s'inversait, on verrait toutes les galaxies converger vers un point à l'exacte vitesse qui les amènerait simultanément à ce point.

Imaginez un rassemblement de dix mille milliards de milliards d'étoiles, dont certaines sont cent fois plus massives que notre soleil !

Les calculs des physiciens ont montré qu'une telle quantité de matière ne pourrait supporter une si formidable compression sans se transmuer en énergie. (Depuis Einstein on sait que $E = MC^2$). L'univers serait donc né il y a 13,7 milliards d'années d'une formidable explosion : le "*Big-Bang*".

On ne peut s'empêcher d'imaginer une boule de feu se dilatant dans un espace qui lui préexisterait.

En fait, la physique relativiste nous apprend que matière, espace et temps sont consubstantiels. Ces trois notions, qui nous sont familières, sont donc sorties des impressions particulières produites sur nos sens par un monde qui serait, en réalité, une indivise coulée d'existence.

Un univers qui, en se matérialisant, ouvrirait son espace-temps, voilà qui n'est guère facile de concevoir. Cela doit nous inviter à l'humilité et nous avertir que les règles de notre entendement ne sont pas nécessairement celles qui prévalent dans la réalité.

Qu'appelle-t-on matière ?

La matière est faite de particules élémentaires : les atomes, soit à l'état libre, soit associés en molécules. Il existe dans la nature 92 sortes d'atomes aux propriétés physico-chimiques extrêmement variées. Cette diversité cache cependant une unité de constitution plus profonde. Tous les atomes sont formés d'un noyau enveloppé d'un nuage d'électrons, qui gravitent autour de lui en couches superposées, selon une répartition immuable : 2 pour la première couche, 8 pour la deuxième, 18 pour la troisième, ...etc. Les propriétés d'un atome dépendent uniquement de sa grosseur et du nombre de ses électrons périphériques.

Ces deux caractéristiques sont déterminées par la structure du noyau. En effet, celui-ci est formé d'un agrégat de nucléons - protons et neutrons - très puissamment liés entre eux, et dont le nombre varie de 1 pour l'hydrogène à 238 pour l'Uranium. Or, le nombre d'électrons d'un atome est toujours égal à celui des protons de son noyau. La raison en est simple : chaque électron porte une charge électrique négative, chaque proton une charge positive, et l'atome doit être neutre, sous peine de perdre ses caractéristiques physico-chimiques et de devenir ce qu'on appelle un ion. Si la présence de neutrons n'a aucune incidence sur le nombre d'électrons, elle influence hautement la masse de l'atome puisque protons et neutrons sont près de 2000 fois plus lourds que l'électron. Ainsi, le noyau du deutérium, ou hydrogène lourd, est fait d'un proton associé à un neutron. Celui de l'hydrogène se réduit à un proton. Ces deux éléments ont les mêmes propriétés chimiques puisqu'ils ont tous deux un électron périphérique, mais le deutérium est deux fois plus lourd que l'hydrogène (ce sont des isotopes).

Pour les atomes de taille moyenne, le nombre de neutrons est le plus souvent égal à celui des protons. Il lui est supérieur pour les gros atomes.

À très haute température, l'agitation des atomes est telle que les électrons se désolidarisent de leur noyau, et il n'y a plus qu'une "soupe" de noyaux et d'électrons en désordre : c'est ce qu'on appelle un plasma. Lorsqu'un plasma refroidit, les électrons reviennent automatiquement se répartir en couches superposées autour des noyaux de manière à en neutraliser les charges positives et à reconstituer les atomes tels qu'ils étaient, en restituant leur architecture et leurs propriétés physico-chimiques.

On voit que le centre organisateur de l'atome est son noyau. De lui seul dépendent le nombre et l'ordonnance des électrons qui l'entourent, et comme les forces qui en assurent la cohésion sont un million de fois plus fortes que celles qui retiennent les électrons, c'est aussi un centre stabilisateur pour l'atome. C'est de lui que la matière tient la permanence de ses propriétés.

La genèse de la matière.

Comment notre boule de feu, qui n'était faite que d'énergie indifférenciée a-t-elle pu engendrer une telle variété d'atomes ?

À mesure qu'elle s'est dilatée, la boule de feu s'est refroidie. Alors, disent les spécialistes, s'est produite une "transition de phase". Au sein de cette énergie détendue apparaissent des corpuscules : quarks, gluons, électrons. En fait, nous savons, depuis Einstein que ces particules sont elles-mêmes de l'énergie "figée", et restée condensée.

Entre ces particules circule une autre forme d'énergie, une énergie vive qui les propulse dans tous les sens avec d'autant plus de violence que la température est élevée. L'effet de cette agitation serait de diluer uniformément ces particules dans un espace indéfiniment élargi si celles-ci n'étaient soumises à certaines interactions. Seraient-elles douées de mémoire, qu'on pourrait se demander si quelque nostalgie de leur intimité passée ne les pousserait pas à résister à cette expansivité[46].

Toujours est-il que des forces attractives associées à des phénomènes ondulatoires bornent et mesurent l'espace qui les sépare : elles codifient leur danse frénétique et leur imposent des figures stables. Les plus puissantes de ces interactions, mais aussi celles qui s'exercent à plus courte distance, vont se mettre à l'œuvre dès la quatrième minute après le big-bang pour confiner les quarks et les gluons en protons et neutrons : notre boule de feu est devenue maintenant un plasma de nucléons et d'électrons : cet environnement, encore très chaud et très dense, est favorable aux premières fusions thermonucléaires, qui mettent en jeu l'interaction forte : l'union d'un proton et d'un neutron produit un noyau de deutérium ; celle de deux protons et de deux neutrons un noyau d'hélium.

Dès que la température le permet, c'est-à-dire un million d'années après le big-bang, les électrons soumis à l'interaction électromagnétique se stabilisent autour des noyaux pour donner les trois atomes les plus légers que nous connaissons.

L'univers est donc devenu un immense nuage gazeux d'hydrogène, de deutérium et d'hélium. Cette matière originelle constitue aujourd'hui encore plus de 99 % de la masse visible de l'univers.

---

46. Quand on parle de particules ou de corpuscules, on se réfère évidemment à notre expérience d'êtres humains, qui nousfait appréhender la surface tangible des objets comme une frontière absolue entre le vide et le plein. Ici, rien de tel : les forces que développent ces particules dans leurs interactions ne sont qu'une autre forme de l'énergie qui les constitue. En somme, on peut dire qu'elles continuent d'exister au-delà de leurs limites matérielles.
Par ailleurs, il ne serait pas déraisonnable d'admettre qu'il subsistât au sein de ces particules, qui, après tout, sont des vestiges, parcellaires et figés, d'un univers archaïque, dans lequel l'Espace-temps ne faisait que s'entrouvrir, quelque aptitude à transcender ces limites d'espace et de temps dans lesquelles nous confinent nos sens et notre entendement.
Dans ce cas, leur prêter une mémoire ne serait peut-être pas une simple vue de l'esprit.

La nucléosynthèse stellaire.

Dans son élan, cette énorme boule gazeuse poursuit toujours son expansion. Elle se fragmente en protogalaxies qui ne cessent désormais de s'éloigner. Au sein de chacune d'elles, des étoiles de première génération se forment par condensation de l'hydrogène et de l'hélium sous l'effet de l'interaction gravitationnelle.

Plus ces étoiles sont massives, plus leur pression et leur température centrales sont élevées. À partir d'un certain seuil, se déclenche une nouvelle série de fusions thermonucléaires. Celles-ci étant productrices de chaleur, c'est le point de départ d'une suite de réactions en chaîne :

• à 10 millions de degrés et à une densité de 100 g/cm3 : 3 noyaux d'hélium fusionnent en un noyau de carbone. L'adjonction d'un quatrième noyau d'hélium aboutit au noyau d'oxygène.

• à 100 millions de degrés et une densité de 10 000 à 100 000 g/cm3 : deux noyaux de carbone fusionnent pour donner le noyau de magnésium. Il peut s'y joindre un noyau d'hélium pour former le noyau de silicium.

• à 1 milliard de degrés et une densité supérieure à 1 million de g/cm^3 : deux noyaux d'oxygène peuvent s'unir pour donner le noyau de soufre...

C'est à des températures et des pressions encore supérieures qu'apparaissent les noyaux de calcium, de titane et de fer.

Au-delà, la pression est telle, dans le cœur de l'étoile, que celle-ci explose : on voit alors briller dans le ciel, pendant quelques semaines, une étoile "nouvelle", une supernova, telle celle que les astronomes chinois ont observée en l'an 1054 dans ce coin du ciel où nos télescopes détectent maintenant un nuage de poussières appelé nébuleuse du crabe.

C'est dans le flux impétueux des neutrons produits par cette explosion que naissent les noyaux les plus lourds, jusqu'à l'uranium 238, l'élément naturel le plus dense qui soit.

Ainsi est née la matière, en trois phases successives qui correspondent aux étapes de la genèse graduelle des éléments chimiques : dans la fournaise initiale, formation des particules élémentaires, puis naissance à partir de celles-ci, de petits atomes à une couche d'électrons, enfin dans les étoiles, formation des gros atomes, à plusieurs couches d'électrons, par condensation des petits atomes. Chaque étape apporte un surcroît de complexité et un gain de diversité. Voici nées, dans un univers au départ indifférencié, les premières individualités.

La formation du système solaire.

Certains noyaux atomiques parfaitement stables aux pressions et températures de l'étoile qui les avait engendrés deviennent instables dans le vide interstellaire où les projette l'explosion de la supernova. Ils subissent alors des remaniements : perte de neutrons, de noyaux d'hélium, fissions… (ce qu'on appelle la radioactivité) qui vont progressivement les amener à un nouvel état de stabilité. Bien que la radioactivité décroisse dans le temps de façon régulière, elle peut se prolonger pour certains éléments, pendant plusieurs milliards d'années.

Les mesures de la radioactivité résiduelle d'éléments à longue vie semblent indiquer que le système solaire se serait formé à partir des restes de deux supernovae voisines qui auraient explosé à 100 millions d'années d'intervalle, il y a un peu plus de 4,6 milliards d'années.

Le nuage protosolaire n'était pas fait seulement d'atomes isolés. Ceux-ci, en effet, montrent une singulière propension à s'unir spontanément en molécules même dans le vide interstellaire, à une température proche du zéro absolu. Les gaz et les poussières solides de ce nuage contenaient donc, outre l'ensemble des éléments chimiques, toutes les molécules minérales que nous connaissons sur Terre ainsi que nombre de petites molécules organiques. Ce nuage était alors assez dense pour que s'y exerce l'interaction gravitationnelle : il s'est donc comprimé sur lui-même. Ainsi naissent les étoiles de deuxième génération. Cependant, notre nuage protosolaire tournait lentement sur lui-même, de sorte qu'il était aussi soumis à une force centrifuge : tandis que la plus grande partie de sa substance se condensait en un gros astre central, destiné à devenir notre soleil, le reste (moins d'un millième de la masse totale) se satellisait en un immense disque d'un diamètre trente millions de fois supérieur à celui du soleil. Entraînées dans une ronde sans fin, ces poussières se sont rassemblées, au hasard des collisions, en une nuée d'astéroïdes. Les astéroïdes les plus éloignés sont restés isolés : ce sont les noyaux cométaires : ils se parent d'une belle chevelure lumineuse lorsqu'ils viennent nous visiter et sublimer leur glace sous la morsure des rayons solaires.

Les plus proches, au contraire, s'unirent pour former les planètes qui gravitent autour de notre étoile. Cette accrétion n'est d'ailleurs pas terminée bien qu'elle n'ait cessé de décroître dans le temps, puisque notre planète reçoit encore chaque année plusieurs dizaines de milliers de tonnes de poussières et météorites venues de l'espace interplanétaire.

Quant au soleil, il s'est "allumé" dès que sa taille eut atteint le seuil à partir duquel se déclenchent les réactions de fusion de l'hydrogène en hélium : la chaleur produite, au cœur de l'astre, l'embrasa tout entier.

Il ne cessera de rayonner cette chaude lumière que nous lui connaissons tant qu'il y restera de l'hydrogène à brûler. Les spécialistes lui donnent encore quatre milliards d'années à vivre.

Cette formidable source de chaleur a eu, sur les gaz les plus légers du système solaire, un impact puissant : fortement accélérées par cette énergie rayonnée, les petites molécules d'hydrogène et d'hélium furent refoulées au-delà de l'orbite actuelle de la planète Mars. Voilà pourquoi les quatre planètes les plus proches du soleil ont une atmosphère bien ténue et pauvre en gaz légers, en comparaison des planètes suivantes qui disparaissent sous un épais manteau gazeux.

La planète Terre, berceau de la Vie.

La Terre est la troisième planète du système solaire. Entre Vénus et Mars, elle fait partie de ces planètes proches du Soleil dont l'atmosphère peu épaisse ne fait pas écran à nos moyens de détection, et qu'on appelle pour cette raison planètes rocheuses. Leur atmosphère est faite de gaz plus lourds que l'hydrogène et l'hélium. Ils se sont dégagés de leur manteau dès le début de leur existence. À cette époque, nombreux étaient les éléments hautement radioactifs, si bien que ces jeunes planètes, à l'instar du cœur d'un réacteur nucléaire devenu fou, ont complètement fondu sous l'effet de la chaleur dégagée.

Dans ce milieu liquide, leurs matériaux se sont sédimentés selon leur densité : au centre un noyau riche en fer et en nickel, puis un épais manteau silicaté dont le tumultueux bouillonnement laissait échapper de grandes quantités de substances gazeuses : vapeur d'eau, dioxyde de carbone, acide chlorhydrique, ammoniac, sulfure d'hydrogène, méthane, gaz rares... Celles mêmes qu'émettent, encore maintenant, les laves de nos volcans. On remarquera que cette atmosphère primitive était dépourvue d'oxygène.

Cependant, notre jeune planète, lentement, refroidit. Une croûte basaltique se forme à sa surface. De sa dense atmosphère attiédie se dégage l'eau liquide, entraînant dans sa chute les gaz solubles : acide chlorhydrique, ammoniac, dioxyde de carbone... Au contact du sol, l'eau acide attaque et dissout un grand nombre de minéraux pour devenir l'eau salée des océans, et donner les premiers sédiments carbonatés (calcaires et dolomies). Ainsi épurée l'atmosphère laisse enfin pénétrer les rayons du soleil. Alors, entre évaporation et condensation, s'installe définitivement le cycle de l'eau. Peu à peu l'atmosphère se vide de tout ce que l'eau peut lui prendre : la quasi-totalité du dioxyde de carbone disparaît pour former, avec le calcium et le magnésium des océans, ces énormes bancs calcaires et dolomitiques qui aujourd'hui encore, charpentent, dans les paysages qui nous sont familiers, collines, plateaux et contreforts montagneux.

Pendant ce temps, les courants convectifs du manteau se sont assagis. Alors, au sein des silicates mantéliques se fait une ségrégation : les plus légers se rassemblent à la surface, formant avec la silice une croûte granitique qui, pendant deux milliards d'années, ne cessera de s'étendre. Ainsi naquirent les continents, radeaux erratiques flottant sur une mer mouvante de roches pâteuses.

Leurs déplacements, leurs collisions, leurs cassures font l'objet de cette science encore neuve que les géologues appellent tectonique des plaques.

L'apparition de la vie : l'étape Procaryote[47].

Grande fut la surprise des spécialistes lorsque se répandit la nouvelle qu'on avait trouvé des traces certaines de bactéries photosynthétiques dans les plus vieilles roches sédimentaires connues. Elles dataient de 3,8 milliards d'années. Notre Terre n'avait que 750 millions d'années d'existence !

Pour comprendre l'étonnement des savants, il faut savoir que, malgré sa petite taille (1 µm de diamètre) une bactérie est à elle seule un monde grouillant de 4 à 6000 sortes de molécules qui, toutes, ont leur rôle à jouer dans une formidable entreprise de construction.

À la surface, une épaisse paroi rigide protège le chantier, et lui donne forme. Elle est doublée d'une membrane plasmique, mince et souple, dont le rôle est de filtrer les entrées et les sorties.

À l'intérieur, dans la gelée appelée cytoplasme, travaillent sans relâche des millions d'ouvriers spécialisés : les enzymes. Certaines sont libres dans le cytoplasme, d'autres fixées à des membranes : membrane plasmique pour les perméases qui facilitent le passage de certaines substances ; membrane du thylakoïde, petit sac où se fait une partie importante de la photosynthèse. Les enzymes qui sont libres ont pour tâche d'assurer le métabolisme général de la cellule : fabrication des molécules nécessaires à son entretien, à sa croissance, à sa reproduction (anabolisme) ; destruction des molécules usées ou devenues inutiles (catabolisme).

L'anabolisme absorbe de l'énergie. Le catabolisme en restitue. Cependant, le bilan énergétique global serait négatif si la bactérie ne puisait à une source extérieure. Le supplément d'énergie, les bactéries photosynthétiques le trouvent dans la lumière solaire qu'elles captent grâce à leur chlorophylle. Ainsi elles peuvent fabriquer toutes les molécules organiques dont elles ont besoin. Elles se contentent donc, pour vivre, de petites molécules minérales partout présentes. On dit qu'elles sont autotrophes.

La photosynthèse est une prouesse biochimique assez étonnante. C'est la membrane du thylakoïde qui porte les pigments chlorophylliens et les enzymes qui lui sont associées.

L'opération commence par une déshydrogénation d'une molécule minérale (à cette époque, c'était le sulfure d'hydrogène, qui abondait dans un environnement privé d'oxygène à l'état gazeux).

Chaque atome d'hydrogène arraché au sulfure d'hydrogène se scinde en proton et électron. Tandis que les protons restent prisonniers du thylakoïde, les électrons entament une migration dans la membrane de cet organite qui va les conduire au contact de la chlorophylle. Puissamment activés grâce à l'énergie solaire captée par ce pigment, ils sont maintenant capables de mettre en mouvement des pompes à protons, dont le rôle est de faire passer à l'intérieur

---

47. Du grec *Proto* : primitif, et *Caryo* : noyau. On désigne ainsi le grand ensemble des bactéries.

du thylakoïde d'autres protons, qui vont s'ajouter à ceux qui y étaient déjà.

Or, les protons sont chargés positivement. Ils se repoussent donc puissamment, et tendent à fuir hors du thylakoïde. La seule issue possible est un petit canal creusé à l'intérieur d'une enzyme appelée ATPase. (schéma page suivante)

Telles des petits moulins, ces ATPases, actionnées par ce flux continu de protons, rechargent inlassablement des molécules d'ATP[48], mettant ainsi en réserve l'énergie cinétique des protons.

À leur sortie, les protons qui ont échappé aux pompes retrouvent leur électron. L'hydrogène reconstitué est aussitôt pris en charge par un transporteur d'hydrogène qui va le céder à une enzyme cytoplasmique. Celle-ci le fixe sur une molécule de dioxyde de carbone, en le substituant à l'un de ses deux atomes d'oxygène. Cette opération exige un apport d'énergie : c'est l'ATP qui y pourvoit.

Le bilan global de cette photosynthèse peut donc s'écrire ainsi :

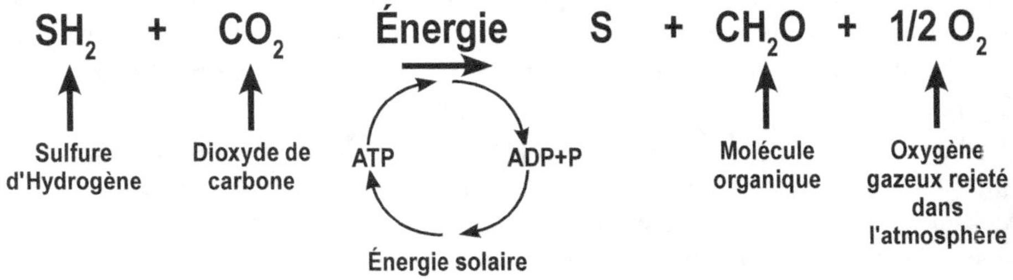

À partir de la molécule CH_2O et de sels minéraux qu'elle prélève dans le milieu ambiant, la cellule bactérienne peut fabriquer toutes les molécules organiques dont elle a besoin.

Les protéines : des molécules bonnes à tout faire.

Quelles sont donc ces fées du logis appelées enzymes et qu'on a vues à l'œuvre dans la photosynthèse ?

Ce sont d'énormes molécules azotées - des protéines - faites de plusieurs centaines - voire de milliers - de petites molécules organiques assemblées en chapelet. Celles-ci sont toutes bipolaires : un pôle positif (une fonction amine),

48. La molécule d'ATP, ou Adénosine Tri-Phosphate, est la seule source d'énergie directement exploitable par toutes les cellules vivantes. Elle libère son énergie potentielle lorsqu'elle est hydrolysée et qu'elle perd un (et parfois même deux) groupement phosphate :

$$A - P \sim P \sim P + H_2O \longrightarrow A - P \sim P + P + \text{énergie}$$

(A = adénosine ; P = groupement phosphate : $P0_4^{3-}$; ~ = Liaison riche en énergie)

L'Adénosine diphosphate (A-P~P) peut se recharger en énergie en se liant à un troisième groupement phosphate (avec perte d'une molécule d'eau). Cette opération absorbe de l'énergie parce qu'elle ne peut se faire sans vaincre la puissante répulsion qui s'exerce entre l'ADP et le groupement phosphate, tous deux très négatifs. On comprend pourquoi la réaction inverse restitue de l'énergie. Le groupement phosphate libéré est projeté avec force, comme s'il était mû par un ressort comprimé.

un pôle négatif (une fonction acide). On les appelle pour cette raison des acides aminés. Il en existe exactement vingt sortes dans toutes les protéines connues. Les cellules vivantes utilisent ces acides aminés comme les pièces détachées d'un jeu de construction. Elles les assemblent bout à bout, c'est-à-dire pôle à pôle (les pôles de signe contraire se correspondent parfaitement) dans un ordre dont elles seules ont le secret, et dont dépendent la forme et les propriétés de la protéine. En effet, les acides aminés ne sont pas indifférents entre eux : certains s'attirent, d'autres se repoussent, certains aiment l'eau, d'autres la fuient, de sorte que leurs longues files ne restent pas linéaires. Au gré des affinités de leurs constituants, elles font de nombreux et savants replis, sculptant ainsi de petits objets dont la forme, qui peut être très complexe, est toujours prédéterminée par la séquence de leurs acides aminés. Les protéines sont, pour les cellules vivantes, une inépuisable ressource : elles leur fournissent tout le nécessaire que le milieu extérieur ne peut leur apporter. Cela va du simple matériau de construction au complexe enzymatique le plus sophistiqué.

Certaines protéines peuvent même changer réversiblement de forme et de propriétés selon les circonstances : fibres contractiles, canaux ioniques s'ouvrant à la demande, enzymes réglant leur activité sur les besoins de la cellule...

Tout un monde de susceptibilité et de réactivité qui n'est plus tout à fait celui de la chimie, mais déjà celui de la Vie.

L'ADN, une molécule-mémoire sur laquelle repose tout l'édifice vital.

Toutefois, il y a le revers de la médaille : les protéines sont fragiles. Les forces qui maintiennent en place leurs replis sont ténues et cèdent aux sollicitations mécaniques répétées, aux variations thermiques et aux agressions chimiques : le seul remède est donc de les renouveler à mesure qu'elles s'usent. Le problème, c'est que chaque protéine est faite d'une séquence bien particulière d'acides aminés. Changez-en un seul, et la protéine peut perdre tout son pouvoir. Or, des formules possibles de protéines, il y en a une quasi-infinité. Limitons à 100 le nombre de leurs acides aminés : cela ferait 20^{100} séquences possibles ! La formule d'une protéine active est donc une rareté qu'il serait illusoire de chercher à retrouver par simple tâtonnement, chaque fois qu'on en a besoin. Force est donc d'en conserver la précieuse formule.

Voilà pourquoi chaque cellule vivante possède en son centre une molécule d'ADN qui fonctionne comme une mémoire d'ordinateur. Elle engramme, dans sa longue séquence linéaire de bases azotées la formule de toutes les protéines cellulaires. Le code n'est pas binaire mais quaternaire (il existe quatre bases azotées différentes), et l'unité codante n'est pas un octet mais un triplet : 64 codons suffisent largement à désigner les 20 acides aminés, et, en plus, les signaux de début et de fin de molécule. Ainsi, la vie de chaque cellule est suspendue à son ADN. Nécessaire à maintenir en bon état sa machine, il l'est aussi à sa reproduction puisque chaque cellule fille devra recevoir une copie fidèle de l'ADN de la cellule-mère.

C'est donc à la fois sur l'accessibilité et sur la pérennité du message génétique que repose la viabilité de l'aventure vitale : deux exigences a priori incompatibles : tout message ne finit-il pas, en effet, par se dégrader au fil des lectures et des copies successives qu'on en fait ?

Pour prévenir un tel inconvénient, la cellule multiplie les précautions.

D'abord, nous avons vu qu'elle avait adopté un système de codage de l'information qu'on pourrait qualifier de numérique (digital en anglais), par opposition à analogique. Dans un tel système, l'information est décomposée (on peut dire aussi désarticulée) en unités de sens à chacune desquelles correspond arbitrairement un signal (ou codon) lui-même composé (on peut dire aussi articulé) de trois bases azotées consécutives[49]. À cela, deux conséquences. D'abord, l'information est pulvérisée en éléments unitaires, les bases azotées, dont aucun n'est privilégié par rapport aux autres. Les inévitables dégradations de l'ADN produites par son fonctionnement ne pourront donc être qu'aléatoirement réparties sur sa longue molécule. Tout aussi fortuites seront les altérations du message génétique. Dans ces conditions, toute cellule pourra trouver chez sa voisine l'information perdue, pour peu qu'elles pratiquent toutes deux des échanges d'ADN et qu'elles appartiennent à des lignées différentes. C'est précisément l'une des raisons d'être de la sexualité.

Deuxième conséquence, si le lien entre signifiant et signifié est arbitraire, tout aussi arbitraire sera la répercussion sur le signifié d'une altération du signifiant.

Ainsi, une lésion de l'ADN, aussi légère soit-elle, comme la substitution d'une base azotée par une autre (mutation ponctuelle) peut être catastrophique pour la cellule, au point d'être incompatible avec sa survie (dans ce cas, la mutation nocive s'élimine d'elle-même). Mais elle peut tout aussi bien être neutre, et même, la chance aidant, bénéfique. Alors, la nouvelle formule, correspondant à une protéine plus efficace (tout au moins dans ces conditions de vie), se répandra rapidement dans la population, au rythme même de l'expansion de la lignée cellulaire favorisée.

Ainsi donc, grâce à ce mode d'écriture, les bactéries ont d'emblée détenu le moyen non seulement d'éviter, par le biais de la sexualité, la dégradation de leur message génétique, mais aussi d'en améliorer la teneur en testant sans

---

49. Les linguistes reconnaîtront ici la double articulation propre à tout langage. L'analogie est évidente : il s'agit dans les deux cas, de faire tenir dans un petit nombre de signes simples et permanents une quasi-infinité de signifiés sans en limiter ni la complexité, ni l'originalité. On pourrait dire encore qu'il s'agit d'ancrer dans le concret, de manière stable et reproductible, sous la forme d'une suite de signes qui se déroule linéairement dans le temps, une réalité (protéines ou idées) complexe et changeante faite d'individualités qualitativement distinctes. En un mot, un langage (génétique ou humain) est le moyen de faire de la qualité avec de la quantité. Il est un pont entre deux mondes hétérogènes, tant leur degré de complexité est inégal.

relâche toutes les formules possibles pour n'en retenir que les plus performantes.

Une autre particularité de l'ADN va contribuer à la conservation et à la diffusion du message génétique : c'est la complémentarité des bases azotées : celles-ci ont, en effet, la propriété de s'associer deux à deux, de manière biunivoque : chacune ne se lie qu'à l'une des trois autres et réciproquement.

La molécule d'ADN étant formée de deux brins complémentaires, chaque cellule détient deux copies du message génétique ; l'une en "positif", l'autre en "négatif" comme on disait à l'époque de la photographie argentique.

Cette disposition va permettre de faire très facilement des copies du message génétique. Il suffit pour cela d'ouvrir provisoirement la molécule d'ADN en séparant les deux brins dont elle est faite ; la chose est aisée puisque les forces qui associent deux bases complémentaires sont plus ténues que celles qui les relient à leur brin d'ADN. Chaque brin peut alors servir de matrice pour fabriquer un brin complémentaire.

C'est à ce procédé qu'a recours la cellule vivante chaque fois qu'elle a besoin d'utiliser son message génétique, ou de le transmettre à sa descendance.

Dans le premier cas, elle n'en fait qu'une copie partielle: seule une petite longueur du brin négatif de l'ADN est transcrite en positif sous la forme d'une molécule mémoire de même structure que le brin d'ADN, avec quelques différences de détail : l'ARN messager. Il porte toutes les informations nécessaires à fabriquer une protéine cellulaire, et c'est lui qui va guider le travail des ribosomes, corpuscules auxquels incombe cette mission.

L'intérêt de ce dispositif est évident : il représente un remarquable remède, à la fois préventif et curatif, contre la dégradation de l'ADN vital. Préventif puisque seule la copie est exposée à l'agression des outils de la protéosynthèse ; curatif puisque, si, malgré tout, des lésions apparaissent sur le brin d'ADN transcrit, les enzymes de réparation de l'ADN trouveront toujours, sur le brin non transcrit, les informations nécessaires à les effacer.

Dans le second cas, la cellule fait une copie complète de son ADN : les deux brins sont intégralement répliqués pour donner 2 molécules identiques d'ADN ; chacune est faite d'un brin ancien associé à un brin nouveau et constitue la pièce maîtresse du viatique légué par la cellule-mère à sa descendance.

On ne peut qu'être émerveillé par la profusion des dispositifs anti-usure de l'ADN que ces cellules bactériennes avaient montés dès l'origine. Pour que l'aventure de la Vie ne tournât pas court, il était essentiel, en effet, que chaque modification de l'ADN transmis dans les lignées cellulaires correspondît, non pas à une dégradation mais à une amélioration du message génétique, c'est-à-dire à un accroissement d'efficacité.

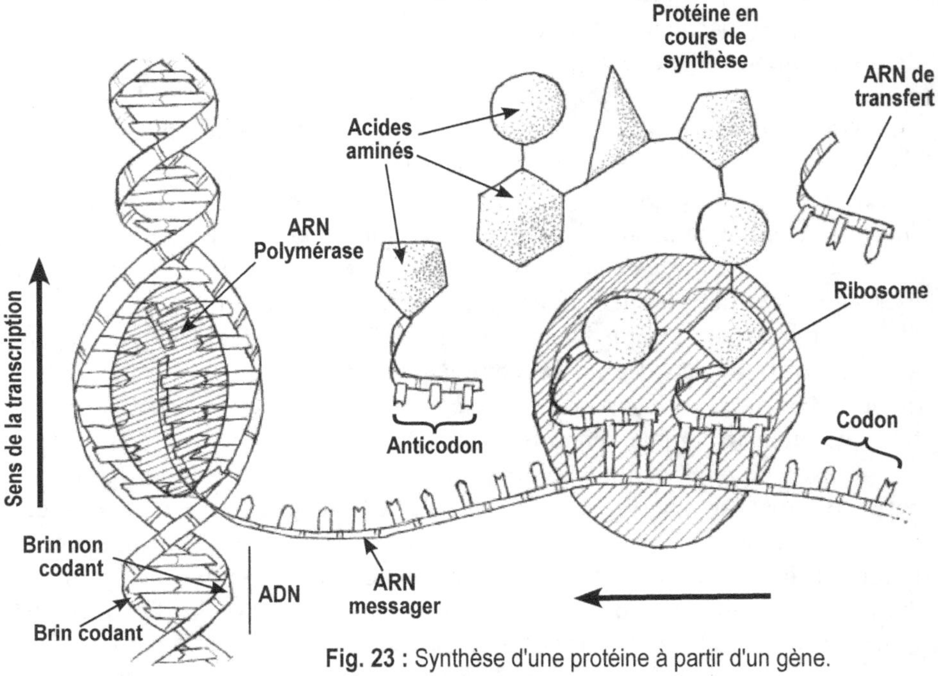

Fig. 23 : Synthèse d'une protéine à partir d'un gène.

Chez les Procaryotes, la transcription de l'ADN en ARN messager et l'expression de l'ARNm en protéine se font simultanément.

Ainsi, dans cette quête de la perfection qui a duré plus de deux milliards d'années, les bactéries n'ont cessé de ciseler, à petits coups de mutations, ces précieuses protéines qui forment aujourd'hui encore l'infrastructure de toute la Vie.

Un point reste encore à examiner. Comment est-il possible que chaque cellule bactérienne détienne exactement les formules de toutes les protéines qui lui sont nécessaires pour accomplir l'ensemble de ses fonctions vitales ? Ne venons-nous pas de montrer que ces formules étaient nées de la rencontre hautement improbable d'accidents génétiques, et comme tels, aléatoires ? Une protéine particulièrement performante a pu naître dans une lignée qu'un gène défectueux voue, par ailleurs, à une inéluctable disparition.

Là encore, le remède relève de la sexualité. Les bactéries pratiquent une sexualité simpliste qui consiste à transférer d'une cellule à l'autre un morceau d'ADN. C'est au hasard de ces transferts qu'ont pu se former des assortiments génétiques particulièrement heureux. Les cellules ainsi pourvues, jouissant, dans leur milieu vital, d'une santé et d'une fécondité accrues, ne tardent pas à s'y épanouir au détriment des autres lignées. Ainsi se réalise, progressivement, l'adéquation exacte entre une formule génétique et un milieu de vie et s'explique

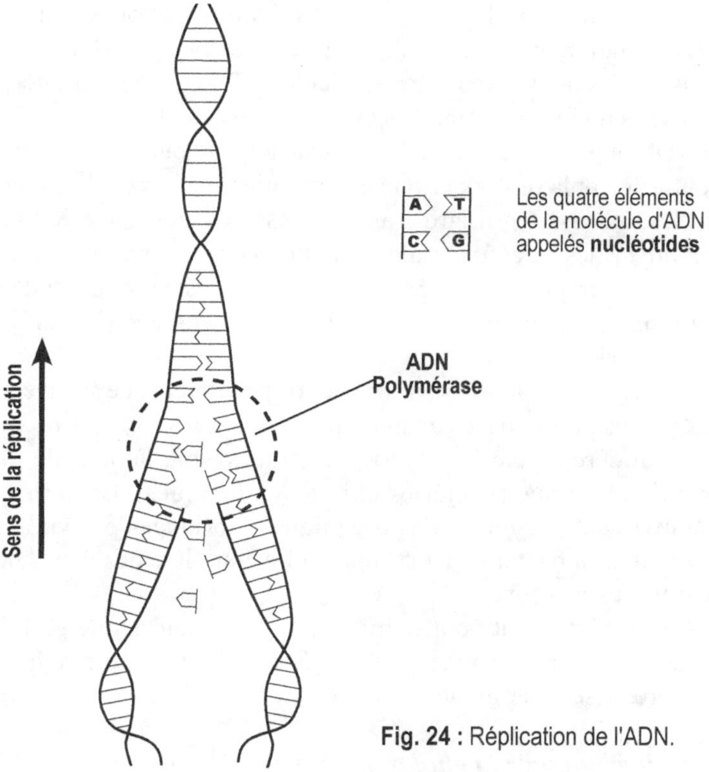

Fig. 24 : Réplication de l'ADN.

le grand pouvoir d'adaptation qu'on s'accorde à reconnaître aux bactéries en général.

On peut mieux comprendre maintenant pourquoi la présence d'une bactérie photosynthétique sur une planète âgée de seulement 750 millions d'années peut surprendre. Il faut admettre que, dans ce laps de temps relativement court, se sont succédé deux phénomènes d'ampleur planétaire : d'abord, un abaissement général de la température du globe terrestre suffisant pour qu'à sa surface puissent naître et subsister les fragiles molécules organiques ; puis l'accumulation, dans l'eau tiède des océans, d'une quantité et d'une variété suffisante de ces substances pour qu'en cette "soupe primitive" se produisent aléatoirement entre elles toutes les interactions créatrices de Vie.

Certes, les conditions physico-chimiques de la surface terrestre étaient à cette époque favorables à la synthèse spontanée de ces molécules. On peut aussi penser que l'apport météoritique de substances organiques n'a pas été négligeable. Mais quand on connaît la complexité du fonctionnement d'une bactérie photosynthétique, on ne peut manquer de se demander si elle doit son existence au seul hasard. On ne sait rien de cette alchimie de la soupe primitive. Dans un premier temps sans doute, acides nucléiques et protéines se formèrentils par condensation chimique des petites molécules organiques. Ils auraient pu alors engendrer, en milieu ouvert, une sorte de protovie, fonctionnant au ralenti, au hasard des rencontres entre molécules affines. Mais par quel prodige se sont retrouvées un jour rassemblées et connectées en un globule de gelée centré sur son ADN et limité d'une membrane, exactement toutes les molécules nécessaires à l'entretien et la reproduction de la première bactérie ? Cela reste un mystère.

De -3,8 à -1,6 milliard d'années, les bactéries régnèrent sans partage sur le monde. Elles ne connaissaient aucun prédateur : nul protozoaire, nulle larve de vermisseau pour s'en repaître ! Dans l'atmosphère, point d'oxygène qui les eût immanquablement agressées. Partout, une douce tiédeur. Un vrai paradis pour bactéries !

Aussi ne se sont-elles pas privées de proliférer et de se diversifier : bactéries autotrophes productrices de matière organique, avec comme source d'énergie soit la lumière (bactéries photosynthétiques) soit, là où celle-ci faisait défaut, l'énergie chimique (bactéries chimiosynthétiques). Bactéries hétérotrophes se nourrissant des molécules organiques fabriquées par les autotrophes... À chaque lieu sa bactérie, avec sa panoplie complète des gènes nécessaires à en exploiter les ressources.

Bref, tout allant pour le mieux, la gent bactérienne pullula si fort qu'un jour survint la catastrophe : il y a deux milliards d'années, la Terre connut sa première crise écologique.

L'invention de la photosynthèse aérobie.

L'oxygène que dégageaient les nombreuses populations de bactéries photosynthétiques depuis 1,8 milliard d'années finit par oxyder tout le sulfure d'hydrogène de la planète.

Or, c'est lui qui fournissait aux bactéries photosynthétiques l'hydrogène nécessaire à réduire le carbone. Bien qu'il y eût sur Terre d'autres bactéries autotrophes (les bactéries chimiotrophes) c'était tout de même les bactéries photosynthétiques qui produisaient la quasi-totalité de la matière organique. Sans elles, la Vie eût été réduite à la portion congrue, et son accès aux degrés supérieurs de l'organisation vivante à jamais interdit : la belle aventure eût tourné court.

Tout le monde sait que c'est en situation de crise que se sont faites les plus grandes découvertes. Poussées par la nécessité, nos bactéries inventent la photosynthèse dite aérobie : c'est une photosynthèse à deux étages, capable d'extraire l'hydrogène de l'eau et après l'avoir, en deux impulsions successives, porté au niveau énergétique convenable, de le fixer au dioxyde de carbone : une prouesse que nos meilleurs chimistes ne peuvent réaliser en douceur, dans les conditions qui sont celles de la vie. L'eau étant l'un des constituants les plus abondants de la biosphère, voici le problème définitivement réglé.

Cependant, ce type de photosynthèse produit deux fois plus d'oxygène. À l'état libre, cet élément est très agressif.

Il va d'abord se fixer sur tout ce qui est oxydable dans le milieu aquatique. Ainsi tout le fer resté à l'état ferreux, soluble, s'oxyde à l'état ferrique et précipite dans les sédiments, les drapant d'une riche palette de couleurs allant du jaune au rouge sang. De cette époque datent la plupart des gisements de ce métal.

Après quoi, l'oxygène se dégage à l'état gazeux dans l'atmosphère. Lentement, mais inexorablement, celle-ci va devenir de plus en plus oxydante. Nul recoin de la surface terrestre ne peut maintenant se soustraire à cet oxygène omniprésent.

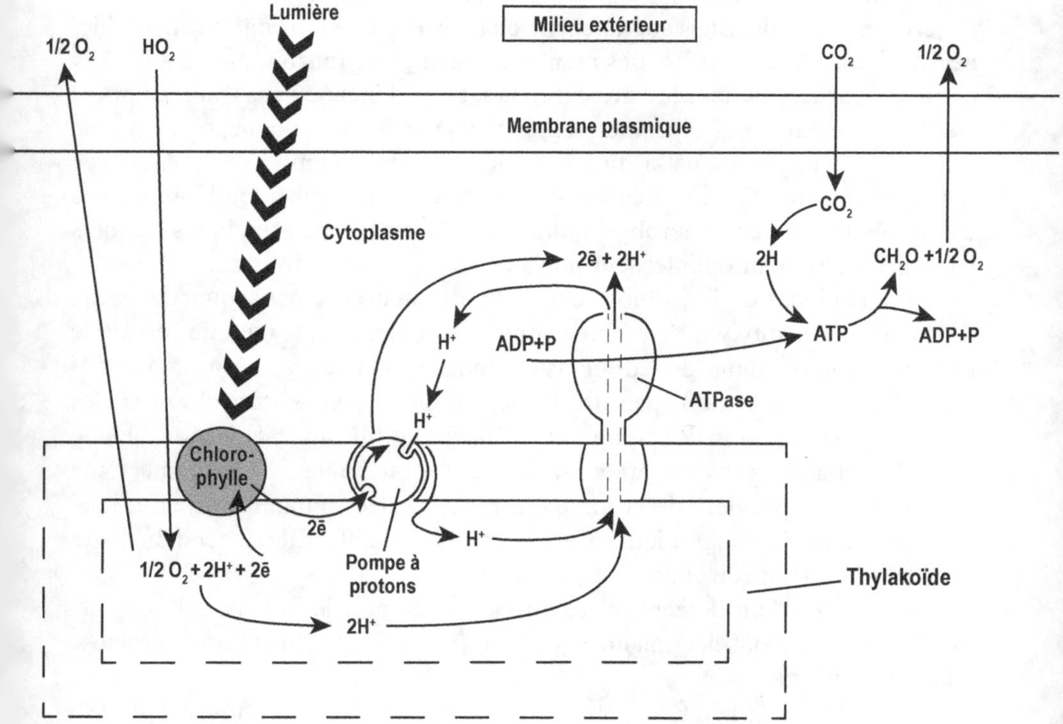

Fig. 25 : Translocation des protons (H+) et des électrons (ē) dans la photosynthèse aérobie

La formule globale peut s'écrire : $H_2O + CO_2 + \text{énergie} \longrightarrow CH_2O + 1/2\ O_2$
Molécule organique

L'invention de l'aérobiose.

Toutefois, c'est sur les bactéries que se fera le plus fâcheusement sentir la présence d'oxygène gazeux.

Telle a été la deuxième crise écologique qu'il leur a fallu surmonter. En effet, ce gaz nouveau venu se révèle particulièrement toxique pour elles. À cela, il n'y a que deux solutions : soit se soustraire à sa nocivité en le fuyant, soit apprendre à le neutraliser. Celles qui ont adopté la solution de la facilité sont devenues les bactéries anaérobies. Elles ont survécu jusqu'à aujourd'hui dans les milieux pauvres en oxygène, dans les profondeurs du sol ou de la mer ; celles qui ont fait l'effort de s'adapter sont devenues les bactéries aérobies. Elles ont acquis pour ce faire, un nouvel équipement enzymatique leur permettant d'utiliser l'oxygène pour oxyder complètement les molécules organiques, utilisées déjà comme métabolites par les hétérotrophes, de manière à en extraire toute l'énergie potentielle. Elles gagnaient au change, puisque l'oxydation anaérobie, nécessairement incomplète, des mêmes molécules ne fournit que 30 à 40 fois moins d'énergie. Comme elles avaient eu la sagesse d'inclure dans leur membrane plasmique ces enzymes oxydantes, regroupées en unités fonctionnelles, l'oxygène se trouvait neutralisé, c'est-à-dire ionisé, avant même d'entrer en contact avec leur cytoplasme. Ainsi protégées, et jouissant d'une plus abondante source d'énergie, les bactéries aérobies pullulèrent de plus belle : quelques minutes leur suffisaient pour doubler leur poids et accomplir une division.

L'avènement de l'aérobiose eut une autre heureuse conséquence : celle de renouveler le dioxyde de carbone atmosphérique, dont le taux ne cessait de baisser : piégeage dans les sédiments carbonatés et photosynthèse eussent fini par le faire entièrement disparaître si l'aérobiose - qui subsistera chez tous les Eucaryotes sous le nom de respiration - n'était pas venue inverser le mouvement.

C'est donc la transformation inverse de la photosynthèse. En somme, toute l'énergie vitale provient de la force qui retient l'électron au noyau atomique (interaction électromagnétique). Cette force est variable. Elle dépend du degré d'électro-négativité de chaque élément.

En passant d'un élément peu électronégatif comme le carbone, à l'oxygène, très électronégatif, un électron libère de l'énergie. Tel est le principe de l'aérobiose (et de la respiration).

Dans le cas de la photosynthèse, l'électron fait le chemin inverse grâce à l'énergie solaire captée par les pigments chlorophylliens.

Bilan de l'étape procaryote.

Désormais, la vie bactérienne a trouvé un harmonieux équilibre avec sa planète : toutes les matières premières qu'elle lui emprunte sont recyclées, y compris le dioxyde de carbone.

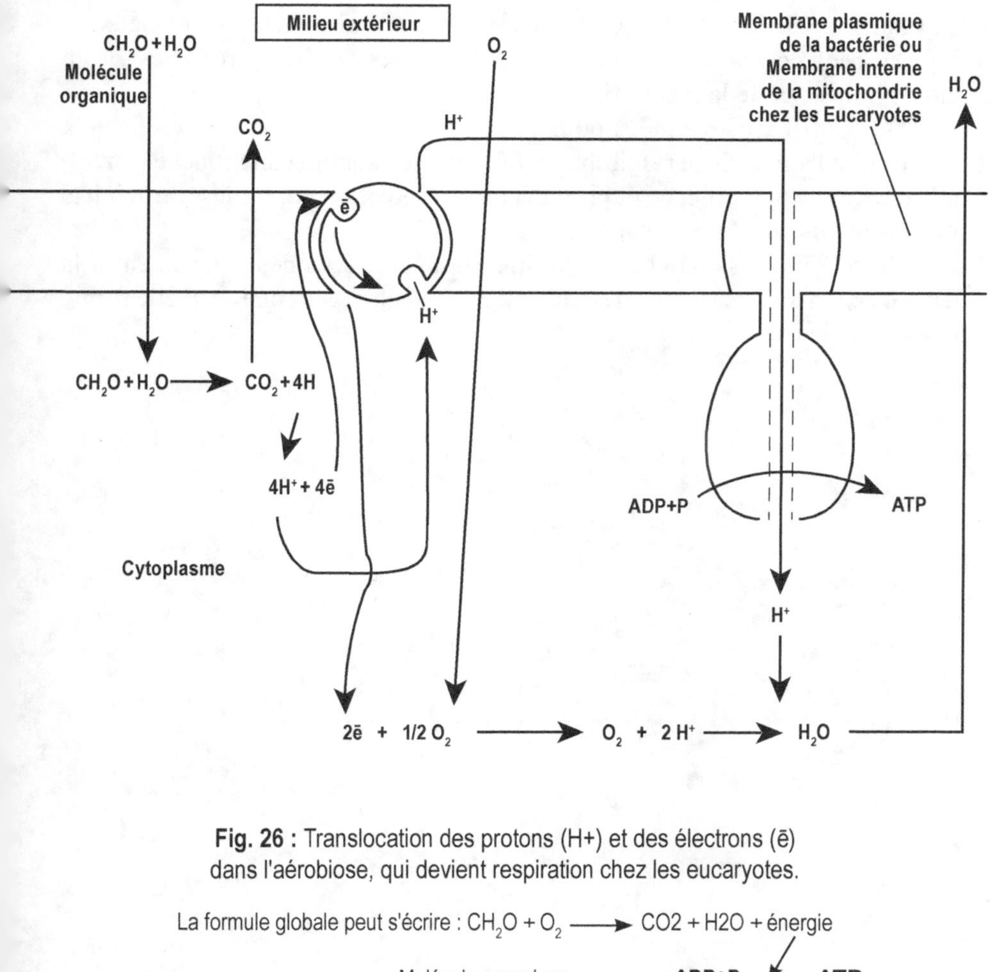

Fig. 26 : Translocation des protons (H+) et des électrons (ē) dans l'aérobiose, qui devient respiration chez les eucaryotes.

La formule globale peut s'écrire : $CH_2O + O_2 \longrightarrow$ CO2 + H2O + énergie

Molécule organique **ADP+P $\longrightarrow$ ATP**

Les autotrophes prélèvent le dioxyde de carbone, rejettent l'oxygène et produisent des substances organiques. Celles-ci sont reprises par les hétérotrophes qui absorbent l'oxygène pour les convertir en dioxyde de carbone. La boucle est fermée. Dès lors, la vie peut indéfiniment se perpétuer sur Terre, du moins tant que brillera le soleil, puisque, de tous les ingrédients nécessaires, seule son énergie, le moteur de tout le dispositif, n'est pas recyclée.

Deux milliards d'années de recherches tâtonnantes avec ses improbables réussites immédiatement enregistrées et propagées, avec ses erreurs fatales aussitôt gommées, avec ses échanges fructueux… ou calamiteux, avec ses pertes dont nous ne saurons jamais rien, auront été nécessaires pour planter le décor du second acte de la Grande Aventure !

Deux milliards d'années pour trouver, mettre au point et inscrire dans le grand livre de l'ADN, la formule et le rôle des trois acteurs principaux de la pièce : les complexes enzymatiques de la synthèse des protéines, de la photosynthèse et de la respiration !

Deux milliards d'années pour que se dégage l'oxygène gazeux jusqu'à rendre enfin l'atmosphère respirable, et former à son sommet une couche d'ozone qui se révélera une efficace et providentielle protection contre les ultraviolets solaires nocifs aux formes supérieures de la Vie.

Deux milliards d'années de proliférations bactériennes pour qu'enfin la densité de la vie procaryote atteigne le seuil d'où émergera une nouvelle forme de vie : la vie eucaryote !

LA CELLULE EUCARYOTE

Avec la cellule eucaryote, nous entrons dans la vraie vie, celle que nous connaissons bien : plantes et animaux, et nous avec, bien sûr.

À vrai dire, l'apparition de ce genre de vie s'est faite plus discrètement, sous la forme de petits animaux (protozoaires) ou végétaux (protophytes) unicellulaires, au mieux tout juste visibles à l'œil nu.

Certains d'entre eux étaient revêtus d'une enveloppe protectrice dont la trace laissée dans le sédiment a permis de remonter le temps : on situe leur apparition à 1,6 milliard d'années.

Aucun risque de les confondre avec des bactéries : l'ordre de grandeur n'est pas le même : leur taille ne descend pas au-dessous de la dizaine de micromètres. Ce sont donc des cellules au moins mille fois plus grosses que les bactéries.

Les conséquences du gigantisme de la cellule eucaryote.

Bien que l'organisation globale des cellules eucaryotes reste similaire à celle des bactéries (ADN central, cytoplasme enveloppé d'une membrane), la différence de taille impose des accommodements. La cellule eucaryote a dû, en effet, obvier à deux risques majeurs : celui de la mort physique par désagrégation et celui de la mort chimique par dilution.

- Les remèdes au risque de désagrégation :

On sait que le cytoplasme vivant est une gelée plus proche de l'état liquide que de l'état solide. Ses forces cohésives très limitées ne pourraient en garantir l'intégrité, chez les bactéries, sans l'aide d'une membrane plasmique doublée d'une membrane plus épaisse et rigide. Mais cela devient insuffisant pour des quantités de cytoplasme mille fois plus volumineuses.

Alors, la cellule eucaryote commence par subdiviser son cytoplasme par un réseau interne de doubles membranes: le réticulum endoplasmique. Ensuite, elle le renforce grâce à une armature de filaments.souples et de microtubules rigides inextricablement enchevêtrés : le cytosquelette.

Celui-ci n'est pas immuable. Il peut s'assouplir ou se rigidifier, se contracter ou se laisser étirer, selon les circonstances. On y dénombre plusieurs dizaines de protéines polymérisables, dépolymérisables, contractiles, adhésives, élastiques…

Si bien que la consistance et la mobilité du cytoplasme peuvent à chaque instant s'adapter aux besoins de la cellule.

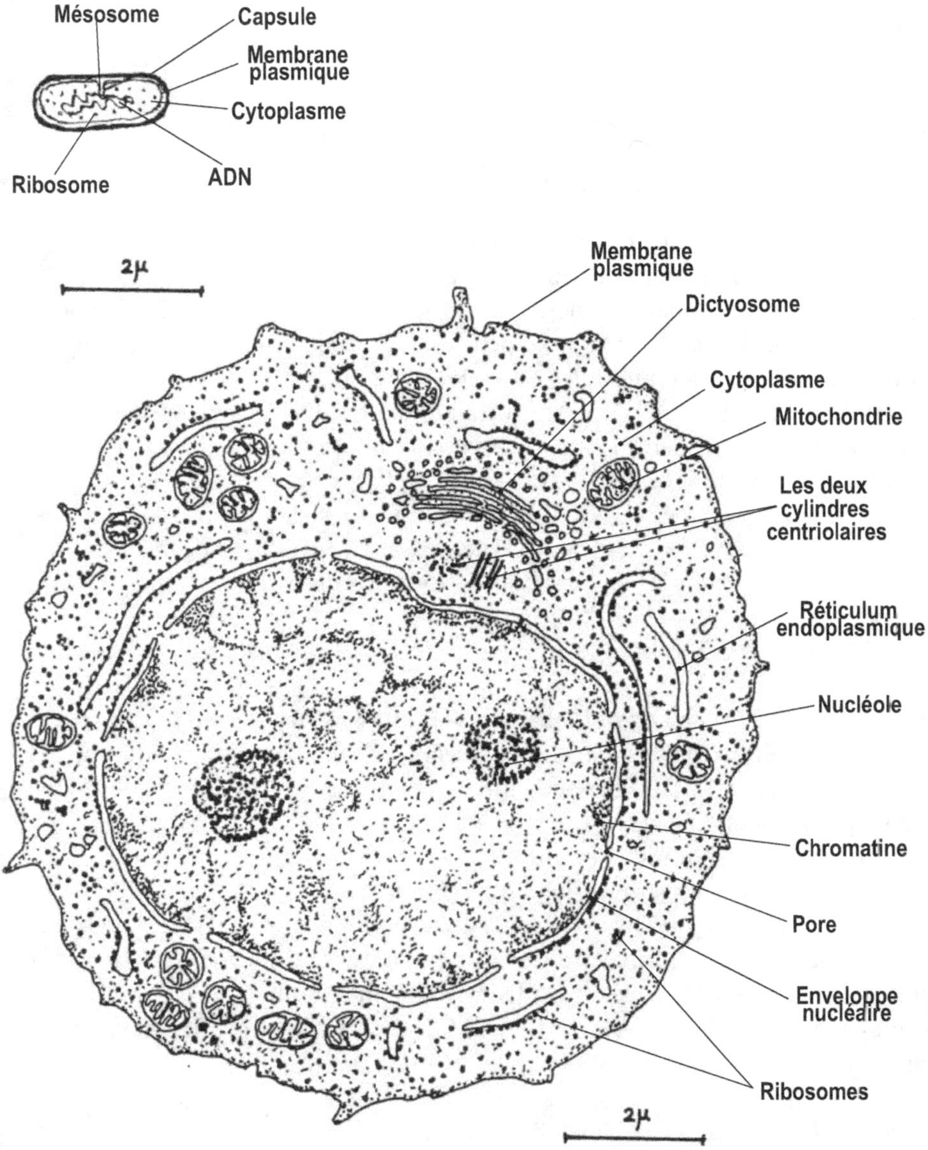

Fig. 27 : Cellule procaryote bactérienne (a) et cellule eucaryote animale (b).
Représentées à la même échelle.

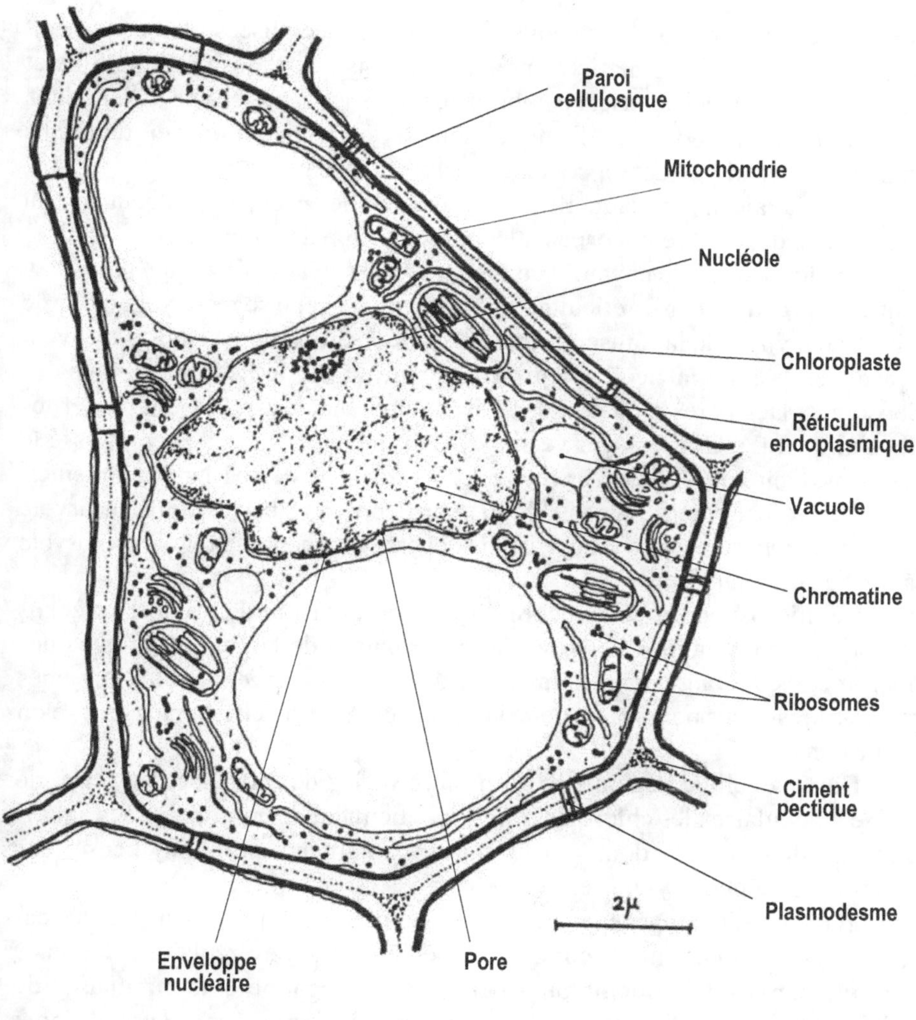

Fig. 28 : Cellule eucaryote végétale.

Ce cytosquelette est particulièrement développé dans la cellule animale, ce qui lui permet de se passer de la membrane rigide qui enferme la cellule bactérienne et la cellule eucaryote végétale.

- Les remèdes au risque de dilution :

Le second risque lié au gigantisme de la cellule eucaryote est la dilution des molécules actives dans cette énorme masse de cytoplasme et donc le ralentissement du métabolisme cellulaire, qui pourrait aller, la taille augmentant, jusqu'à la paralysie totale.

La cellule eucaryote y a paré en instituant la division du travail dans des compartiments délimités par des membranes. Le rôle de ces membranes est de confiner dans ces compartiments les enzymes spécialisées, tout en laissant passer dans un sens les matières premières, dans l'autre les produits finis et les déchets. Dans la bactérie, au contraire, toutes les fonctions se mêlent dans un cytoplasme indivis. Les distances sont si petites qu'en un rien de temps l'agitation thermique met en contact les molécules partenaires.

C'est la raison pour laquelle, dans toute cellule eucaryote, on peut voir au microscope de nombreux corpuscules arrondis, appelés organites.

Le plus gros est le noyau. Il contient tout le matériel génétique, parqué au centre de la cellule par le réticulum endoplasmique venu se resserrer autour de lui. Les enzymes de la transcription et de la réplication de l'ADN s'y trouvent à pied d'œuvre. Le nucléole, inclus dans le noyau, est le lieu de montage des ribosomes. Des pores ménagés dans l'enveloppe nucléaire laissent passer les ribosomes et l'ARN messager vers le cytoplasme pour que s'y accomplisse le deuxième temps de la synthèse protéique : la traduction de l'ARNm en protéines.

Ce noyau, toujours bien visible au microscope, a valu à la cellule eucaryote son appellation (cellule à vrai noyau) qui l'oppose nettement à la cellule procaryote (à noyau rudimentaire).

Le microscope révèle encore dans le cytoplasme de nombreux corps ovoïdes, plus ou moins allongés, d'un micromètre de largeur et de quelques micromètres de longueur : les mitochondries. Elles contiennent les enzymes respiratoires. Elles pourvoient donc la cellule en ATP, qu'elles rechargent selon les besoins.

Dans la cellule végétale sont en outre inclus des corpuscules verts, de forme lenticulaire : les chloroplastes. Ils contiennent de nombreux sacs aplatis - appelés thylakoïdes - dont la paroi porte les pigments chlorophylliens. Leur fonction est la photosynthèse.

Toutefois, l'homogénéité interne de la cellule eucaryote est sauvegardée par le réticulum endoplasmique qui joue le rôle d'un système circulatoire. L'espace délimité par ses deux membranes permet la ségrégation et la circulation de nombreuses substances, parmi lesquelles des protéines en voie de sécrétion.

En outre, les migrations et les contacts moléculaires sont facilités par un brassage continuel du cytoplasme grâce à l'action des protéines fibreuses contractiles faisant partie du cytosquelette.

Les conséquences génétiques du gigantisme de la cellule eucaryote.

On comprend que tout cela ne va pas sans un accroissement considérable du nombre et de la variété de ces molécules bonnes à tout faire que sont les protéines : protéines enzymatiques, protéines de structure, protéines fonctionnelles : la cellule eucaryote en produit à profusion. Et, bien sûr, qui dit protéine nouvelle, dit nouvelle formule à engranger dans l'ADN nucléaire. Celui-ci devient si long (mille fois plus que pour la bactérie) qu'il est nécessaire de prendre certaines précautions pour éviter son emmêlement. D'abord, il est coupé en plusieurs morceaux (quelques dizaines en général). Ensuite, chaque morceau, dont la longueur est limitée à sept ou huit centimètres, s'enroule sur une série de petites bobines (encore des protéines nouvelles : les histones) : deux tours sur la première, deux tours sur la suivante,... etc.

L'ensemble prend l'aspect d'un collier de perles qui se tire-bouchonne sur lui-même pour prendre encore moins de place. Ainsi est formée la chromatine du noyau.

Les gènes y restent toutefois accessibles. Il suffit pour cela que la portion d'ADN à transcrire se déroule et se détache provisoirement de ses petites bobines.

La mitose.

Un problème se pose, dès lors, pour la division cellulaire.

On sait que chaque cellule-fille doit obligatoirement recevoir une copie fidèle et complète de l'ADN détenu par la cellule-mère.

Pour la cellule procaryote, dont le message génétique tient tout entier en une seule molécule d'ADN, c'est chose aisée. Mais lorsque ce message se distribue sur plusieurs molécules d'ADN, comment répartir équitablement une copie de chacune d'elles dans chacune des cellules-filles ?

Il fallait pour cela inventer un mécanisme approprié. La cellule eucaryote se divise, en effet, selon un rituel immuable et universellement répandu qu'on appelle la mitose.

Celle-ci se prépare à l'avance, dans le noyau au repos : l'ADN se réplique entièrement. Les deux copies de chaque molécule-mère restent liées en un point : le centromère.

C'est alors que la chromatine change d'aspect : elle devient hétérogène. Le filament qui la constitue se condense à l'extrême. Pour ce faire, il vient se fixer à intervalles réguliers sur un support protéique qu'il recouvre complètement de boucles serrées à la manière d'un écouvillon.

On voit alors apparaître au microscope de gros bâtonnets de quelques micromètres de longueur. Leur extrême colorabilité leur a valu le nom de chromosomes (du grec : chromos : couleur et soma : corpuscules).

Ils sont alors parfaitement repérables, en forme et en nombre. Alors seulement, on s'aperçoit que chaque espèce vivante possède un jeu de chromosomes qui lui est propre : c'est ce qu'on appelle son caryotype. Chose curieuse, ces chromosomes sont toujours semblables deux à deux, en sorte qu'on a pris l'habitude de les compter par paires. On appelle n le nombre de paires de chromosomes d'un caryotype. Ainsi, pour l'espèce humaine, n = 23.

À l'image de l'ADN qu'ils contiennent, ces chromosomes sont dupliqués, c'est-à-dire constitués de deux "chromatides" jumelles liées l'une à l'autre en un point : le centromère.

Alors, les pores de l'enveloppe nucléaire s'ouvrent tout grands : l'étreinte du réticulum endoplasmique se desserre sur les chromosomes. Cependant, ceux-ci ne resteront pas longtemps libres de se déplacer dans le cytoplasme. Très vite, les voilà attachés par leur centromère à un faisceau de microtubules[50] dont les extrémités convergent sur les pôles de la cellule. L'ensemble prend la forme caractéristique d'un fuseau dont les chromosomes occupent l'équateur. Alors, avec un ensemble étonnant, tous les centromères se clivent et les chromatides jumelles, toujours attachées à leur microtubule, migrent vers un pôle opposé. Un tel mécanisme, on le voit, ne laisse rien au hasard et s'il se déroule correctement, les deux lots de chromosomes reconstitués aux pôles détiennent les copies exactes de tous les gènes de la cellule-mère.

L'expression des gènes chez les eucaryotes.

La synthèse des protéines se fait, chez les eucaryotes, globalement selon le même processus que chez les procaryotes : transcription de l'ADN génique en ARN messager (ARNm) ; traduction de l'ARNm en protéine grâce aux ribosomes. Le code selon lequel un triplet de bases azotées de l'ADN correspond à un acide aminé est le même.

Deux particularités viennent cependant compliquer ce schéma.

La première est une conséquence directe de la présence d'une enveloppe nucléaire qui fait du noyau et du cytoplasme deux territoires distincts. Le premier est affecté à la transcription et le second à la traduction. Ces deux opérations sont donc successives puisque la transition de l'un à l'autre exige l'émigration de l'ARNm du noyau vers le cytoplasme par l'un des pores de l'enveloppe nucléaire.

La seconde particularité est plus étonnante. On sait que certaines séquences de l'ADN génétique sont vouées à guider le travail des enzymes de la transcription.

Il est donc normal qu'une certaine proportion de cet ADN ne soit pas traduite en protéine.

Chose surprenante, cette proportion d'ADN non codant pour des protéines ne cesse d'augmenter à mesure qu'on s'élève dans l'échelle des espèces. De 20 % chez les procaryotes, elle passe à 76 % pour le ver primitif *Caenorhabditis elegans* et culmine à 98,7 % chez l'homme.

---

50. Ces microtubules, à l'inverse de ceux du cytosquelette qui sont stables, sont labiles. Ils peuvent tout aussi facilement apparaître ou disparaître dans le cytoplasme cellulaire. La petite protéine sphérique - la tubuline - qui les constitue présente, en effet, des sites de fixation qui peuvent être activés ou désactivés. Lorsque ces sites sont activés, cette protéine se polymérise en hélice à tours jointifs pour former un microtubule. Le centromère a le pouvoir d'activer ces sites : c'est donc lui qui produit les microtubules chromosomiens. Les pôles, de leur côté, produisent d'autres microtubules qui forment, d'un pôle à l'autre, une armature rigide en forme de fuseau. Dès que tous les chromosomes sont en place à l'équateur du fuseau mitotique, leurs centromères se clivent et les pôles acquièrent la faculté de désactiver les sites de fixation de la tubuline : celle-ci se dépolarise donc aux extrémités polaires des microtubules chromosomiens, ce qui provoque leur raccourcissement et partant la migration des chromatides vers les pôles.

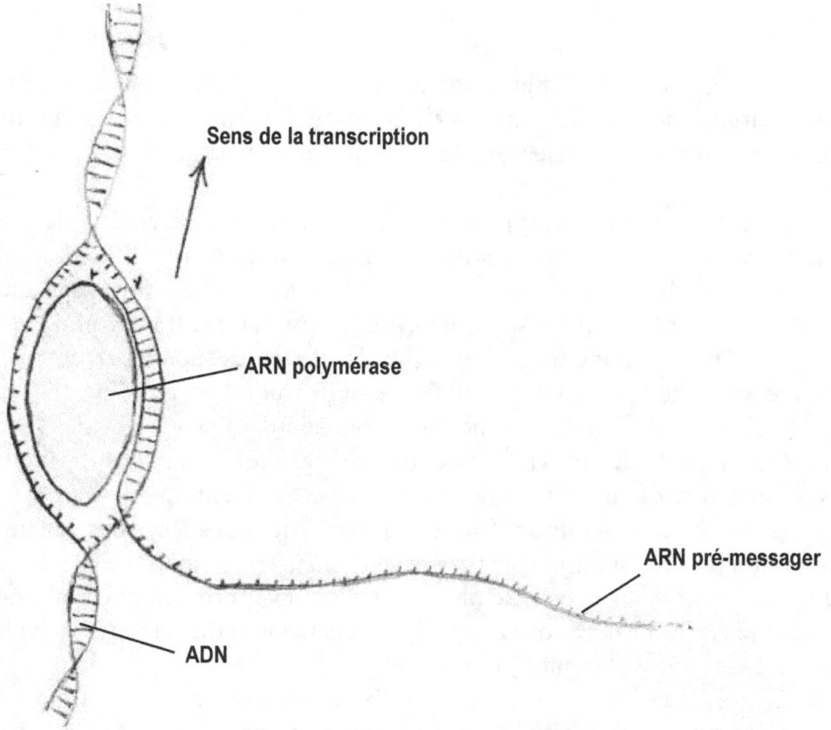

La molécule d'ARN pré-messager doit subir une maturation avant de devenir fonctionnelle. Cette maturation consiste à en supprimer certaines parties : généralement les transcrits d'introns, mais aussi certains transcrits d'exons.

<u>Exemples</u> :

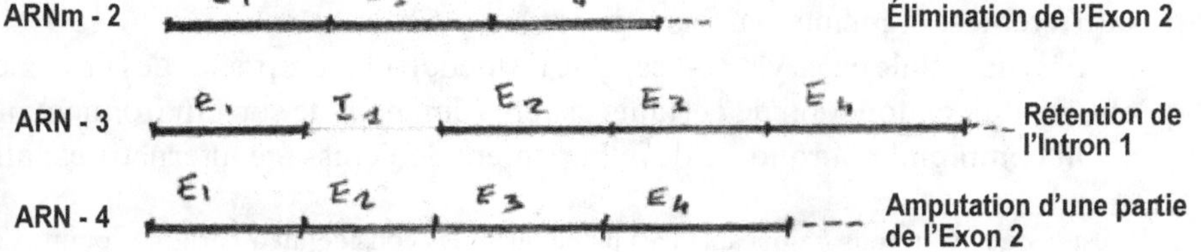

Fig.29 - L'épissage alternatif chez les eucaryotes

Il faut donc admettre que la majeure partie de l'ADN non codant est liée à l'aptitude, développée par les eucaryotes, à former des associations cellulaires hautement organisées, où la division des tâches impose aux cellules des spécialisations parfois très poussées.

C'est ce que la biologie moléculaire moderne a confirmé. Elle a en effet découvert que l'ADN non codant pour des protéines s'intercalait non seulement entre les gènes de structure (ADN non codant intergénique) mais aussi à l'intérieur des gènes (ADN non codant intragénique).

- L'ADN non codant intergénique : chez les vertébrés supérieurs, cet ADN représente 90 % de l'ADN total. S'il n'est jamais traduit en protéines, il peut être transcrit en un ARN dont la fonction est de moduler l'expression des gènes de structure. Le rôle de cet ADN est éminemment régulateur : il informe les gènes de structure du moment et de l'endroit où ils doivent fonctionner.

- L'ADN non codant intragénique : les progrès du séquençage des génomes ont conduit à une constatation surprenante : le génome humain ne recèle que 22 000 gènes de structure (à peine plus que celui du ver primitif cité plus haut, qui en comporte 19300). Or, on sait que l'organisme humain peut produire plus de 100 000 variétés différentes de protéines.

Il faut se rendre à l'évidence : les informations portées par un gène de structure permettent de synthétiser plusieurs protéines différentes. Cela est possible grâce à ce qu'on a appelé "l'épissage alternatif de l'ARN messager" (fig. 29).

En fait, les gènes de structure des eucaryotes sont fragmentés en plusieurs morceaux: les exons (de l'ordre d'une dizaine généralement) séparés par des séquences d'ADN non codant : les introns.

La transcription de l'ADN produit donc un ARN trop long (ARN pré-messager) dont il faut extirper les transcrits d'introns - opération nommée excision - puis recoller les transcrits d'exons - ce qu'on appelle l'épissage - pour obtenir un ARN messager mature, apte à diriger la synthèse d'une protéine.

Or, les enzymes assurant l'épissage n'agissent pas de manière automatique. Certaines substances régulatrices peuvent les influencer et les amener à omettre d'intégrer un ou plusieurs transcrits d'exons à l'ARNm mature[51]. Ainsi, après excision et épissage, le même ARN pré-messager peut produire plusieurs ARNm matures et donc plusieurs protéines, dont les fonctions peuvent être très différentes, et même, parfois, opposées.

Ainsi, la cellule eucaryote est capable de moduler les propriétés des protéines qu'elle produit en fonction de certains critères émanant de son environnement.

On comprend pourquoi le développement de l'épissage alternatif est allé

51. C'est là que les introns - ainsi appelées parce qu'on les considérait à l'origine comme des intrus au sein de l'ADN codant - trouvent leur raison d'être. Leurs transcrits jouent, sur l'ARN prémessager le rôle de signaux qui désignent à des substances régulatrices quels sont les transcrits d'exons à éliminer.

de pair, dans l'histoire des espèces, avec celui de l'organisation pluricellulaire. Ainsi, le gène qui détient le record de la variabilité (15 000 transcrits différents pour le même gène) code pour une série de protéines membranaires impliquées dans l'adhésivité des cellules entre elles. Or, on sait que, chez l'embryon, la morphogenèse des organes dépend des variations de cette adhésivité, dans l'espace et dans le temps.

La sexualité des eucaryotes.

Observons au microscope, dans une goutte d'eau croupie, quelques-uns de ces gros protozoaires (animaux unicellulaires eucaryotes) se déplaçant à l'aide de nombreux cils vibratiles, qu'on appelle Paramécies.

Avec un peu de chance et beaucoup de patience, on peut les voir se reproduire. On s'aperçoit alors qu'elles ont deux modes de reproduction.

Tantôt on voit une grosse paramécie se diviser transversalement pour en donner deux petites : c'est l'équivalent d'une mitose. Ce mode de reproduction asexuée s'appelle scissiparité. Tantôt, mais plus rarement, on voit deux paramécies s'accoler tandis que leur noyau subit deux divisions successives.

Des quatre noyaux formés, trois dégénèrent. Encore une mitose, et voici nos deux paramécies dotées de deux noyaux. C'est alors qu'elles échangent l'un de ceux-ci avant de se séparer. Dans les deux cellules, le noyau sédentaire fusionne avec le noyau migrateur. Chacune d'elles subit alors deux divisions, donnant naissance à quatre petites paramécies.

De toute évidence, il s'agit là d'une reproduction sexuée. Pour évaluer le caractère de nécessité de ce second type de reproduction on a isolé, dans le milieu de culture, chaque paramécie. Lorsqu'une scissiparité survenait, on ne laissait qu'une paramécie dans le compartiment. On s'est aperçu qu'en l'absence d'accouplement, les lignées cellulaires vieillissaient progressivement et que leur longévité était limitée à une centaine de générations au maximum.

Les paramécies avaient alors perdu tout leur allant et leur faculté d'assimilation s'était tarie. Elles se seraient laissées mourir si on ne leur avait permis de s'accoupler. Alors, les petites paramécies issues de ces unions, pleines de vitalité, repartaient pour une nouvelle série de scissiparités.

Ainsi, comme chez les procaryotes, la sexualité des eucaryotes permet de régénérer les lignées cellulaires. Mais elle revêt chez ceux-ci des modalités particulières dont les conséquences sont capitales.

Au lieu de se faire de manière opportuniste et souvent incomplète, elle s'intègre au cycle vital des eucaryotes selon un processus bien arrêté.

Elle se produit en deux temps, de sorte qu'elle décompose ce cycle en deux phases, qui alternent régulièrement : une phase dite haploïde[52] pendant laquelle les cellules ne détiennent qu'un jeu de chromosomes (haplophase) et

---

52. Du grec *haplous* : simple.

une phase nommée diploïde[53] où les cellules en contiennent deux (diplophase).

Le passage de la forme haploïde à la forme diploïde se fait par la fécondation, c'est-à-dire par l'union de deux cellules haploïdes (les gamètes) provenant de deux lignées différentes.

Le passage inverse nécessite une division cellulaire particulière qui doit séparer chaque chromosome de son homologue afin de reconstituer sans erreur les deux jeux haploïdes destinés aux cellules-filles.

Pour ce faire, les chromosomes s'associent en paires avant de s'installer à l'équateur du fuseau mitotique, de sorte que la bipartition va porter non sur des chromatides jumelles, copies conformes d'un même chromosome, mais sur deux chromosomes homologues, détenteurs des mêmes gènes, mais pas nécessairement des mêmes variantes - ou allèles - de ces gènes, puisqu'ils proviennent de deux gamètes issus de lignées différentes.

Cette division, qui répartit les chromosomes d'une cellule diploïde dans deux cellules haploïdes, appelée pour cette raison division réductionnelle, est toujours immédiatement suivie d'une mitose ordinaire, nommée division équationnelle.

Au terme de ces deux divisions, qu'on réunit sous le nom de méiose, notre cellule diploïde aura donc engendré quatre cellules haploïdes, susceptibles de devenir soit des gamètes mâles : les spermatozoïdes, soit des gamètes femelles: les ovules.

Les conséquences de la sexualité diphasique des eucaryotes.

Cette sexualité aura, sur le développement de la vie eucaryote, une influence capitale. Elle apportera aux lignées cellulaires la vigueur et la stabilité sans lesquelles elles n'auraient jamais pu s'engager sur la voie de l'organisation pluricellulaire. De plus, elle regroupera les êtres vivants en espèces nettement tranchées et partant capables d'évoluer, c'est-à-dire de se modifier de manière additive avec, cependant, comme conséquence, l'impossibilité de revenir en arrière, en cas d'erreur d'"aiguillage".

C'est grâce à elle que va se construire, petit à petit, l'arbre de la vie, tel que nous le connaissons aujourd'hui.

La stabilisation des lignées cellulaires.

L'appariement des chromosomes homologues, au début de la méiose, est l'occasion d'établir un contact très étroit entre leurs ADN. On sait que les lésions de l'ADN liées à son fonctionnement se distribuent au hasard, de sorte que la confrontation entre deux ADN homologues issus de lignées différentes

53. Du grec *diplous* : double.

a toutes les chances de permettre aux enzymes réparatrices de restaurer les deux molécules d'ADN.

Cette confrontation n'était qu'occasionnelle et incomplète chez les procaryotes. Chez les eucaryotes, elle s'intègre au cycle reproductif, de sorte qu'elle advient systématiquement à chaque génération, et de manière complète.

D'autre part, les lignées diploïdes se montrent beaucoup plus stables et plus durables que les lignées haploïdes.

En effet, ce qui provoque le vieillissement des cellules, c'est l'accumulation des lésions de leur ADN au fil des générations, conséquence des manipulations qu'il subit lors de sa transcription et de sa réplication.

Or, s'il y a, au cours d'une génération, 1/n risque pour qu'un gène soit lésé dans une cellule haploïde, il n'y a qu'$1/n^2$ risque pour que le même gène soit lésé sur les deux chromosomes homologues d'une cellule diploïde.

Diploïdie et organisation pluricellulaire.

Cet avantage va se révéler décisif dans la genèse d'organismes pluricellulaires. En effet, seules peuvent s'organiser entre elles des cellules de la même lignée, donc sœurs jumelles. Lorsque les lignées haploïdes tentent de le faire, comme chez les végétaux primitifs, elles ne produisent que des appareils végétatifs de taille réduite et relativement éphémères, comme par exemple les prothalles de fougères.

En outre, les cellules haploïdes se montrent assez peu enclines à produire des tissus et des organes différenciés. Ainsi, chez les mousses, où elles réussissent l'exceptionnel exploit de former les minuscules tiges feuillées qu'on connaît, le microscope n'y révèle que des cellules peu différenciées, incapables de produire des vaisseaux conducteurs de sève, ni même des stomates[54].

Avec une étonnante constance, l'évolution végétale ne cessera de favoriser les lignées diploïdes au détriment des lignées haploïdes, au point que celles-ci en seront réduites, chez les végétaux supérieurs, à vivre en parasites sur l'appareil végétatif diploïde, se limitant à une génération pour les lignées mâles, et à trois générations pour les lignées femelles.

Chez tous les animaux, sans exception, aussi archaïques soient-ils, la fécondation suit immédiatement la méiose : les gamètes représentent tout ce qui subsiste de la phase haploïde.

Seule la lignée diploïde grâce à son potentiel mitotique élevé et à son haut pouvoir de différenciation, se montre apte à produire les nombreuses cellules spécialisées qui forment un organisme animal.

Ainsi, un œuf humain est capable d'engendrer une soixantaine de générations

---

54. Les stomates (du grec *stoma* : bouche) sont des ouvertures pratiquées dans l'épiderme des feuilles des végétaux terrestres destinés à réguler les échanges gazeux de la plante avec l'atmosphère : entrée du CO2 et sortie de la vapeur d'eau. Ils se ferment totalement lorsque la plante manque d'eau.

cellulaires successives, ce qui lui permet de produire les cent mille milliards de cellules d'un corps humain, tout en leur laissant encore assez de potentiel mitotique pour que certaines d'entre elles puissent se renouveler sur une durée pouvant atteindre cent vingt ans.

La constitution d'espèces génétiquement distinctes.

Une autre conséquence de ce type de sexualité est d'isoler génétiquement les lignées vivantes qui, de ce fait, reproduisent fidèlement des types morphologiques nettement tranchés.

En effet, un peu comme des amoureux échangent des mots doux, les gamètes de sexe opposé échangent des substances qui conditionnent leur attirance puis leur fusion et qui sont propres à chaque espèce. Si toutefois pour deux espèces très voisines, comme le cheval et l'âne, ce dialogue chimique peut aboutir, l'hybride sera immanquablement stérile : il ne pourra pas produire de gamètes, la méiose restant bloquée à son premier stade.

En effet l'appariement des chromosomes homologues ne peut réussir qu'avec des chromosomes rigoureusement semblables, en longueur et en structure, ce qui n'est pas le cas s'ils proviennent de deux espèces différentes, même très proches.

Voilà pourquoi les eucaryotes forment des espèces nettement distinctes, contrairement aux procaryotes. On comprend aussi pourquoi tous les individus de la même espèce ont le même caryotype. Si d'aventure une mutation chromosomique majeure - fusion ou fission de chromosomes - survient chez un individu et que, par suite de croisements consanguins, elle se retrouve à l'état homozygote (c'est-à-dire sur les deux chromosomes homologues) chez quelques individus, ceux-ci fonderont une espèce nouvelle qui ne pourra plus jamais s'hybrider avec l'ancienne. Ainsi chez les eucaryotes, les espèces ont toujours montré une propension à se ramifier dans le temps, comme le fait une branche d'arbre dans l'espace. Voilà pourquoi les paléontologues ont coutume de représenter la généalogie des espèces sous la forme d'un arbre "phylétique" (du grec *phulon* : la branche, dans le sens de lignée). Ce buissonnement touche tout particulièrement les espèces dites fondatrices, celles qui ont colonisé des territoires neufs et se sont scindées en petites populations dont l'isolement, d'abord tout géographique, s'est progressivement inscrit dans leurs chromosomes, au fil des mutations. Ainsi s'expliquent ces "radiations adaptatives" qu'on observe lorsque, par exemple, les hasards de la tectonique terrestre mettent en communication deux continents depuis longtemps séparés, offrant ainsi à certaines espèces confinées sur l'un d'eux des terres nouvelles à occuper.

L'originalité des individus.

À l'intérieur de chaque espèce, cependant, l'interfécondité est totale et toute fécondation produit un individu absolument original. En effet, comme le joueur bat les cartes avant chaque partie, les gamètes ne sont jamais produits sans qu'au préalable les gènes parentaux n'aient subi un sérieux brassage aléatoire.

À la première division de la méiose, non seulement les chromosomes homologues se distribuent au hasard dans les deux cellules-filles, mais encore, lors de leur appariement qui précède cette division, ils échangent réciproquement des segments se correspondant exactement, de manière à panacher leurs allèles sans nuire le moins du monde à leur intégrité (*crossing-over*).

Sachant qu'il existe 23 paires de chromosomes dans l'espèce humaine, que chaque chromosome porte en moyenne un millier de gènes et en admettant que seulement 1 % des gènes sont à l'état hétérozygote (deux allèles différents), le calcul montre qu'il n'y a qu'une chance sur 2^{460} (un nombre de l'ordre de 10^{138}) pour qu'un couple engendre deux enfants, non jumeaux, de même génotype. Autant dire que chaque individu ainsi conçu est une création originale, telle qu'il n'en a jamais existé et qu'il n'en existera plus jamais de pareille.

Les conséquences de la sexualité diphasique sur l'adaptabilité des espèces.

Replaçons les espèces vivantes dans la durée qui est, comme nous l'avons vu, la forme que la vie donne au temps. Nous ne voyons plus dans chaque espèce une collection d'individus de même caryotype vivant côte à côte, mais des lignées d'individus connectées entre elles par des échanges continuels de gènes. Dans cette perspective, l'espèce devient un super-organisme préoccupé de tester inlassablement, par la génération aléatoire des individus, la viabilité de tous les génomes qu'autorise son caryotype. Il faut entendre par viabilité, évidemment, l'adéquation d'un génotype à un lieu et un mode de vie (ce qu'on appelle une niche écologique).

Parallèlement à cette exploration du champ intérieur de tous les possibles, ce super-organisme ne se prive pas d'explorer le champ extérieur des possibles en émettant dans toutes les directions, grâce aux mutations fortuites de son ADN, des diverticules qui sont autant d'amorces d'espèces nouvelles.

Ainsi progresse la vie : en testant toutes les formules génétiques possibles dans tous les lieux de vie possibles, elle finit toujours pas trouver pour chaque génotype le meilleur lieu et, pour chaque lieu, le meilleur génotype.

Les conséquences de la sexualité diphasique sur l'évolution des eucaryotes.

Ce que nous venons de dire sur l'adaptabilité des espèces explique fort bien l'éclatement et l'étalement des lignées vivantes en une multitude d'espèces capables d'exploiter diversement les ressources de tous les milieux de vie qui s'offrent à elles.

Mais ce mouvement est purement horizontal. Jamais il n'aurait pu porter la vie aux degrés supérieurs d'organisation qu'on lui connaît, ni même la hisser au-dessus du stade procaryote, s'il ne s'y était joint un mouvement vertical.

Pour produire un arbre, ne faut-il pas combiner deux mouvements : celui de la feuille qui s'étale à l'horizontale et celui de la tige qui croît à la verticale ?

Les procaryotes ont été incapables de construire l'arbre de la vie parce qu'ils n'ont pas su produire ce mouvement vertical.

Il aurait fallu pour cela commencer par endiguer le mouvement horizontal afin d'en limiter l'effet de nivellement. Seuls les eucaryotes y sont parvenus. En contenant les échanges sexuels dans les étroites limites des espèces, ils ont divisé et canalisé le flux de la vie en lignées définitivement distinctes, libres de se diversifier et de s'individualiser aussi loin que le leur permettraient les circonstances.

Considérons le bourgeon terminal de l'une des ultimes ramifications d'un arbre. Si l'on ne sait pas ce que deviendra ce bourgeon l'année suivante, on sait très bien quel a été son passé. Il suffit de remonter la ramure : aussi touffue soit-elle, on saura sans équivoque quelles branches ont été successivement engendrées par la lignée cellulaire qui survit dans ce bourgeon. On pourra même en préciser la direction prise à chaque ramification. On constatera alors que chaque bourgeon a son histoire propre, mais que toutes ces histoires ont commencé de la même manière, puisque l'arbre n'a qu'un tronc.

Ainsi, et c'est là sans doute la caractéristique essentielle de la sexualité diphasique des eucaryotes, les lignées vivantes, dès lors nettement distinctes, ont chacune un passé aussi clairement défini que celui d'un seul individu.

De ce passé, il suffirait que les lignées eucaryotes gardent la mémoire pour se constituer une identité qui ferait d'elles de super-individus à part entière.

C'est précisément le rôle que joue l'ADN non codant évoqué précédemment. Cet ADN qui régit l'expression des gènes de structure à toutes les étapes du développement des individus représente un savoir-faire accumulé par les espèces tout au long de leur histoire.

Tel est le sens de la "loi biogénétique fondamentale" énoncée en 1868 par Haeckel[55] selon laquelle la genèse de l'individu reproduit, en raccourci, la genèse de l'espèce. Ainsi le très jeune embryon humain ressemble à un embryon de poisson avant de prendre l'aspect d'un embryon de reptile puis, et alors seulement, celui d'un embryon de mammifère : il franchit en quelques semaines les étapes qui ont marqué, sur plusieurs centaines de millions d'années, l'évolution des vertébrés.

En somme, les eucaryotes se sont dotés, avec leur gros noyau empli d'ADN - qui est, rappelons-le, une molécule mémoire - du moyen de se constituer une histoire.

---

55. Ernst Haeckel (1834-1919) : zoologiste allemand

Une histoire qui ne reste pas lettre morte puisque chaque individu en est pétri.

Dès lors, une lignée de cellules eucaryotes apparaît comme un super-individu capable d'engranger, dans sa vaste mémoire génétique, l'expérience acquise, durant sa longue existence, pour l'investir dans l'édification d'organismes de plus en plus élaborés, puissants, efficaces. Tel est le mouvement vertical qui faisait défaut aux procaryotes.

Un mouvement qui devient incompréhensible si, comme le font les néo-darwinistes, on souscrit au dogme de la séparation du soma et du germen, ce qui revient à dresser une cloison étanche entre le vécu des individus et la mémoire génétique des espèces[56] et par conséquent à couper le mouvement vital de ses propres racines.

L'origine et la destinée de la cellule eucaryote.

Bien qu'on n'ait aucun document sur la genèse de la cellule eucaryote, il est possible de s'en faire une idée assez précise, tant les liens de filiation de celle-ci avec la cellule procaryote sont évidents.

En fait, toute l'infrastructure de l'organisation eucaryote est directement empruntée aux bactéries.

Il en est ainsi du mécanisme de la synthèse des protéines repris tel quel par la cellule eucaryote, qui se contente, comme nous l'avons vu, de l'adapter à la présence d'une enveloppe nucléaire, en le divisant en deux temps, dont chacun a son territoire : dans le noyau, la transcription de l'ADN en ARNm ; dans le cytoplasme, la traduction de l'ARNm en protéines.

Il en est de même pour la fonction respiratoire. L'organisation interne de la mitochondrie rappelle étrangement celle de la bactérie aérobie ; à l'intérieur de la membrane externe, une seconde membrane forme de profonds replis. C'est elle qui porte les enzymes de la respiration. Elle délimite un cytoplasme contenant de petits ribosomes de type bactérien, et au centre, une molécule d'ADN circulaire, comme chez tous les procaryotes. Il s'agirait donc d'anciennes bactéries aérobies absorbées et asservies par la cellule eucaryote primitive pour en faire des organites producteurs d'ATP à partir de molécules organiques et d'oxygène.

Si la membrane interne de la mitochondrie, qui porte les enzymes respiratoires forme de nombreux replis, c'est qu'elle a dû se développer pour répondre aux besoins de son hôte puissant. Quant à la membrane externe, c'est la prison qui retient captive cette ancienne bactérie et en règle l'activité en contrôlant

---

56. Signalons toutefois que certains développements récents de la science biologique battent sérieusement en brèche cette thèse. Il semblerait en effet que les ADN non codants pourraient subir, en réponse à certaines influences environnementales, des modifications (méthylations ou acétylations) susceptibles de se répercuter sur l'expression des gènes, soit en la stimulant, soit en l'inhibant. Or ces modifications sont transmissibles à la descendance. Cela validerait la conception lamarckienne d'une hérédité "épigénétique" de l'acquis.

ses échanges avec le cytoplasme ambiant.

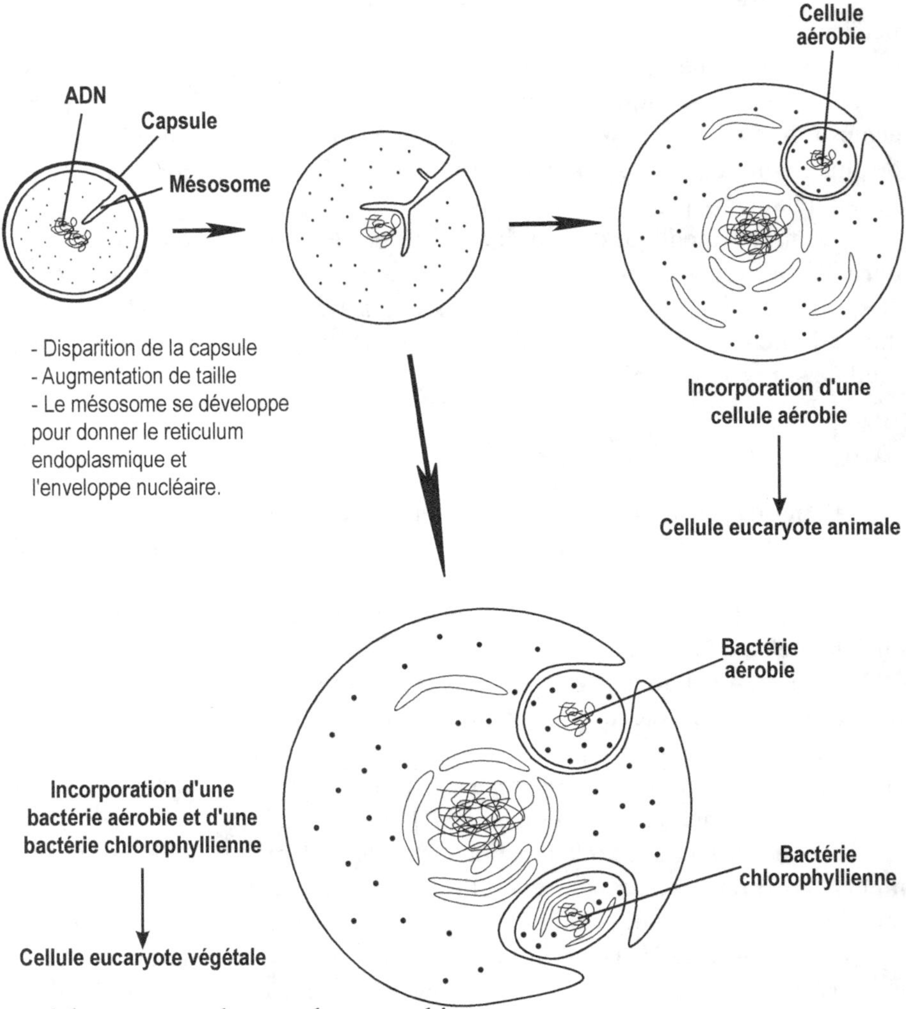

Fig. 30 : Le passage de la cellule procaryote à la cellule eucaryote.

L'analyse chimique des membranes mitochondriennes vient confirmer cette hypothèse. Elle révèle dans la membrane interne la présence de cardiolipides, propres aux bactéries et dans la membrane externe, de cholestérol, un constituant membranaire caractéristique des eucaryotes.

Des constatations analogues à propos du chloroplaste de la cellule eucaryote végétale ont également permis d'en établir l'origine bactérienne.

Ainsi donc, les cellules eucaryotes qui n'ont incorporé que des bactéries aérobies sont devenues des cellules animales. Dans l'obligation où elles étaient de prélever leurs métabolites - qui sont des molécules organiques - dans le milieu extérieur, elles sont restées nues et ont développé l'appareil sensori-moteur nécessaire à détecter et cueillir ou capturer leur nourriture.

Les cellules eucaryotes qui ont incorporé, outre des bactéries aérobies, des bactéries photosynthétiques, sont devenues des cellules végétales capables de produire elles-mêmes leurs molécules organiques. Ne se nourrissant que de petites molécules minérales partout présentes, elles se sont encloses dans de petites boîtes cellulosiques perméables à ces molécules, mais suffisamment rigides pour leur donner forme et protection.

Ce faisant, elles se sont assoupies dans une vie purement végétative, se fermant pour toujours l'accès à la sensori-motricité.

On voit comment, dès l'origine, la vie eucaryote s'est scindée en deux règnes totalement distincts : le règne animal et le règne végétal.

Bien que complémentaires, puisque chacun produit ce dont l'autre a besoin pour continuer à vivre, ils vont évoluer suivant deux voies radicalement divergentes.

Le règne végétal, qui a choisi la sécurité de l'autotrophie, va doucement glisser vers la sédentarité et l'immobilité tandis que le règne animal, ayant accepté le risque de l'hétérotrophie, développera, sous l'aiguillon du besoin, une sensori-motricité toujours plus efficace, s'éveillant à une conscience de plus en plus claire.

SOURCES

Tous les schémas illustratifs du présent ouvrage sont de l'auteur.

L'auteur s'est inspiré :

- pour les shémas relatifs à la cellule musculaire (Fig. 1 à 8, p 32 à 36) de l'ouvrage de A. Berkaloff, J. Bourguet, P. Favard et J.-C. Lacroix : *Biologie et physiologie cellulaire,* Paris, Hermann, coll. "Méthodes", n^elle^ éd., 1981 (tome 1).

- pour le shéma de la Fig. 22 (p. 135) de l'ouvrage de John C. Eccles, *Comment la conscience contrôle le cerveau* (voir bibliographie).

TABLE DES ILLUSTRATIONS

BIBLIOGRAPHIE

AVARGUÈS-WEBER, Aurore : *"L'intelligence des abeilles"*, in Pour la Science, n°429 (juillet 2013).

BERGSON, Henri : *Essai sur les données immédiates de la conscience*, Paris, F. Alcan, 1889.

BERGSON, Henri : *Matière et mémoire*, essai sur la relation du corps à l'esprit, Paris, F. Alcan, 1896.

BERGSON, Henri : *L'Évolution créatrice*, Paris, F. Alcan, 1907.

BIMBENET, Étienne : *L'animal que je ne suis plus*, Paris, Gallimard, coll. "Folio Essais" n°554, 2011.

DARWIN, Charles : *On the Origin of species by means of natural selection*, Londres, J. Murray, 1859. [De l'origine des espèces par sélection naturelle, ou des Lois de transformation des êtres organisés, trad. de l'anglais par Clémence Royer, Paris, V. Masson & Fils, 1866.]

DAMASIO, Antonio : *L'Ordre étrange des choses. La vie, l'émotion et la fabrique de la culture*, Paris, Odile Jacob, 2017.

DAMBRICOURT-MALASSÉ, Anne : *Ontogénèse, paléontogénèse et phylogénèse du corps mandibulaire catarhinien.* Nouvelle interprétation de la mécanique humanisante. Thèse de doctorat, Muséum d'Histoire Naturelle, 1987.

DAMBRICOURT-MALASSÉ, Anne : *"Nouveau regard sur l'origine de l'Homme"*, La Recherche, n°286, 1996, .46-54.

DAWKINS, Richard : *River out of Eden : a Darwinian view of life*, New York, Basic Books, 1995. [Le fleuve de la vie. Qu'est-ce que l'Évolution ? trad. de l'anglais par Thiên Nga Lê, Paris, Hachette Littérature, 1997 ; rééd. sous le titre Qu'est-ce que l'Évolution ? Paris, Hachette, coll. "Pluriel", 2007.]

DAWKINS, Richard : *The Selfish Gene*, Oxford, Oxford University Press, 1976.

DELISLE; Richard G. : *Les Philosophies du néo-darwinisme, conceptions divergentes sur l'homme et sur le sens de l'Évolution*, préface de Jean Gayon, Paris, P.U.F., 2009.

DENIS, Herman : *De l'œuf à l'embryon.* Une introduction à la biologie du développement, Paris, éd. le Pommier, coll. "Quatre à quatre", 2000.

DICKEL, L. & DARMAILLACQ, A. S. : *"L'intelligence des céphalopodes"*, in Pour la Science, n°441 (juillet 2014).

ECCLES, John Carew : *How the Self controls its Brain, Berlin-Heidelberg*, New-York, Springer-Verlag, 1994. [Comment la conscience contrôle le cerveau, trad. de l'anglais par Béatrice Laroche et Jean-Mathieu Luccioni, Paris, Flammarion, coll. "Le Temps des sciences", 1997.]

FREUD, Sigmund : *Das Ich und das Es*, Leipzig, Internatio-naler psychoanalytischer Verlag, 1923. ["Le moi et le ça", in : S. Freud, Essais de psychanalyse, trad. de l'allemand par le Dr S. Jankélévitch, Paris, Payot, 1963.]

FREUD, Sigmund : *Hemmung, Symptom und Angst* (1926), in : S. Freud, Gesammelte Werke, S. Fischer Verlag, Frankfurt-a.M., 1952, vol. XIV [Inhibition, symptôme et angoisse, trad. de l'allemand par Michel Tort, Paris, P.U.F., 1965.]

GOULD, Stephen Jay : *Full House : the Spread of Excellence from Plato to Darwin*, New York, Harmony Books, 1996. [L'Éventail du vivant, trad. de l'anglais par Christian Jeanmougin, Paris, éd. du Seuil, coll. "Science ouverte", 1997.]

HAECKEL, Ernst : *Anthropogenie oder Entwicklungs-geschichte des Menschen*, Leipzig, W. Engelmann, 1874. [Anthropogénie, ou Histoire de l'évolution humaine : leçons familières sur les principes de l'embryologie et de la phylogénie humaines, trad. de l'allemand par le Dr Ch. Letourneau, Paris, C. Reinwald, 1877.]

HAECKEL, Ernst : *Les Preuves du transformisme*, réponse à Virchow, trad. de l'allemand et préfacé par Jules Soury, Paris, G. Baillière, 1879.

HEARD, Edith : *Épigénétique et mémoire cellulaire*, Paris, Fayard, coll. "Leçons inaugurales du collège de France", 2013.

HEARD, Edith : *"L'épigénétique s'est enfin imposée"*, in Pour la Science, n°481 (novembre 2017).

IMANISHI, Kinji : *La Liberté dans l'Évolution : le vivant comme sujet*, trad. du japonais, édition et postface par Augustin Berque, Paris, éd. Wildproject, 2015.

JORDAN, Pascual : *Die Physik und das Geheimnis des organischen Lebens*, Braunschweig, F. Vieweg and Sohn, 6e éd., 1948. [La Physique et le secret de la vie organique, trad. de l'allemand par André Metz et Maurice Mareschal, préface d'André Georges, Paris, Albin Michel, "Cahiers de la Collection Sciences d'aujourd'hui", 1959.]

JUNG, Carl Gustav : *Über die Psychologie des Unbewussten* (6., verm. u. verb. Aufl. von Das Unbewusste im normalen und kranken Seelenleben, 1926), Zürich, Rascher Verlag, 1948. [Psychologie de l'inconscient (2e édition), trad;

de l'allemand, préfacé et annoté par le Dr Roland Cahen, Genève, Librairie de l'Université et Paris; Buchet-Chastel, 1963.]

KAUPP, Martin : *"La relativité et la chimie des éléments"*, in Pour la Science, n°342 (avril 2006).

KUPIEC, Jean-Jacques & SONIGO, Pierre : *Ni Dieu, ni gêne*, Paris, éd. du Seuil, coll. "Science ouverte", 2000 ; rééd. coll. "Points Science" n°153, 2003.

LAMARCK (Jean-Baptiste Monet, chevalier de) : *Philosophie zoologique, ou Exposition des considérations relatives à l'histoire naturelle des animaux*, Paris, Dentu, 1809.

LE DOUARIN, Nicole : *Des chimères, des clones et des gènes*. Paris, Odile Jacob, 2000.

LÉVI-STRAUSS, Claude : *La Pensée sauvage*. Paris, Plon, 1962.

MORANGE, Michel : *Les Secrets du vivant. Contre la pensée unique en Biologie*, Paris, Odile Jacob, 2005.

NAVRATIL, Michel : *Les Tendances constitutives de la pensée vivante*, Paris, P.U.F., 1954.

PALDI, Andras : *"L'épigénétique est-elle lamarckienne ?"*, conférence à l'École Normale Supérieure, 29 juin 2009, Colloque en l'honneur du bicentenaire de la publication de la Philosophie zoologique de Lamarck, sous la dir. de Michel Morange (ENS), Jean-Jacques Kupiec (Inserm) et Stéphane Tirard (Nantes). Enregistrements audio et vidéo mis en ligne sur le site "EnSavoir" à l'adresse suivante : http://www.diffusion.ens.fr/en/index.php?res=conf&idconf=2510.

PRADINES, Maurice : *La Sensibilité élémentaire*, Paris, Les Belles Lettres, 1934.

PRADINES, Maurice : *L'Aventure de l'esprit dans les espèces*, Paris, Flammarion, 1955.

RENSCH, Bernhard : *Biophilosophy*, New York, Columbia University Press, 1971.

SAUSSURE, Ferdinand de : *Cours de linguistique générale (1907-1911)*, Lausanne, Payot, 1916.

SIMPSON, George Gaylord : *Tempo and Mode in Evolution*, New York, Columbia University Press, 1944. [Rythme et modalités de l'Évolution, trad. de l'anglais par Pierre de Saint-Seine, Paris, Albin Michel, coll. "Sciences d'aujourd'hui", 1950.]

SPENCER, Herbert : *Le Principe de l'Évolution*, réponse à Lord Salisbury, Paris, Guillaumin, 1895.

TEILHARD DE CHARDIN, Pierre : *Le Phénomène humain*, Paris, éd. du Seuil, 1955.

TONONI, Giulio & CIRELLI, Chiara : *"Oublier pour mieux se souvenir pendant le sommeil"*,in Pour la Science, n°432 (octobre 2013).

VRIES, Henri DE : *Die Mutationstheorie : Versuche und Beobachtungen über die Entstehung der Arten im Pflanzenreich*, Leipzig, Veit, 2 vol., 1901. [Traduction anglaise : The mutation theory, experiments and observations, on the origin of species in the vegetable kingdom, translated by Pro. J. B. Farmer and A. D. Darbishire, Londres, Kegan Paul, Trench, Trübner & C°, 2 vol., 1910-1911.]

WEISMANN, August : *Die Continuität des Keimplasmas als Grundlage einer Theorie der Vererbung*, Iéna, G. Fischer, 1885. ["La Continuité du plasma germinatif", in Essais sur l'hérédité et la sélection naturelle, trad. de l'allemand par Henry de Varigny, Paris, C. Reinwald, 1892.]

WILSON, Edward O. : *Sociobiology : the new synthesis*, Cambridge (USA) / Londres, Belknap Press of Harvard University Press, 1975 (rééd. 1982, 2000).

REMERCIEMENTS

J'exprime ma profonde gratitude à

- mon ami et collègue Jean MARCIANO, professeur agrégé de Lettres, pour l'intérêt qu'il a spontanément porté à mon travail et pour les remarques très pertinentes que lui a inspirées la lecture de mon manuscrit.

- Jean-Yves MASSON, professeur de Littérature comparée à la Sorbonne, qui m'a fait l'amitié de préfacer mon livre.

- Jean-Jacques PAYROS, infographiste, pour avoir numérisé avec conscience et un rare savoir-faire les illustrations de cet ouvrage.

La mise en page de ce livre est l'œuvre conjointe de J.Y. MASSON et de J.J.PAYROS.

TABLE DES MATIÈRES

Structures éditoriales du groupe L'Harmattan

L'Harmattan Italie
Via degli Artisti, 15
10124 Torino
harmattan.italia@gmail.com

L'Harmattan Hongrie
Kossuth l. u. 14-16.
1053 Budapest
harmattan@harmattan.hu

L'Harmattan Sénégal
10 VDN en face Mermoz
BP 45034 Dakar-Fann
senharmattan@gmail.com

L'Harmattan Cameroun
TSINGA/FECAFOOT
BP 11486 Yaoundé
inkoukam@gmail.com

L'Harmattan Burkina Faso
Achille Somé – tengnule@hotmail.fr

L'Harmattan Guinée
Almamya, rue KA 028 OKB Agency
BP 3470 Conakry
harmattanguinee@yahoo.fr

L'Harmattan RDC
185, avenue Nyangwe
Commune de Lingwala – Kinshasa
matangilamusadila@yahoo.fr

L'Harmattan Congo
219, avenue Nelson Mandela
BP 2874 Brazzaville
harmattan.congo@yahoo.fr

L'Harmattan Mali
ACI 2000 - Immeuble Mgr Jean Marie Cisse
Bureau 10
BP 145 Bamako-Mali
mali@harmattan.fr

L'Harmattan Togo
Djidjole – Lomé
Maison Amela
face EPP BATOME
ddamela@aol.com

L'Harmattan Côte d'Ivoire
Résidence Karl – Cité des Arts
Abidjan-Cocody
03 BP 1588 Abidjan
espace_harmattan.ci@hotmail.fr

Nos librairies en France

Librairie internationale
16, rue des Écoles
75005 Paris
librairie.internationale@harmattan.fr
01 40 46 79 11
www.librairieharmattan.com

Librairie des savoirs
21, rue des Écoles
75005 Paris
librairie.sh@harmattan.fr
01 46 34 13 71
www.librairieharmattansh.com

Librairie Le Lucernaire
53, rue Notre-Dame-des-Champs
75006 Paris
librairie@lucernaire.fr
01 42 22 67 13

www.ingramcontent.com/pod-product-compliance
Lightning Source LLC
LaVergne TN
LVHW011015061026
849535LV00006B/1886
* 9 7 8 2 1 4 0 2 7 1 6 7 0 *